梨 属
——起源、多样性和品种分化

滕元文 著

科学出版社

北京

内 容 简 介

本书是一部关于梨属植物起源、多样性和品种分化的著作。全书由两部分组成，第一章和第二章为第一部分，介绍了梨属植物的分类和起源，具体包括梨属在蔷薇科植物中的系统发育位置，全球梨属植物的分布，梨属植物的分类系统，梨属植物特别是中国梨属植物分类的历史，重要物种尤其是国内已出版书籍中很少介绍的西方梨种的性状；第二部分包括第三章和第四章，介绍了栽培梨的起源、品种分化和传播，重要亚洲梨品种和欧洲梨品种的果实性状及其育种用途，以及梨的无性系砧木品种和梨属植物观赏品种的性状及用途。书后附有索引，便于读者查询。

本书可供果树、园艺领域的研究人员和技术人员，以及高等院校园艺和植物学相关专业的教师、研究生和高年级本科生阅读参考。

审图号：GS京（2024）0889号

图书在版编目（CIP）数据

梨属：起源、多样性和品种分化/滕元文著. —北京：科学出版社，2024.6

ISBN 978-7-03-075034-1

Ⅰ. ①梨… Ⅱ. ①滕… Ⅲ. ①梨属–研究 Ⅳ. ①Q949.751.8

中国国家版本馆 CIP 数据核字（2023）第 036342 号

责任编辑：王海光 田明霞 / 责任校对：严 娜
责任印制：肖 兴 / 封面设计：无极书装

科 学 出 版 社 出版
北京东黄城根北街 16 号
邮政编码：100717
http://www.sciencep.com
北京建宏印刷有限公司印刷
科学出版社发行 各地新华书店经销
*
2024 年 6 月第 一 版 开本：720×1000
2024 年 6 月第一次印刷 印张：15 3/4
字数：315 000
定价：**248.00 元**
（如有印装质量问题，我社负责调换）

前　　言

　　梨属（*Pyrus* L.）植物为蔷薇科苹果亚族（原苹果亚科）的一类植物。自卡尔·冯·林奈（Carl von Linné）于 1753 年命名梨属 *Pyrus* 以来，迄今为止已经命名的梨属的属下分类单元（包括种、变种和变型）有 1800 多个，但其中被分类学家接受的梨属植物种（包括自然杂种）只有 70 多个。中国是梨属植物的发源地和梨属植物多样性的重要分化中心之一，自英国的约翰·林德利（John Lindley）于 1826 年发表名为中国梨（*Pyrus sinensis*）的新种以来，一些学者陆续发表了杜梨、秋子梨和豆梨等中国原产梨属植物的学名。1915 年美国学者阿尔弗雷德·雷德尔（Alfred Rehder）发表了题为 "Synopsis of the Chinese Species of *Pyrus*" 的论文，描述了原产中国的梨属种 12 个，奠定了中国梨属植物分类的基本框架。之后，很长一段时间有关中国梨属植物的分类研究没有进展，直到 1963 年俞德浚等发表了新疆梨等 5 个新种。1963 年出版的《中国果树志·第三卷（梨）》共描述了包含这 5 个新种的原产中国的梨属种 13 个。1974 年出版的《中国植物志·第三十六卷》详细描述了 13 个梨属种。至此，原产中国的梨属种有 13 个的观点被广为接受，我国的教科书、学术著作和相关论文中大都引用这种说法。但这种说法显然忽视了 1970 年以来国内外其他学者关于中国原产梨属分类的研究成果。另外，梨属植物自然分布于欧亚大陆及北非一些地区，以天山山脉、兴都库什山脉、喜马拉雅山脉为界，以东的梨属植物被称为东方梨，以西的梨属植物则被称为西方梨。一直以来，我国学者的关注对象基本上集中在我国原产梨属植物上，而对西方梨以及东亚其他地区原产的东方梨缺乏了解。近年来，随着我国学者在梨相关研究中取得显著进展，甚至在一些领域执天下之牛耳，我国学者的研究视野逐步扩展，研究对象也超出了中国原产梨属植物的范畴，因此需要对整个梨属植物有所了解。但遗憾的是，在我国乃至世界范围内至今缺乏一本系统介绍整个梨属植物的书籍。

　　梨是世界上重要的温带水果，梨的产量在中国水果产业中仅次于柑橘和苹果，位居第三。与梨属植物自然分布相对应，世界上栽培的梨也分为西洋梨（*P. communis*）和亚洲梨两大类。亚洲梨主要栽培于东亚，而西洋梨是东亚以外梨生产国的主栽类型。与西洋梨为单一种不同，亚洲梨起源于不同的种。长久以来，中国学者认为栽培于中国的梨主要起源于 *P.* ×*bretschneideri*、*P. pyrifolia*、*P. ussuriensis* 和 *P.* ×*sinkiangensis* 等，分别对应白梨品种、砂梨品种、秋子梨品种和新疆梨品种。在日本和韩国商业化栽培的品种通常属于 *P. pyrifolia*。基于形态特征，学界对于秋子梨品种和新疆梨品种的起源具有一定的共识。但在国际上，从20世纪早期开始，关于白梨和日本梨品种的起源问题一直存在争议，争议的焦点是白梨品种究竟起源于哪个梨属种？日本梨究竟起源于哪里？近年来，利用分子标记特别是 DNA 标记对东方梨品种遗传多样性的评价研究结果对于上述问题给出了新的答案，同时对于新疆梨品种和秋子梨品种的起源也有了新的见解。

本书著者多年来一直从事梨属植物遗传多样性评价及梨生物学研究，有机会到野外或国内外种质资源圃调查收集梨属种质资源，也有幸与国内外同行进行合作研究和学术交流，加深了对整个梨属植物遗传多样性的认识；同时在研究过程中，通过多方途径收集了大量国内外有关梨属植物起源、分类、系统发育、品种演化等方面的文献，包括历史文献和最新发表的论文，对全世界梨属植物有了比较全面的认识。因此深感有必要对迄今为止、古今中外的梨属植物研究进行总结，编纂成书，以供相关研究者参考。

本书共分 4 章，第一章梨属植物的分类，介绍了蔷薇科分类的最新进展，梨属在蔷薇科中的分类地位，全世界梨属植物种及其分布地域，中国梨属植物的分类历史、现状和存在的问题，西亚梨属植物的分类，东方梨和西方梨代表种的描述，梨植物的分类体系，梨属分类及系统发育研究进展；第二章梨属植物的起源，从化石记录到分子系统发育等多个层面介绍了蔷薇科、苹果亚族和梨属的起源；第三章栽培梨的起源与品种演化，介绍了东、西方栽培梨的起源，主要国家的梨品种发展史及品种交流史，东、西方梨的栽培系统的划分及依据，梨属与近缘属的属间杂交产生的新种质等；第四章梨品种介绍，图文并茂地展示了几大栽培系统的代表性品种、砧木品种和观赏品种。梨的品种资源非常丰富，国内出版的各个层面的梨树志或果树志，以及近年来出版的有关梨属的著作中都对梨品种进行了详细的描述。为了避免重复，本书只选择对现代梨品种改良做出重要贡献的品种、在产业上正在发挥或发挥过重要作用的品种，以及在某一区域知名的品种进行介绍，主要介绍品种的来源、育种或发现过程、历史、对产业和育种的贡献、果实的主要特性、结果习性和特殊的抗性等，不对其他植物学性状进行描述。另外，本书也对其他书籍中少有涉及的砧木品种和观赏品种做了简要介绍。品种介绍中除了特别需要标注的文献外，考虑到文字的流畅性，对性状的描述不做特别的文献标注。品种性状的描述除了著者的研究观测，也参考了其他文献。亚洲梨品种的性状描述主要参考了《中国果树志·第三卷（梨）》（中国农业科学院果树研究所，1963，上海科学技术出版社）、《梨主要品种原色图谱》（陕西省果树研究所、中国农林科学院果树试验站，1977，农业出版社）、《中国温带果树分类学》（吴耕民，1984，农业出版社）、《甘肃省果树志》（甘肃省农业科学院果树研究所，1995，中国农业出版社）、《中国梨树志》（李秀根、张绍铃，2020，中国农业出版社）、《中国梨遗传资源》（曹玉芬、张绍铃，2020，中国农业出版社）；西洋梨的性状描述参考了《纽约的梨》（*The Pears of New York*）（Hedrick，1921）和《南非落叶果树指南》（*A Guide to Deciduous Fruit of South Africa*）（南非落叶果树生产者基金会，2005）。书中所有植物标本图均已获得相关植物标本馆授权使用并获赠高清图。

　　本书是著者及其团队 20 多年来在梨属植物系统发育、遗传多样性和品种演化等方面研究成果的总结。在书稿付梓之际，特别感谢我的博士导师日本鸟取大学田边贤二教授，是他帮助我打开了梨属植物遗传多样性研究的大门。感谢本实验室毕业的研究生（按毕业先后顺序）鲍露、张东、郑小艳、姚利华、蔡丹英、刘晶、胡春云、孙萍、宗宇、蒋爽、于佩园、岳晓燕等所做的出色工作。本书相关研究得到了国家自然科学基金面上项目、浙江省自然科学基金杰出青年基金、高等学校博士学科点专项科研基金、浙江省科学技术厅计划项目和浙江省重点研发计划"浙江省农业新品种选育重大科技专项"等的资助，在此一并表示感谢。此外，书中果实形态照片的收集得到了国内外同行的无私帮助，他们或惠赠照片，或协助拍摄，或提供用于拍摄的果实样品。提供帮助的国内同行有（按姓名汉语拼音排序）：戴美松博士（浙江省农业科学院园艺研究所）、邓家林研究员（四川省农业科学院园艺研究所）、冯霄汉研究员（辽宁省大连市农业科学研究院）、郝宝锋研究员（河北省农林科学院昌黎果树研究所）、黄新忠研究员（福建省农业科学院果树研究所）、李洪坤高级农艺师（云南省祥云县农业农村局）、李红旭研究员（甘肃省农业科学院林果花卉研究所）、李建召博士（鲁东大学农学院）、李雄博士（吉林省延边朝鲜族自治州农业科学院）、蔺经研究员（江苏省农业科学院园艺研究所）、刘刚助理研究员（中国农业科学院果树研究所）、刘海全副研究员（甘肃省天水市果树研究所）、刘军研究员（北京市农林科学院林业果树研究所）、马春晖教授（青岛农业大学园艺学院）、马辉博士（河北农业大学园艺学院）、藕继旺农艺师（贵阳小河区金海农业科技开发有限公司）、沙守峰研究员（辽宁省果树科学研究所）、舒群研究员（云南省农业科学院园艺作物研究所）、苏俊研究员（云南省农业科学院园艺作物研究所）、王强研究员（吉林省农业科学院果树研究所）、王文辉研究员（中国农业科学院果树研究所）、王迎涛研究员（河北省农林科学院石家庄果树研究所）、薛华柏博士（中国农业科学院郑州果树研究所）、杨盛副研究员[山西农业大学（山西省农业科学院）果树研究所]、张靖国博士（湖北省农业科学院果树茶叶研究所）、张文杰高级农艺师（四川省苍溪县猕猴桃产业技术研究所）、张校立副研究员（新疆农业科学院园艺作物研究所）、朱立武教授（安徽农业大学园艺学院）。提供帮助的国外同行有：亚美尼亚科学院（National Academy of Sciences, Republic of Armenia）的 Janna A. Akopian 博士、约旦科技大学（Jordan University of Science and Technology）的 Mohammad Al-Gharaibeh 博士、西班牙农业食品研究与技术研究所（Institute of Agrifood Research and Technology, Spain）的

Luis Asin 博士、美国农业部园艺研究实验室（U.S. Horticultural Research Laboratory）的 Jinhe Bai 博士、南非 ExperiCo Agri-Research Solutions 公司的 Ian Crouch 博士、美国密歇根州立大学（Michigan State University）的 Todd Einhorn 教授、哈萨克斯坦阿克苏-热巴格雷自然保护区（Aksu-Zhabagly Nature Reserve）的 Vladimir Kolbintsev 研究员、葡萄牙里斯本大学（Universidade de Lisboa）的 Cristina Oliveira 教授、俄罗斯科学院乌拉尔分部动植物生态研究所（Institute of Plant and Animal Ecology, Ural Division, Russian Academy of Sciences）的 Pavel Gorbunov 研究员、日本鸟取大学农学部的田村文男（Fumio Tamura）教授，以及法国国家农业、食品和环境研究所（French National Research Institute for Agriculture, Food and Environment）的 Marie-Hélène Simar 博士。这些同行的无私帮助为本书增光添色，在此表示最诚挚的谢意。感谢本实验室的硕士研究生彭麟女士和周轶女士协助绘制部分插图。我的女儿，供职于日本早稻田大学全球教育中心的滕越，在本书日语文献的检索和翻译工作中付出良多，借此表达我的爱和谢意。非常感谢科学出版社王海光编审的鼓励和支持，帮我完成了多年来的夙愿。

本书在写作过程中力求客观准确，但限于著者水平，书中难免存在挂一漏万的情况，写作方面也可能有不足之处，敬请读者不吝赐教。

滕元文

2023 年 10 月

目　　录

第一章　梨属植物的分类

第一节　梨属在蔷薇科中的位置

一、蔷薇科分类

按照传统的形态学分类，梨属（*Pyrus* L.）属于蔷薇科（Rosaceae）苹果亚科（Maloideae）（有些研究用梨亚科 Pomoideae）。蔷薇科 Rosaceae 一名是 1763 年 Michel Adanson 提出的，但 2006 版的《国际植物命名法规》[*International Code of Botanical Nomenclature* (ICBN)]接受 Antoine Laurent de Jussieu（1789）为命名者（Hummer and Janick，2009）。蔷薇科在整个植物界只是一个中等大小的科，但其分布几乎覆盖了全球陆地（Kalkman，2004）。它在园艺中占有重要地位，许多重要的果树如苹果、梨、榅桲、山楂、枇杷、木瓜、桃、巴旦杏、李、杏、梅、樱桃、树莓和草莓，观赏植物中的玫瑰、梅花、绣线菊、光叶石楠、花楸等都属于蔷薇科。蔷薇科的分类地位、亚科的划分和种、属的数量几经变化。现在公认蔷薇科有近 90 属，包括 3000 种左右（Potter et al.，2007）。关于蔷薇科内亚科的划分，被学界广泛接受的是根据果实类型划分为 4 个亚科，即绣线菊亚科[Spiraeoideae，菁葖果或蒴果（现视为聚合荚果），$x=8$，9]、蔷薇亚科（Rosoideae，瘦果、聚合瘦果或聚合核果，$x=7$，偶尔 8 或 9）、桃亚科（Amygdaloideae，或李亚科 Prunoideae，单核核果，$x=8$）和苹果亚科（Maloideae，仁果或多核核果，$x=17$），各个亚科下进而分为不同的族和亚族（Schulze-Menz, 1964）。哈钦森（Hutchinson）并不认可蔷薇科内亚科的划分，怀疑它们在该科细分中的作用，他只承认 17 个族（Kalkman，1988；Potter et al.，2007）。

现代分子系统学的研究结果使人们对蔷薇科的科内分类有了新的认识。不同学者由于所用的 DNA 序列和形态学指标不同，对蔷薇科内的分类提出了不同的看法。Takhtajan（1997）结合 Morgan 等（1994）对蔷薇科最初的分子系统学研究结果将蔷薇科分为 12 个亚科。其中桃亚科和苹果亚科比先前有所扩充，而蔷薇亚科和绣线菊亚科则进一步细分为蚊子草亚科（Filipenduloideae）、蔷薇亚科（Rosoideae）、悬钩子亚科（Ruboideae）、委陵菜亚科（Potentilloideae）、Coleogynoideae、棣棠亚科（Kerrioideae）、绣线菊亚科（Spiraeoideae）、梨亚科（Pyroideae）、牛筋条亚科（Dichotomanthoideae）等。Kalkman（2004）在综合考虑了形态学、细胞核学（karyology）、繁殖行为、生态学、植物化学、经济用途和资源保护等方面后，只赞成将蔷薇科分为 21 个族，但也提出了将蔷薇科分为 2 个亚科的可能性。其中一个亚科由经典的蔷薇亚科和李亚科（桃亚科）组成，另一个亚科则由经典的绣线菊亚科和苹果亚科组成。除了界定的族之外，Kalkman 还定义了 3 个非正式的组（group）：Alchemilla、Geum 和 Cydonia。

Potter 等（2007）利用 6 个核基因或 DNA 片段（18S、*gbssi1*、*gbssi2*、ITS、*pgip* 和 *ppo*）和 4 个叶绿体基因或 DNA 片段（*matK*、*ndhF*、*bcL* 和 *trnL-trnF*）的序列信息以及 12 个形态学性状对蔷薇科的 88 个属进行了系统发育分析，其研究结果奠定了分子系统学时代现代蔷薇科分类的框架。在 Potter 的蔷薇科分类系统中，亚科由原来的 4 个降为 3 个：蔷薇亚科（Rosoideae）、绣线菊亚科（Spiraeoideae）和仙女木亚科（Dryadoideae）（图 1-1）。Potter 系统的绣线菊亚科包括了传统上基于果实形态划分的绣线菊亚科、苹果亚科和桃亚科（或李亚科），约有 1000 个种；而传统的蔷薇亚科则被分成了新的蔷薇亚科和仙女木亚科，前者大约有 2000 个种，而后者不到 30 个种。在蔷薇亚科和绣线菊亚科下进一步分为族和超族以及和

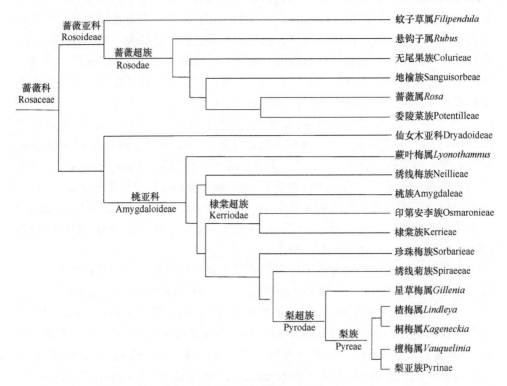

图 1-1　Potter 的蔷薇科分类系统

根据 Potter 等（2007）绘制，绣线菊亚科已经改为桃亚科。蔷薇亚科为最早分支的亚科

族平行的独立属。①蔷薇亚科，包含两个分类单元：蚊子草属（*Filipendula* Mill.）和蔷薇超族（Rosodae）。蔷薇超族包含悬钩子属（*Rubus* L.）、蔷薇属（*Rosa* L.），以及地榆族（Sanguisorbeae）、委陵菜族（Potentilleae）和无尾果族（Colurieae）3个族。②仙女木亚科（Dryadoideae）：由4个属组成，分别是山红木属（*Cercocarpus* Kunth）、蒿叶梅属（*Chamaebatia* Benth.）、仙女木属（*Dryas* L.）和羚梅属（*Purshia* DC. ex Poir.）。除了仙女木属在欧亚大陆和北美大陆都有分布外，其余仙女木亚科的分类群仅限于北美西部。属于这一亚科的植物大多与弗兰克氏菌属（*Frankia*）共生形成外生菌根，具有固氮作用。③绣线菊亚科：由蕨叶梅属（*Lyonothamnus* A. Gray）、桃族（Amygdaleae）、绣线梅族（Neillieae）、珍珠梅族（Sorbarieae）、绣线菊族（Spiraeeae）、棣棠超族（Kerriodae）和梨超族（Pyrodae）等组成。棣棠超族包括棣棠族（Kerrieae）和印第安李族（Osmaronieae）。梨超族包括梨族（Pyreae）和星草梅属（*Gillenia* Moench）。桐梅属（*Kageneckia* Ruiz & Pav.）、楂梅属（*Lindleya* Kunth）和檀梅属（*Vauquelinia* Correa ex Humb. & Bonpl.）由原绣线菊亚科调整到梨族中，但不包括在任何亚族里，而梨亚族（Pyrinae）相当于原苹果亚科。

　　Potter系统的3个超族名称因拉丁语描述没有区分性而被认为是不合格发表。另外，根据植物分类的优先权原则，将Potter系统的绣线菊亚科（Spiraeoideae）修正为桃亚科（Amygdaloideae），同时补充了一些族级分类群，改正了一些未按优先权选用的族名等，如将梨族（Pyreae）和梨亚族（Pyrinae）分别修正为苹果族（Maleae）和苹果亚族（Malinae）（Chin et al.，2014）。之后，多个研究小组利用不同基因序列的研究结果均支持了Potter的蔷薇科分类系统的基本框架。Zhang等（2017）利用整个质体基因组推导出的最大似然（ML）树强力支持了蔷薇科3个亚科和16个族的划分，同时也支持Potter系统的超族划分。在他们建立的系统发育树中，桃亚科为最早分支的亚科（图1-2），不同于Potter等（2007）系统树中蔷薇亚科为最早分支的亚科。Xiang等（2017）建立了125个蔷薇科种的转录组和基因组数据集，鉴定了数百个核基因，重建了一个获得高度支持的所有亚科和族的蔷薇科单系系统发育树，仙女木亚科为最早分支的亚科（图1-3）。基于学者们近十几年的研究结果，被大家公认的蔷薇科分类体系共有3个亚科、16个族（AWP，2017），但蔷薇科的三个亚科的系统发育关系仍有待明确。三个亚科之间的系统发育关系有如下几种拓扑结构模式。①图1-1：[Rosoideae（Dryadoideae, Spiraeoideae= Amygdaloideae）]（Potter et al.，2007）；②图1-2：[Amygdaloideae（Dryadoideae, Rosoideae）]（Chin et al.，2014；Zhang et al.，2017；Chen et al.，2020）；③图1-3：[Dryadoideae（Rosoideae, Amygdaloideae）]（Xiang et al.，2017）。

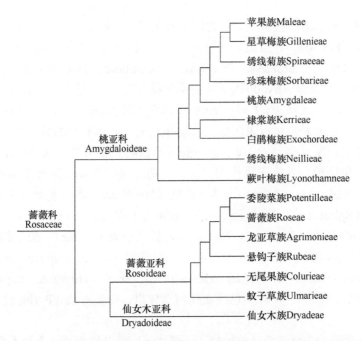

图 1-2　从整个质体（whole plastome）基因组数据集推导出的蔷薇科系统发育关系
根据 Zhang 等（2017）绘制，桃亚科为最早分支的亚科

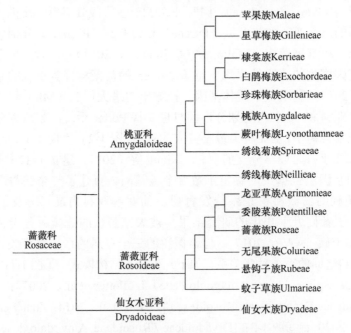

图 1-3　用 113 个基因序列的数据集得出的蔷薇科系统发育树
根据 Xiang 等（2017）绘制，仙女木亚科为最早分支的亚科

二、苹果亚族的组成

在新的分类系统中，原苹果亚科（Maloideae）相当于新的桃亚科（Amygdaloideae）下的苹果族（Maleae）中的苹果亚族（Malinae）。本亚族的不少属之间容易杂交成功，如×*Sorbaronia*（*Sorbus* × *Aronia*）、×*Sorbopyrus*（*Pyrus* × *Sorbus*）、×*Amelosorbus*（*Amelanchier* × *Sorbus*）、×*Pyronia*（*Cydonia* × *Pyrus*）、×*Pyracomeles*（*Pyracantha* × *Osteomeles*）、×*Crataegomespilus*（*Crataegus* × *Mespilus*）等（俞德浚，1984；Sax，1931）。有些属间相互嫁接也容易成活，如梨属中的西洋梨（*Pyrus communis*）可以和榅桲（*Cydonia oblonga*）嫁接，西洋梨也可以和唐棣属植物嫁接等。这些现象和事实的确给苹果亚族的属的界定带来了困难，属的明确界限至今仍然难以确定（俞德浚，1984；Lo and Donoghue，2012），致使属的数量在28~45范围内变动（AWP，2017）。有极端的观点甚至建议将现在所有的苹果亚族的属合并为一个属（Sax，1931），当然这个观点不被大多数学者接受。被大多数分类学家认可的苹果亚族里包括了最重要的仁果类果树，如梨属（*Pyrus*）、苹果属（*Malus* Mill.）、山楂属（*Crataegus* L.）、枇杷属（*Eriobotrya* Lindl.）和榅桲属（*Cydonia* Tourn. ex Mill.）等，另外还有唐棣属（*Amelanchier* Medik.）、涩石楠属（*Aronia* Medik.）、木瓜海棠属（*Chaenomeles* Lindl.）、栒子属（*Cotoneaster* Medik.）、牛筋条属（*Dichotomanthes* Kurz）、移核属（*Docynia* Decne.）、花楸海棠属（*Docyniopsis* Koidz.或 *Macromeles* Koidz.）、枫棠属[*Eriolobus* (DC.) M. Roem.]、柳石楠属（*Heteromeles* M. Roem.）、假唐棣属[*Malacomeles* (Decne.) Engler]、欧楂属（*Mespilus* L.）、小石积属（*Osteomeles* Lindl.）、榴棠属（*Peraphyllum* Nutt. ex Torr. & A. Gray）、石楠属（*Photinia* Lindl. *sensu stricto*）、落叶石楠属（*Pourthiaea* Decne.）、火棘属（*Pyracantha* Roem.）、木瓜属（*Pseudocydonia* C. K. Schneid.）、石斑木属（*Rhaphiolepis* Lindl.）、花楸属（*Sorbus* L.）、红果树属（*Stranvaesia* Lindl.）；其中花楸属被分成几个亚属：白花楸亚属[*Sorbus* subgen. *Aria* (Pers.) G. Beck]、红花楸亚属[*Sorbus* subgen. *Chamaemespilus* (Medik.) K. Koch.]、棠楸亚属[*Sorbus* subgen. *Cormus* (Spach) Duch.]、水榆亚属（*Sorbus* subgen. *Micromeles* Decne.）、花楸亚属（*Sorbus* subgen. *Sorbus* L.）、驱疝木亚属[*Sorbus* subgen. *Torminalis* (DC.) K. Koch]等（Lo and Donoghue，2012）。一些分类学家也将花楸属的这些亚属直接提升为属。

综上所述，在新的蔷薇科分类系统中，梨属植物的位置如下。

蔷薇科 Rosaceae
　桃亚科 Amygdaloideae
　　苹果族 Maleae
　　　苹果亚族 Malinae
　　　　梨属 *Pyrus*

第二节　梨属植物种

一、种的数量

虽然古代中国和古希腊的文献中有梨属植物名称的记载（Janick，2002），但科学意义上的梨属植物的命名和分类始于"现代分类学之父"——瑞典的林奈。1753 年林奈在他的著作 *Species Plantarum* 中命名了梨属 *Pyrus*，并将欧洲栽培的梨定名为 *Pyrus communis*，也就是我们所称的西洋梨或者欧洲梨。早期的分类学者将 *Pyrus*、*Malus*、*Aronia*、*Sorbus* 和 *Cydonia* 等属合称为 *Pyrus*（俞德浚，1984）。基于梨和苹果不能相互嫁接繁殖，1768 年 Miller 将苹果从梨属中分出，命名为苹果属（*Malus*）（Korban and Skirvin，1984）。

自从林奈于 1753 年命名梨属之后，到现在已经命名的梨属的属下分类单元（包括种、变种和变型）有 1800 多个（http://www.ipni.org）。全球植物名录（The Plant List）网站（http://www.theplantlist.org/）列出了梨属 740 多个种，其中包括了原来属于梨属后来单独划分出来的苹果属（*Malus*）、榅桲属（*Cydonia*）等其他属的种或种下分类单元。梨属植物种的确切数量可能会因为分类学家对种的界限的标准不同而有所差异。此外，梨属的种间频繁杂交也使得种的确定更加困难。例如，Rehder（1940）列出了如下 15 个种和其中的一些变种（也可参考 Challice and Westwood，1973）。

1. 扁桃叶梨　*Pyrus amygdaliformis* Vill.
2. 柳叶梨　*Pyrus salicifolia* Pall.
   Pyrus glabra Boiss.（近缘种）
3. 胡颓子梨　*Pyrus elaeagrifolia* Pall.
4. 雪梨　*Pyrus nivalis* Jacq.
5. 西洋梨或欧洲梨　*Pyrus communis* L.
   Pyrus communis var. *pyraster* L.
   Pyrus communis var. *cordata* (Desv.) C. K. Schneid.
   Pyrus communis var. *sativa* DC.
   Pyrus balansae Decne.（近缘种）
   Pyrus syriaca Boiss.（近缘种）
   Pyrus korshinskyi Litv.（同物异名 *Pyrus bucharica* Litv.）（近缘种）
6. 变叶梨或异叶梨　*Pyrus regelii* Rehder（同物异名 *Pyrus heterophylla* Reg. & Schmalh.）
7. 秋子梨　*Pyrus ussuriensis* Maxim.
   日本青梨　*Pyrus ussuriensis* var. *hondoensis* (Kikuchi & Nakai) Rehder

8. 白梨 *Pyrus bretschneideri* Rehder

9. 砂梨 *Pyrus pyrifolia* (Burm. f.) Nakai（同物异名 *Pyrus serotina* Rehder）

10. 麻梨 *Pyrus serrulata* Rehder

11. 褐梨 *Pyrus phaeocarpa* Rehder

12. 杜梨 *Pyrus betulifolia* Bunge

13. 阿尔及利亚梨 *Pyrus longipes* Coss. & Dur.

　　Pyrus boissieriana Boiss. & Buhse（近缘种）

14. 川梨 *Pyrus pashia* D. Don

15. 豆梨 *Pyrus calleryana* Decne.

　　日本豆梨 *Pyrus calleryana* var. *dimorphophylla* (Mak.) Koidz.

　　朝鲜豆梨 *Pyrus calleryana* var. *fauriei* (C. K. Schneid.) Rehder

　　根据 Westwood（1968）、Challice 和 Westwood（1973）的研究，上面所列的一些变种 *P. communis* var. *cordata*、*P. communis* var. *pyraster*、*P. ussuriensis* var. *hondoensis*、*P. calleryana* var. *dimorphophylla* 和 *P. calleryana* var. *fauriei* 应该被升格为独立的种。但也有学者至今沿用 Rehder（1940）对这些分类单元的处理方式。

　　分类学家在 20 世纪三四十年代以前命名了梨属植物最主要的种，之后陆续有一些新种的发现和命名。60 年代俞德浚等调查了中国梨属植物并命名了几个新种，70 年代波兰植物学家 Browicz 对土耳其和伊朗梨属植物进行了调查和命名，80 年代苏联植物学家 Gladkova 对大高加索地区梨属植物进行了命名，21 世纪初伊朗的 Zamani 和 Attar 对伊朗梨属植物进行了命名，这些研究增加了梨属植物大家庭成员的数量。由于梨属植物分布范围横跨欧亚大陆，不同地域的植物学家掌握的梨属植物的信息具有很大的局限性，因此全世界究竟有多少种梨属植物并没有统一的意见。到目前为止，对全球梨属植物做出全面总结的是 Browicz（1993），他列出了 85 个种。

　　通过检索植物名录或相关网站，如邱园的世界植物在线（Plants of the World Online，https://powo.science.kew.org/）、世界植物-完全名录[World Plants (Complete List)，https://www.worldplants.de/]、国际植物名称索引[International Plant Name Index (IPNI)，https://www.ipni.org/]、生命目录（Catalogue of Life，https://www.catalogueoflife.org/）、世界植物群在线（The World Flora Online，http://www.worldfloraonline.org），剔除不规范名称和非梨属植物名，被植物分类学家接受的符合命名规范的梨属种名有 70 多个，但每个网站列出的所接受的梨属植物名的数量和名称不同。本书著者在此基础上，参考相关文献，并查看线上标本和照片（全球植物 Global Plants，https://plants.jstor.org/；全球生物多样性信息机构 Global Biodiversity Information Facility，https://www.gbif.org/；中国国家植物标本资源库，https://www.cvh.ac.cn/），对上述规范植物名所代表的物种进行进一步考证，将实际存在的梨属的 70 个种及其亚种、变种总结于表 1-1。但其中的一些梨属植物

表 1-1 世界梨属植物种及种下分类单元名录

编号	种名	中文名	分布区域	发表文献及年份	同物异名或备注
1	*Pyrus ×acutiserrata Gladkova		俄罗斯北高加索	Novosti Sist. Vyssh. Rast., 24: 104 (1987)	P. syriaca × P. elaeagrifolia（Browicz，1993）
2	Pyrus ×anatolica Browicz		土耳其（安纳托利亚）	Not. Roy. Bot. Gard. Edinb., 31: 323 (1972)	P. communis × P. spinosa × P. elaeagrifolia（Browicz，1993）
3	Pyrus armeniacifolia T. T. Yü	杏叶梨	中国新疆塔城	Acta Phytotax. Sin., 8: 231, t. 27, f. 2 (1963)	
4	?Pyrus asiae-mediae (Popov) Maleev		哈萨克斯坦、乌兹别克斯坦	Kom. Fl. URSS, 9: 342 (1939)	P. sinensis subsp. asiae-mediae 似秋子梨（本书著者）
5	*Pyrus ×babadagensis Prodan		罗马尼亚	Bul. Stiint. Acad. Republ. Popul. Romine, Sect. Biol. & Stiint. Agric., Ser. Bot., 9: 325 (1957)	P. communis × P. elaeagrifolia subsp. bulgarica（Browicz，1993）
6	Pyrus betulifolia Bunge	杜梨	主要分布于中国北方	Mem. Div. Sav. Acad. Sci. St. Pertersb., 2: 101 (1835)	
7	Pyrus boissieriana Boiss. & Buhse		阿塞拜疆、土库曼斯坦、土耳其、伊朗北部	Nouv. Mem. Soc. Nat. Mosc., 12: 87 (1860)	P. cordata P. cordata subsp. boissieriana
8	Pyrus bourgaeana Decne.	伊比利亚梨	葡萄牙、西班牙西部、摩洛哥	Jard. Fruit., 1: t. 2 (1871)	P. mamorensis P. communis subsp. bourgaeana
9	Pyrus ×bretschneideri Rehder	白梨、罐梨	中国河北	Proc. Amer. Acad. Arts, 50: 231 (1915)	杜梨和砂梨系的杂种（菊池秋雄，1946，1948）
10	Pyrus browiczii Mulk.		亚美尼亚	Dokl. Akad. Nauk Armyanskoi SSR, 48(4): 235 (1969)	
11	Pyrus calleryana Decne.	豆梨	中国、越南、老挝	Jard. Fruit, 1: 329 (1871-1872)	P. kawakamii P. tsiukyoenesis P. mairei
11.1	var. dimorphophylla (Makino) Koidz.	日本豆梨	日本	J. Coll. Sci. Imp. Univ. Tokyo, 34(2): 56 (1913)	P. dimorphophylla
11.2	var. fauriei (C. K. Schneid.) Rehder	朝鲜豆梨	朝鲜半岛	J. Arnold Arbor., 2: 61 (1920)	P. fauriei
11.3	var. integrifolia T. T. Yü	全缘叶变种	中国江苏、浙江	Acta Phytotax. Sin., 8 (3): 232 (1963)	
11.4	var. koehnei (C. K. Schneid.) T. T. Yü	楔叶变种	中国浙江、福建、广东、广西	Fl. Reipubl. Popularis Sin., 36: 370 (1974)	台湾豆梨 P. koehnei 台湾野梨 P. kawakami
11.5	var. lanceata Rehder	柳叶变种	中国安徽、福建、浙江	J. Arnold Arbor., 7(1): 28 (1926)	
12	Pyrus ×chosrovica Gladkova		亚美尼亚	Novosti Sist. Vyssh. Rast., 27: 70 (1990)	P. georgica 的杂种（Browicz，1993）
13	Pyrus communis L.	西洋梨、欧洲梨	欧洲、西亚	Sp. Pl., 1: 479, 2: 1200 (1753)	P. balansae
13.1	ssp. caucasica (Fed.) Browicz	高加索梨	阿塞拜疆、亚美尼亚、格鲁吉亚、俄罗斯北高加索、土耳其、克里米亚半岛、伊朗	Fl. Turkey & E. Aegaean I. s., 4: 163 (1972)	Korotkova 等（2018）支持 P. caucasica 的独立种地位

续表

编号	种名	中文名	分布区域	发表文献及年份	同物异名或备注
14	*Pyrus cordata* Desv.	心叶梨	英国西南部、法国、葡萄牙、西班牙、阿尔及利亚、摩洛哥	Observ. Pl. Env. Angers: 152 (1818)	*P. communis* subsp. *cordata* *P. cossonii* *P. longipes* *P. gharbiana*
15	*Pyrus cordifolia* Zamani & Attar		伊朗	Nordic J. Bot., 34(6): 739 (2016)	
16	*Pyrus costata* Sumnev.		乌兹别克斯坦	Fl. Uzbekist., 3: 272, 795 (1955)	西洋梨的栽培类型（Browicz，1993）
17	*Pyrus demetrii* Kuth.		亚美尼亚、格鲁吉亚	Not. Syst. Geogr. Inst. Bot. Tphilis., Fasc., 13: 25 (1947)	叶子非常细长（本书著者）
18	*Pyrus elaeagrifolia* Pall.	胡颓子梨	巴尔干半岛、克里米亚半岛、土耳其至伊朗	Nova Acta Acad. Sci. Imp. Petrop. Hist. Acad., 7: 355 (1793)	
18.1	subsp. *bulgarica* (Kuth. & Sachokia) Vălev		保加利亚、罗马尼亚、土耳其、希腊	Fl. Nar. Republ. Bulgariya, 5: 338 (1973)	*P. bulgarica*
18.2	subsp. *kotschyana* (Boiss. ex Decne.) Browicz		亚美尼亚、土耳其	Fl. Turkey & E. Aegaean I, s., 4: 167 (1972)	*P. kotschyana*
19	*Pyrus eldarica* Grossh.		阿塞拜疆、格鲁吉亚	Izv. Azerbaidzhansk. f. AN SSSR, 10: 35 (1944)	
20	*Pyrus farsistanica* Browicz		伊朗、土耳其	Arbor. Kórnickie, 27: 27 (1982 publ. 1983)	
21	*Pyrus fedorovii* Kuth.		亚美尼亚、格鲁吉亚	Not. Syst. Geogr. Inst. Bot. Tphilis., Fasc., 13: 27 (1947)	疑似 *P. oxyprion* 的变型（Browicz，1993）
22	*Pyrus ferganensis* Vassilcz.	费尔干梨	乌兹别克斯坦	Byull. Mosk. Obshch. Ispyt. Prir. Biol., 84(4): 108 (1979)	
23	*Pyrus ghahremanii* Attar & Zamani		伊朗	Phyton (Horn), 49(1): 106 (2009)	
24	*Pyrus ×georgica* Kuth.	格鲁吉亚梨	格鲁吉亚、土耳其、亚美尼亚	Zametki Sist. Geogr. Rast., 8: 13 (1939)	疑似 *P. communis* ssp. *caucasica* × *P. syriaca*（Browicz，1993）
25	*Pyrus ×gergerana* Gladkova		亚美尼亚	Novosti Sist. Vyssh. Rast., 27: 70 (1990)	疑似 *P. takhtadzianii* 的杂种（Browicz，1993）
25.1	var. *macrophylla* Akopian		亚美尼亚	Novosti Sist. Vyssh. Rast., 45: 36 (2014)	
26	*Pyrus giffanica* Zamani & Attar		伊朗	Phyton (Horn), 49(1): 111 (2009)	
27	*Pyrus grossheimii* Fed.		俄罗斯北高加索、亚美尼亚、阿塞拜疆、伊朗西北部	Tr. Ann. f. Akad. Nauk URSS Ser. Biol., 2: 203 (1937)	疑似 *P. hyrcana* × *P. ussuriensis*（Browicz，1993）
28	*Pyrus hajastana* Mulk.		亚美尼亚	Dokl. Akad. Nauk Armyanskoi SSR, 48: 234 (1969)	疑似 *P. oxyprion* 的类型（Browicz，1993）
29	*Pyrus hakkiarica* Browicz		土耳其（安纳托利亚东南部）	Not. Roy. Bot. Gard. Edinb., 31: 322 (1972)	
30	***Pyrus ×hopeiensis* T. T. Yü**	河北梨	中国河北、山东	**Acta Phytotax. Sin., 8: 232 (1963)**	秋子梨和褐梨的杂种；秋子梨的同物异名（**Mu et al., 2022**）

续表

编号	种名	中文名	分布区域	发表文献及年份	同物异名或备注
31	*Pyrus hyrcana* Fed.		伊朗西北部、阿塞拜疆、亚美尼亚	Grossh., Fl. Kavk. ed. 2, 5. Comment.: 421 (1952)	
32	?*Pyrus jacquemontiana* Decne.		印度北部	Jard. Fruit. Mus., 1: t. 8 (1871-1872)	似川梨（本书著者）
33	**Pyrus kandevanica* Ghahrem., Khat. & Mozaff.		伊朗	Iranian J. Bot., 5(1): 2 (1991)	
34	*Pyrus ketzkhovelii* Kuth.		亚美尼亚、格鲁吉亚、阿塞拜疆	Not. Syst. Geogr. Inst. Bot. Tphilis., Fasc., 13: 23 (1947)	
35	*Pyrus korshinskyi* Litv.		吉尔吉斯斯坦、塔吉克斯坦、乌兹别克斯坦、阿富汗	Trav. Mus. Bot. Acad. Petersb., 1: 17 (1902)	*P. bucharica*
36	**Pyrus longipedicellata* Zamani & Attar		伊朗	Nordic J. Bot., 28(4): 484 (2010)	
37	?*Pyrus magyarica* Terpó		匈牙利	Ann. Acad. Horti-Viticult. (Budapest), 22(6, 2): 34 (1960)	西洋梨的栽培类型（Browicz, 1993）；物种存疑（Barina and Kiraly, 2014）
38	*Pyrus mazanderanica* Schönb.-Tem.		伊朗	Rech. fil., Fl. Iranica, 66: 32, t. 7 (1969)	疑似 *P. hyrcana* 的类型（Browicz, 1993）
39	*Pyrus ×medvedevii* Rubtsov		亚美尼亚	Bot. Mater. Gerb. Bot. Inst. Komarova Akad. Nauk SSSR, 9: 77 (1941)	*P. salicifolia × P. syriaca*
40	*Pyrus ×myloslavensis* Czarna & Antkowiak		波兰	Dendrobiology, 60: 46 (2008)	
41	**Pyrus ×neoserrulata* I. M. Turner**	**麻梨**	**中国南部**	**Ann. Bot. Fenn., 51(5): 308 (2014), nom. nov.**	**P. ×serrulata [Proc. Amer. Acad. Arts, 50: 234 (1915)]，豆梨和砂梨的杂种**
42	*Pyrus ×nivalis* Jacq.	雪梨	中东欧、法国、瑞士、意大利、土耳其	Fl. Austr., 2: 4 (1774)	种间杂交起源（Dostalek, 1997; Zheng et al., 2014）*Pyrus salviifolia*
43	*Pyrus ×nutans* Rubtzov		亚美尼亚、阿塞拜疆	Bot. Mater. Gerb. Bot. Inst. Komarova Akad. Nauk SSSR, 9: 74 (1941)	*P. communis × P. syriaca*（Browicz, 1993）
44	*Pyrus oxyprion* Woronow		土耳其东北部、亚美尼亚、格鲁吉亚、阿塞拜疆、伊朗西北部	Trudy Prikl. Bot. Selekts., 14(3): 86 (1925)	
45	**Pyrus pashia* Buch.-Ham. ex D. Don**	**川梨**	**中国西南部、不丹、巴基斯坦、印度北部、老挝、缅甸、尼泊尔、泰国、越南、阿富汗**	**Prodr. Fl. Nepal.: 236 (1825)**	**P. nepalensis** **P. nepalensis** **P. variolosa** **P. verruculosa**
45.1	**var. *grandiflora* Cardot**	**大花变种**	**中国贵州、云南**	**Notul. Syst. (Paris), 3: 346-347 (1918)**	
45.2	**var. *kumaoni* Stapf**	**无毛变种**	**中国云南、印度北部**	**Bot. Mag., 135: t. 8256 (1909)**	
45.3	**var. *obtusata* Cardot**	**钝叶变种**	**中国四川、云南**	**Notul. Syst. (Paris), 3: 346 (1918)**	
46	**Pyrus ×phaeocarpa* Rehder**	**褐梨**	**中国北方**	**Proc. Amer. Acad. Arts, 50: 235 (1915)**	**杜梨和秋子梨杂种**

编号	种名	中文名	分布区域	发表文献及年份	同物异名或备注
47	**Pyrus pseudopashia T. T. Yü**	滇梨	中国云南、贵州	**Acta Phytotax. Sin., 8: 232 (1963)**	
48	Pyrus pyraster (L.) Burgsd.	野生西洋梨、野生欧洲梨	欧洲、土耳其（安纳托利亚）、克里米亚半岛	Anleit. Erzieh. Holzart., 2: 193 (1787)	P. achras P. communis subsp. pyraster P. communis var. pyraster P. rossica P. sylvestris
49	**Pyrus pyrifolia (Burm. f.) Nakai**	砂梨、日本梨	中国南部、日本、朝鲜半岛、越南	**Bot. Mag. (Tokyo), 40: 564 (1926)**	**Ficus pyrifolia P. montana P. serotina P. sinensis var. culta**
50	Pyrus regelii Rehder	异叶梨	吉尔吉斯斯坦、哈萨克斯坦、土库曼斯坦、塔吉克斯坦、乌兹别克斯坦	J. Arnold Arbor., 20: 97 (1939)	P. heterophylla
51	Pyrus ×sachokiana Kuth.		俄罗斯北高加索、格鲁吉亚	Soobsc. Akad. Nauk Gruzinsk. SSR, 3: 915 (1942)	P. georgica 的异种
52	Pyrus salicifolia Pall.	柳叶梨	北高加索、格鲁吉亚、亚美尼亚、阿塞拜疆、土耳其和伊朗	Reise Russ. Reich., 3(2 Anh.): 734 (1776)	P. argyrophylla
52.1	var. petiolaris Mulk. ex Akopian		亚美尼亚	Novosti Sist. Vyssh. Rast., 45: 37 (2014)	
52.2	var. serrulata Browicz		土耳其	Notes Roy. Bot. Gard. Edinburgh, 31(2): 323 (1972)	
53	? Pyrus serikensis Güner & H. Duman		土耳其	Karaca Arbor. Mag., 2(4): 166 (1994), nom. nov.	P. boissierana subsp. crenulata P. boissierana 的同物异名
54	**Pyrus ×sinkiangensis T. T. Yü**	新疆梨	中国西北	**Acta Phytotax. Sin., 8: 233 (1963)**	西洋梨和砂梨系杂种
55	Pyrus spinosa Forssk.	扁桃叶梨	巴尔干半岛、西班牙、法国、科西嘉岛、撒丁岛、意大利、马耳他、土耳其、伊朗	Fl. Aegypt. Arab.: 211 (1775)	P. amygdaliformis P. amygdaloides P. angustifolia P. cuneifolia P. oblongifolia P. parviflora P. pyraina
56	Pyrus syriaca Boiss.	叙利亚梨	亚美尼亚、土耳其、塞浦路斯、伊朗、伊拉克、以色列、约旦、黎巴嫩、叙利亚、匈牙利	Diagn. Pl. Or. Nov., 2(10): 1 (1849)	P. nobilis
56.1	var. microphylla Zohary ex Browicz		土耳其	Notes Roy. Bot. Gard. Edinburgh, 31(2): 322 (1972)	
56.2	var. pseudosyriaca (Gladkova) Uğurlu & Dönmez		北高加索、土耳其	Turkish J. Bot., 39(5): 844 (2015)	
56.3	subsp. glabra (Boiss.) Browicz		伊朗	Arbor. Kórnickie, 38: 24 (1993)	P. glabra
57	*Pyrus tadshikistanica Zaprjagaeva		塔吉克斯坦	Dikorast. Plodov. Tadzhikist., 377 (-380; fig. 177) (1964)	疑似 P. turcomanica 的类型（Browicz, 1993）

编号	种名	中文名	分布区域	发表文献及年份	同物异名或备注
58	*Pyrus ×taiwanensis* **H. Iketani & H. Ohashi**	台湾鸟梨	中国台湾	**J. Jap. Bot., 68(1): 40 (1993)**	台湾豆梨和砂梨系的杂种
59	*Pyrus ×takhtadzhianii* Fed.		亚美尼亚、阿塞拜疆、格鲁吉亚、伊朗北部	Trans. Armen. Branch Acad. Sc. USSR, Biol. Ser., 2: 208 (1937)	*P. communis × P. elaeagrifolia*（Browicz，1993）
59.1	var. *macrophylla* Mulk. ex Akopian		亚美尼亚	Novosti Sist. Vyssh. Rast., 45: 37 (2014)	
60	?*Pyrus tamamschianae* Fed.		亚美尼亚	A.A. Grossh., Fl. Kavk., ed. 2, 5: 422 (1952)	西洋梨的野生类型（Browicz，1993）
61	*Pyrus theodorovii* Mulk.		亚美尼亚	Dokl. Akad. Nauk Armjansk. SSR, 40: 249 (1965)	
61.1	var. *latifolia* Mulk. ex Akopian & Zamani		亚美尼亚	Novosti Sist. Vyssh. Rast., 45: 37 (2014)	
62	*Pyrus trilocularis* **D. K. Zang & P. C. Huang**	崂山梨	中国山东	**Bull. Bot. Res., Harbin, 12(4): 321-322, t. 1 (1992)**	种的地位存疑（本书著者）
63	*Pyrus turcomanica* Maleev		阿塞拜疆、亚美尼亚、土库曼斯坦、吉尔吉斯斯坦、哈萨克斯坦、伊朗	Acta Inst. Bot. Acad. Sc. URSS, Ser. I. Fasc., 3: 196 (1937)	
64	*Pyrus tuskaulensis* Vassilcz.		中亚	Byull. Mosk. Obshch. Ispyt. Prir., Biol., 84(4): 108 (1979)	
65	*Pyrus ussuriensis* **Maxim.**	秋子梨	中国东北部、朝鲜半岛、俄罗斯远东、日本东北地区	**Bull. Phys -Math. Acad. Petersb., 15: 132, 237 (1856)**	*P. aromatica* *P. chinensis* *P. hondoensis* *P. lindleyi* *P. ovoidea* *P. sinensis*
66	? *Pyrus ×voronovii* Rubtzov		亚美尼亚	Bot. Mater. Gerb. Bot. Inst. Komarova Akad. Nauk SSSR, 9: 76 (1941)	*P. syriaca × P. salicifolia*（Browicz，1993）
67	*Pyrus xerophila* **T. T. Yü**	木梨	中国西北部	**Acta Phytotax. Sin., 8: 233 (1963)**	
68	*Pyrus yaltirikii* Browicz?		土耳其	Istanbul Univ. Orman Fak. Dergisi, A, 24(2): 57 (1974 publ. 1975)	
69	*Pyrus zangezura* Maleev		亚美尼亚、阿塞拜疆	Acta Inst. Bot. Acad. Sc. URSS, Ser. I. Fasc., 3: 195 (1937)	
70	*Pyrus ×uyematsuana* **Makino**		日本本州	**Bot. Mag., Tokyo, 22: 68 (1908)**	*P. dimorphophylla × P. pyrifolia*（菊池秋雄，1946，1948）

注：本表综合菊池秋雄（1946，1948）、俞德浚和关克俭（1963）、中国植物志编辑委员会（1974）、Browicz（1993）、Zamani 等（2012）、Hassler（2004～2023）、http://www.theplantlist.org/、https://www.gbif.org/、https://plants.jstor.org/、https://worldfloraonline.org/等内容制作而成。

*没有找到在线标本。

×种加名前面有×表示该种为种间杂种或疑似种间杂种。

?该种是否存在有疑问。

字体加粗的条目为东亚原产梨属种。

种，特别是高加索地区和巴尔干半岛的梨属分类单元的地位，不同分类学家可能有不同观点。这些地区梨属的种间杂交非常普遍，导致种的界限难以界定，如在表 1-1 中，仅亚美尼亚就有 27 个分类单元，图 1-4 展示了其中的一些种的形态特征。但正如 Browicz（1993）所指出的，由于亚美尼亚地区地形复杂、地貌多样，湿润的森林与旱生灌丛和干草原接壤，中温物种（mesophilous species）如 *P. communis* ssp. *caucasica* 及适应干热环境的物种如 *P. salicifolia*、*P. syriaca* 和 *P. zangezura* 间自古就自然杂交，而且现在可能仍在发生杂交。这些杂种进一步和当地的栽培类型发生杂交，导致复合性状杂种的普遍发生，产生了一些单个个体物种或只在某一地出现的物种，很难被定性为真正的物种。因此未来需要结合现代分子系统学的方法对高加索地区和西亚地区的梨属种进行进一步的研究确认。*Pyrus magyarica* 原产匈牙利，长期以来被认为是喀尔巴阡盆地的"超特有"或"极具地方性"的物种（"superendemic" species），Barina 和 Kiraly（2014）通过对照该种的描述和相关标本，认为该物种不存在。Korotkova 等（2018）利用叶绿体 DNA 进行的分子系统学研究发现 *P. magyarica* 和 *P. pyraster* 密切相关，物种界限不明确。

二、原生种

Challice 和 Westwood（1973）在对前人梨属分类结果和标本进行仔细检索研究的基础上，认为除去自然的种间杂种外，梨属植物有 22 个种，分属于 4 个大类：亚洲豆梨类，亚洲大中果型梨类，中、西亚种类，北非及欧洲种类（表 1-2）。前两类即东方梨（oriental pear），后两类为西方梨（occidental pear）。这些种后来被 Bell 和 Hough（1986）称为原生种或基本种（primary species），以便与那些自然杂种相区别。Challice 和 Westwood（1973）认为 *P.* ×*bretschneideri*（=*P. betulifolia* × *P. pyrifolia*?）、*P.* ×*serrulata*（=*P. calleyana* × *P. pyrifolia*?）和 *P.* ×*phaeocarpa*（=*P. betulifolia* × *P. ussuriensis*?）等并不是原生种，而是不确定的种间杂种。另外，他们列出的亚洲大中果型之一的甘肃梨（Kansu pear），从植物学性状看有可能是新疆梨的品种。而新疆梨是西洋梨和砂梨系品种杂交而来的（Teng et al.，2001）。*P.* ×*nivalis* 也被列为原生种，但现在看来可能是 *P. communis* 和 *P. elaeagrifolia* 的杂种（Dostalek，1997）。所以甘肃梨和 *P.* ×*nivalis* 不属于原生种。虽然 *P. dimorphophylla*、*P. koehnei* 和 *P. fauriei* 被 Challice 和 Westwood（1973）作为独立种（图 1-5），但近年来，越来越多的学者将它们作为豆梨的变种对待（表 1-1）。同样 *P. hondoensis* 现在也被作为秋子梨的变种或同物异名（表 1-1）。另外，被 Challice 和 Westwood（1973）视为变种的一些分类单元现在被升格为独立种，如 *P. communis* var. *pyraster* 升格为 *P. pyraster*。而对于原产于南欧与北非的种，

图 1-4　亚美尼亚一些梨属物种的形态特征（Janna A. Akopian 博士惠赠）
第一行：*P. theodorovii*（左和中）、*P. fedorovii*（右）；第二行：*P. ×medvedevii*（左和中）、*P. hyrcana*（右）；第三行：
P. ×takhtadzhianii（左和中）、*P. tamamschianae*（右）；第四行：*P. ×georgica*（左和中）、*P. daralaghezi*（右）；第五
行：*P. sosnovskyi*（左和中）、*P. oxyprion*（右）

表 1-2 Challice 和 Westwood（1973）所建议的梨属（*Pyrus* L.）的原生种、特征及地理分布[1]

地理群	学名	中文名	英文名	主要特征[2]					分布区域
				果皮	萼片	心室数	果实直径（cm）	叶缘	
东方梨 豆梨类	*P. calleryana* Decne.	豆梨	Callery pear	R	D	2(3)	1.06	Cr	中国、越南、老挝
	P. koehnei C. K. Schneid.	台湾豆梨	Taiwan wild pear	R	D	4(3)	1.04	Cr	中国南部及台湾
	P. fauriei C. K. Schneid.	朝鲜豆梨	Korean pea pear	R	D	2	1.34	Cr	朝鲜半岛
	P. dimorphophylla Makino	日本豆梨	Japanese pea pear	R	D	2	1.24	Cr	日本
	P. betulifolia Bunge	杜梨	birch-leaved pear	R	D	2(3)	0.88	CS	中国中部、西北、华北、东北地区南部
大中果型	*P. pyrifolia* (Burm. f.) Nakai	砂梨或日本梨	Chinese sand pear, Japanese pear	R/S	D	5	4.60	FSS	中国南部、朝鲜半岛、日本、越南
	P. hondoensis Nakai & Kikuchi	日本青梨		S	P	5	2.80	FSS	日本
	P. ussuriensis Maxim.	秋子梨	Ussurian pear	S	P	5	3.75	CSS	中国北部、朝鲜半岛、西伯利亚
	[3]*P. pashia* Buch.-Ham. ex D. Don	川梨	Himalayan pear	R	D	2~5	2.39	Cr	中国西南部、缅甸、印度、尼泊尔、巴基斯坦
	—	甘肃梨	Gansu pear, Kansu pear	S	P	5	4.26	Cr	中国甘肃
西方梨 中、西亚种	*P. spinosa* Forssk.	扁桃叶梨	almond-leaved pear	S	P	5	2.60	En(SCr)	地中海地区、南欧
	P. elaeagrifolia Pall.	胡颓子梨	oleaster-leaved pear	S	P	5	2.40	En(SCr)	土耳其、克里米亚、欧洲东南部
	[4]*P. glabra* Boiss.			S	P	3~4?	—	En	伊朗南部
	P. salicifolia Pall.	柳叶梨	willow-leaved pear	S	P	5	1.90	En	伊朗、俄罗斯
	P. syriaca Boiss.	叙利亚梨	Syrian pear	S	P	5	—	Cr	非洲东北部、黎巴嫩、以色列、伊朗
	P. regelii Rehder	异叶梨		S	P	5	2.0~3.0	Cr	阿富汗、俄罗斯

续表

地理群		学名	中文名	英文名	主要特征[2]					分布区域
					果皮	萼片	心室数	果实直径(cm)	叶缘	
		[5]*P. manorensis* Trab.			—	P(D)	—	—	Cr	摩洛哥、阿尔及利亚
		[6]*P. longipes* Poit. & Turpin	阿尔及利亚梨	Algerian pear	R	D(P)	3~4	1.70	Cr	阿尔及利亚
西方梨	北非种、欧洲种	[7]*P. gharbiana* Trab.			—	—	—	—	Cr	摩洛哥
		P. communis L. sensu lato	西洋梨	European pear	S(R)	P	5	3.80	Cr	西欧、南欧、土耳其
		P. nivalis Jacq.	雪梨	snow pear	S	P	5	5.60	En	西欧、中欧、南欧
		P. cordata Desv.	心叶梨	Plymouth pear	R	D(P)	2~3?	1.50	Cr	欧洲西南部(伊比利亚半岛、法国西部、英国南部)

1 环地中海地区的梨的中文名基于吴耕民;原产于中国的梨的中文名基于俞德浚;原产于日本的梨的中文名是本书著者根据日语的意思译成。英文名选自英文文献中普遍接受的叫法。

2 果皮: R=russet(黄褐色),S=smooth(表面平滑,指黄绿果皮);萼片: D=deciduous(萼片脱落),P=persistent(萼片宿存);叶缘: Cr=crenate(钝锯齿),En=entire(全缘),CS=coarse serrate(粗锯齿),FSS=fine serrate-setose(刺芒状细锯齿),CSS=coarse serrate-setose(刺芒状粗锯齿),SC=slightly crenate(轻微钝锯齿)。

3 Challice 和 Westwood(1973)原表格中川梨的心室数为3~5,根据本书著者的调查,川梨的心室数为2~5(详见后文图1-32)。

4 是否存在仍有疑问(Challice and Westwood, 1973)。邱园的世界植物在线网站 https://powo.science.kew.org/中接受 P. glabra 为梨属种,也有该种的标本,叶片为披针形,甚为独特。也有人主张 P. manorensis Trab.是 P. glabra 为叙利亚梨的亚种。

5 现在认为 P. manorensis Trab.是 P. bourgaeana Decne.的同物异名,分布于伊比利亚半岛和摩洛哥。

6 一度认为 P. longipes Poit. & Turpin 和 P. cossonii Rehder 是同物异名 是 P. cordata 的同物异名,现在普遍接受其为 P. cordata 的同物异名,分布于阿尔及利亚、法国、意大利、摩洛哥、葡萄牙和西班牙。

7 P. gharbiana 可能是 P. cordata 的同物异名(Aldasoro et al., 1996)。

P. calleryana　　　P. koehnei　　　P. dimorphophylla　　　P. fauriei

图 1-5　*Pyrus calleryana*、*P. dimorphophylla*、*P. koehnei* 和 *P. fauriei* 的叶片和果实形态特征

Aldasoro 等（1996）的研究认可 5 个种：*P. bourgaeana*、*P. communis*、*P. cordata*、*P. spinosa* 和 *P. nivali*，而认为 *P. gharbiana* 和 *P. longipes* 是 *P. cordata* 的同物异名，*P. manorensis* 等于 *P. bourgaeana*。这样，被 Challice 和 Westwood（1973）列出的 *Pyrus* 的原生种的数量就大为减少了。限于当时的梨属分类研究成果，他们对高加索地区和西亚地区的梨属植物了解不够，因此在他们的原生种名单中对该地区的物种多有遗漏。另外，在他们的分类体系中，豆梨类只限于东亚地区的种，但西亚的 *P. boissieriana*、欧洲大西洋沿岸及北非的 *P. cordata* 果实直径在 1 cm 左右，心室数 2～3，和亚洲豆梨类相似。

需要特别指出的是，Challice 和 Westwood（1973）将川梨（*P. pashia*）列在了亚洲产大中果型梨中，本书著者团队对云南川梨的 4 个居群的果实性状进行了实地调查，发现该种果实大小变化较大（图 1-6），单果重为 1.24～6.09 g，平均为 3.04 g，横径为 12.83～21.70 mm，平均为 17.08 mm（表 1-3），所以中国产川梨的果实平均达不到中等程度，但也大于豆梨和杜梨的果实。由于川梨分布范围广，中国以外地区的川梨果实可能较大。

综上所述，梨属植物的原生种的数量究竟有多少，一方面取决于分类学研究的进展，另一方面也与分类学家对种的界限的认识有关。例如，Browicz（1993）列出了 85 个梨属种，其中 47 个为种间杂种，38 个为原生种。现将他认可的原生种名录所列如下。

图 1-6　川梨果实大小的变异

表 1-3　川梨果实表型性状的变异分析

性状	群体	样品数	平均值	最小值	最大值	标准差	变异系数
单果重	Pp1	15	2.78 g	1.24 g	5.49 g	1.175 g	42.28%
	Pp2	15	2.57 g	1.24 g	4.49 g	0.843 g	32.82%
	Pp3	15	3.41 g	1.87 g	6.09 g	1.226 g	35.99%
	Pp4	15	3.40 g	1.64 g	5.89 g	1.074 g	31.58%
	平均	—	3.04 g	1.24 g	6.09 g	1.126 g	37.06%
横径	Pp1	15	16.39 mm	12.83 mm	21.36 mm	2.259 mm	13.78%
	Pp2	15	16.38 mm	12.91 mm	19.79 mm	1.723 mm	10.52%
	Pp3	15	17.80 mm	14.41 mm	21.70 mm	1.903 mm	10.69%
	Pp4	15	17.75 mm	14.32 mm	21.33 mm	1.837 mm	10.35%
	平均	—	17.08 mm	12.83 mm	21.70 mm	2.016 mm	11.80%
纵径	Pp1	15	15.12 mm	10.92 mm	20.47 mm	2.758 mm	18.23%
	Pp2	15	14.22 mm	11.28 mm	17.26 mm	1.492 mm	10.49%
	Pp3	15	15.98 mm	12.23 mm	20.38 mm	2.163 mm	13.54%
	Pp4	15	16.14 mm	11.76 mm	20.40 mm	2.178 mm	13.49%
	平均	—	15.37 mm	10.92 mm	20.47 mm	2.272 mm	14.79%
果形指数	Pp1	15	0.92	0.85	1.05	0.062	6.80%
	Pp2	15	0.87	0.82	0.91	0.025	2.83%
	Pp3	15	0.90	0.83	0.97	0.046	5.13%
	Pp4	15	0.91	0.80	1.06	0.066	7.24%
	平均	—	0.90	0.80	1.06	0.054	6.05%
心室数	Pp1	15	4.59	3.50	5.00	0.512	11.17%
	Pp2	15	4.15	3.00	5.00	0.667	16.07%
	Pp3	15	4.15	2.90	5.00	0.745	17.95%
	Pp4	15	3.79	3.00	4.90	0.571	15.06%
	平均	—	4.17	2.90	5.00	0.676	16.22%

注：根据刘晶（2013）整理。

1. *Pyrus armeniacifolia* T. T. Yü
2. *Pyrus betulifolia* Bunge
3. *Pyrus boissieriana* Boiss. & Buhse
4. *Pyrus bourgaeana* Decne.
     可能是 *P. communis* 的极端形式
5. *Pyrus bretschneideri* Rehder
6. *Pyrus calleryana* Decne.
    var. *integrifolia* T. T. Yü
    var. *koehnei* (C. K. Schneid.) T. T. Yü
    var. *lanceolata* Rehder
    var. *dimorphophylla* (Makino) Koidz.
7. *Pyrus communis* L. *sensu lato*
  a) 欧洲：
    subsp. *communis* (同物异名 *P. achras* Gaertner; *P. pyraster* Burgsd.) - 野生型
    subsp. *sativa* (DC.) Hegi - 栽培型
    subsp. *rossica* (Danilov) Tuz (=*P. rossica* Danilov)
  b) 高加索和安纳托利亚：
    subsp. *caucasica* (Fed.) Browicz (=*P. caucasica* Fed.)
  c) 非洲：
    subsp. *mamorensis* (Trabut) Maire (=*P. mamorensis* Trabut)
    subsp. *longipes* (Cosson & Durand) Maire (=*P. langipes* Cosson & Durand; *P. cossonii* Rehder)
    subsp. *gharbiana* (Trabut) Maire (=*P. gharbiana* Trabut)
8. *Pyrus cordata* Desv.
     可能是 *P. communis* L. *sensu lato* 的一种栽培型
9. *Pyrus elaeagrifolia* Pall.
    subsp. *kotschyana* (Boiss. ex Decne.) Browicz (= *P. kotschyana* Boiss. ex Decne.; *P. taochia* Woronow)
    subsp. *bulgarica* (Kuth. & Sachokia) Valev (=*P. bulgarica* Kuth. & Sachokia)
10. *Pyrus farsistanica* Browicz
11. *Pyrus fauriei* C. K. Schneid.
     可能是 *P. calleryana* 的一种矮化型
12. *Pyrus hakkiarica* Browicz
13. *Pyrus hyrcana* Fed.
14. *Pyrus kandavanica* Ghahrem., Khat. & Mozaff.
    这个种让人想起 *P. ussuriensis* Maxim. var. *heterophylla* Gladkova.
15. *Pyrus kawakamii* Hayata
    可能与 *P. calleryana* var. *koehnei* 是同一种

16. *Pyrus ketzkhovelii* Kuth.
17. *Pyrus korshinskyi* Litv.
   同物异名：*P. bucharica* Litv.、*P. erythrocarpa* Vassilcz.、
   P. tuskaulensis Vassilcz.
18. *Pyrus lindleyi* Rehder
   同物异名：*P. sinensis* auct. non Poir.、*P. cajon* Zapijag.
19. *Pyrus mazanderanica* Schönb.-Tem.
   可能是 *P. hyrcana* 的一个类型
20. *Pyrus nivalis* Jacq.
21. *Pyrus oxyprion* Woronow
   Pyrus fedorovii 和 *P. hajastana* Mulk.可能是 *P. oxyprion* 的类型
22. *Pyrus pashia* Buch-Ham. ex D. Don
   同物异名：*P. variolosa* Wallich
   var. *kumaoni* Stapf.
   var. *obtusata* Card.
   var. *grandiflora* Card.
23. *Pyrus phaeocarpa* Rehder
24. *Pyrus pseudopashia* T. T. Yü
25. *Pyrus pyrifolia* (Burm. f.) Nakai
   同物异名：*P. serotina* Rehder、*P. sinensis* auct. non Jap. ex Nakai, l. c.
   var. *talyschensis* Gladkova
   var. *culta* (Makino) Nakai
26. *Pyrus regelli* Rehder
   同物异名：*P. heterophylla* Regel & Schmalh.
27. *Pyrus salicifolia* Pall.
   同物异名：*P. argyrophylla* Diapulis
28. *Pyrus serrulata* Rehder
29. *Pyrus sinkiangensis* T. T. Yü
30. *Pyrus spinosa* Forssk.
   同物异名：*P. amygdaliformis* Vill.
31. *Pyrus syriaca* Boiss.
   subsp. *glabra* (Boiss.) Browicz, comb. nov. (= *P. glabra* Boiss.)
32. *Pyrus tadshikistanica* Zaprj.
   同物异名：*P. ferganensis* Vassilcz.
   可能是 *P. turcomanica* 的一个类型
33. *Pyrus theodorovii* Mulk.
34. *Pyrus turcomanica* Maleev
35. *Pyrus ussuriensis* Maxim.

同物异名：*P. ovoidea* Rehder、*P. asiae-mediae* (Popov) Maleev、
P. sogdiana Kudrj.

36. *Pyrus xerophila* T. T. Yü
37. *Pyrus yaltirikii* Browicz
38. *Pyrus zangezura* Maleev

Browicz（1993）列出的原生种中增加了高加索地区的梨属种，但明显忽略了
Challice 和 Westwood （1973） 的研究结果， 仍将已经被证明为杂种的 *P.
×bretschneideri*、*P. ×phaeocarpa*、*P. ×serrula* （现更名为 *P. ×neoserrulata*） 等和
一个不存在的物种 *P. lindleyi* 列了进来。近年来的研究结果证明 *P. ×sinkiangensis*
和 *P. ×nivalis* 等也为种间杂种。排除这些种间杂种，以及列表中标出的 6 个可疑
物种，那么只有 26 个种可能属于原生种。但这 26 个种中有个别物种的地位仍
然存疑， 如 *P. armeniacifolia* 等。因此，梨属植物的原生种究竟有多少需要做进
一步的研究。

第三节 中国梨属植物的分类

一、分类历史

中国是世界梨属植物的发源地和东方梨的分化中心，有丰富的梨属物种多
样性。对中国梨的命名始于英国植物学家和园艺学家 John Lindley（1799～1865）。
他于 1826 年在 *Transactions of the Horticultural Society of London* 杂志上发表了名
为中国梨的新种：*Pyrus sinensis* Lindley。根据 Rehder（1915）的考证，*P. sinensis*
(Thouin) Poiret（Encycl. Méth. Suppl. IV. 452. 1816）早在 1816 年就被命名，但后
来发现该名称所指代的其实是木瓜海棠属（*Chaenomeles*）植物，所以在梨属上
不宜使用这个名称。Rehder（1915）将 Lindley 命名的 *P. sinensis* 改为 *P. lindleyi*
以纪念 Lindley。但由于 Lindley 命名的 *Pyrus sinensis* 与实际的植物存在差异，
该名称连同 *Pyrus lindleyi* 已经不再使用。川梨的学名 *Pyrus pashia* Buch.-Ham. ex
D. Don 是 1825 年由英国的 Francis Buchanan（后来改姓为 Hamilton 或 Buchanan-
Hamilton） 在 *Prodromus Florae Nepalensis* 杂志上发表的。虽然早于 *P. sinensis*
的命名，但命名依据的模式标本由丹麦植物学家 Nathaniel Wallich 于 1821 年采
自尼泊尔。这些来自尼泊尔的川梨标本大部分保存在英国皇家植物园（邱园），
也有一部分散布在欧洲其他地方。其中编号为 M0213680 的等模式标本收藏在德
国慕尼黑植物学国家收藏馆（Botanische Staatssammlung München），编号为
E00010846 的合模式标本收藏在英国爱丁堡皇家植物园（Royal Botanic Garden
Edinburgh）。而中国西南部的川梨样品是后来采集的，如法国传教士和植物学家

赖神甫（德洛维，Delavay）于 1883 年在云南采集的钝叶变种的模式标本，编号为 P01819381，收藏在法国国家自然历史博物馆（Muséum National d'Histoire Naturelle）。美国现在保存的中国川梨的标本是 1908 年由 Wilson 从中国西南部采集，通过哈佛大学阿诺德植物园（Arnold Arboretum）散布到其他地方的（Rehder，1915）。1833 年，俄国植物学家和探险家 Alexander Georg von Bunge 在 *Enumeratio Plantarum Quas in China Boreali Collegit*（《中国北方植物名录》）中命名了杜梨（*P. betulifolia*）。同样是出生于俄国的探险家和植物学家 Carl Johann Maximowicz 于 1853～1857 年环游世界为圣彼得堡植物园购置活植物，后来由于西方国家对俄国宣战，他乘的船被迫停靠在离俄国最近的港口德卡斯特里港，并前往阿穆尔河上游地区（Stapf，1891），可能是从这里采集到了秋子梨的标本，于 1856 年在 *Bulletin de la Class Physico-Mathematique de l'Academie Imperiale des Sciences de Saint-Pétersbourg. St. Petersburg* 上发表了秋子梨（*P. ussuriensis*）。但 Maximowicz 采集标本的地点是否在当时中国的境内就不得而知了，但他后来于 1859～1860 年的确在中国东北地区旅行（Stapf，1891）。1871～1872 年法国植物学家 Joseph Decaisne 在其著作《博物馆的水果园》（*Le Jardin Frutier du Muséum*）第一卷中命名了豆梨（*P. calleryana*）。豆梨的种加名取自豆梨标本采集人 Joseph Callery（1810～1862）的姓氏，这也是豆梨的英文 Callery pear 的来历。Joseph Callery 是意大利籍法裔传教士、汉学家和植物收藏家，他长期在中国工作和收集植物，1846 年当他返回法国后向巴黎自然历史博物馆（现法国国家自然历史博物馆）提交了大约 2000 个植物物种标本（大约 15 个是新种），其中就包括了豆梨（https://plants.jstor.org/）。1906 年奥地利植物学家 Camillo Schneider 其著作 *Illustriertes Handbuch der Laubholzkunde* 中发表了 *P. kolupana* C. K. Schneid.（古鲁坝梨）和 *Pyrus koehnei* C. K. Schneid.（科恩氏梨或台湾豆梨）。之后德裔美国学者 Alfred Rehder 注意到了哈佛大学阿诺德植物园中种植的几株 *P. sinensis* 差别很大，在仔细研究了 Lindley 对 *P. sinensis* 的描述，检视了 Wilson 等从中国采集的标本和种植在阿诺德植物园的亚洲梨（主要是中国梨）后，他于 1915 年发表了题为 "Synopsis of the Chinese species of *Pyrus*" 的论文，描述了原产于中国的 12 个种，包括由他新命名的 *P. ovoidea* Rehder、*P. lindleyi* Rehder、*P. bretschneideri* Rehder、*P. serotina* Rehder、*P. serrulata* Rehder 和 *P. phaeocarpa* Rehder，以及前人命名的 *P. ussuriensis*、*P. betulifolia*、*P. calleryana*、*P. kolupana*、*P. koehnei* 和 *P. pashia*。据俞德浚后来的考证，Rehder 列出的这 12 个种中，除了 *P. ovoidea*、*P. lindleyi* 和 *P. kolupana* 在中国没有找到对应种外，其余 9 个种被中国植物学家接受。但原产于中国东南沿海（包括台湾）的 *P. koehnei*（科恩氏梨）被俞德浚命名为豆梨的楔叶变种[*P. calleryana* Decne. var. *koehnei* (C. K. Schneid.) T. T. Yü]。但科恩氏梨和普通豆梨相比，不仅叶片性状有差异，而且果实的心室数为 4 个，与普通豆梨的 2 个心室有明显区别（表 1-2）。

从 20 世纪 50 年代开始，俞德浚等在广泛调查了中国梨属植物后，于 1963 年发表了滇梨（*P. pseudopashia*）、新疆梨（*P. sinkiangensis*）、河北梨（*P. hopeiensis*）、木梨（*P. xerophila*）和杏叶梨（*P. armeniacifolia*）5 个新种（俞德浚和关克俭，1963）。加上 Rehder 命名和整理的 8 个梨属种，为大家熟知的中国原产的梨属种总共有 13 个。即使是现在，中国学者的相关著作大多也将上述 13 个中国原产梨属种的说法作为定论，而忽视了 20 世纪 90 年代其他学者在中国原产梨属分类中的研究成果。1992 年，臧得奎和黄鹏成发表了新种崂山梨（*P. trilocularis* D. K. Zang & P. C. Huang），主要特征是果实直径 1～1.5 cm，心室为 3，萼片宿存；叶片为长卵圆形，钝锯齿。命名者认为崂山梨的一些性状与木梨和豆梨接近。该种发现于青岛崂山，其分布范围和生存状况不明。另外，日本学者 Iketani 和 Ohashi（1993）命名了台湾梨（*P. taiwanensis* H. Iketani & H. Ohashi）。该种野生于台湾，被称为"鸟梨"，在台湾用作砂梨的砧木，有人将其归属为 *P. lindleyi*（阮素芬和郑正勇，2000）。然而，根据日本学者的研究，该梨不同于已记载的任何种，可能是台湾豆梨（*P. koehnei*）与当地的大果型栽培梨的自然杂种。如果将 *P. koehnei* 作为种的话，那么名义上原产于中国的梨属种合计有 16 个。但这 16 个被命名的种是否都具有种的地位仍需要进一步研究。

二、存在的问题

（一）滇梨的分类地位问题

根据《中国植物志·第三十六卷》的记载，滇梨分布于云南、贵州，和川梨相比，叶片较大，果实也较大，直径为 1.5～2.5 cm，而川梨的果实直径为 1～1.5 cm，另外滇梨果实萼片宿存，而川梨果实萼片脱落。本书作者查看了现保存在中国科学院植物研究所标本馆、采自云南的三份滇梨的模式标本[编号分别为 PE00020663（全模标本）、PE00020662 和 PE00020664]（图 1-7），其中编号为 PE00020663 的标本于 1933 年 9 月采自云南的兰坪县，有果实，1956 年被俞德浚鉴定为滇梨 *P. pseudopashia*，作为命名滇梨的全模标本；编号为 PE00020662 的标本于 1935 年 6 月采自云南维西县，有果；编号为 PE00020664 的标本于 1929 年 8 月采自云南的鹤庆县，有花（可能是二次开花），后两者都是俞德浚命名滇梨的副模式标本（paratype）。这些标本的叶片大小、形状和川梨没有太大区别，其中两份有果实的标本，都有萼片宿存，但其中一份是幼果期的果实，而幼果期的川梨也是萼片宿存的，只是到了后期才脱落。本书作者实地调查了生长在昆明世界园艺博览园中的滇梨，发现其果实有脱萼和宿萼两种类型，即使同一个花序中也是两种果

图 1-7 滇梨的三份模式标本

来自中国国家植物标本资源库（https://www.cvh.ac.cn/），从左到右编号分别为 PE00020663、PE00020662 和
PE00020664

实并存（图 1-8）。另外，就果实的大小来讲，云南川梨的果实大者横径也可以达 2.170 cm（表 1-3）。在云南一带有称作乌梨的川梨栽培类型，果实更大（中国农业科学院果树研究所，1963）。当然这种栽培川梨可能是野生川梨和当地的栽培砂梨的杂种，需要进一步考证。中国国家植物标本资源库编号为 PE00549005 的一份采自西藏左贡县的川梨果实直径在 2.4 cm 左右。Challice 和 Westwood（1973）测得的川梨果实的平均直径可达 2.4 cm。分布于克什米尔地区的川梨果实也较大。考虑到川梨本身形态变异较大，所谓的滇梨可能只是川梨的一个大果类型。

图 1-8 滇梨果实和叶片

（二）新疆地区梨属植物的分类问题

根据《新疆的梨》一书记载，新疆的地方品种有 50 多个，其中包括 14 个白梨品种、18 个西洋梨品种、19 个新疆梨品种（新疆农业科学院农科所和陕西省果树研究所，1978）。杏叶梨仅见于塔城、伊宁、喀什三地，数量很少，主要在塔城等地作砧木用，只有 3 个地方品种。根据 Vavilov（1931）对新疆果树资源的调查，

认为新疆栽培的梨都是从外地引进的，包括来自中亚的西洋梨和来自我国内地的砂梨系品种，也就是《新疆的梨》一书中所指的白梨品种。而白梨品种和西洋梨品种的自然杂种就是后来被俞德浚命名的"新疆梨"。所谓新疆梨类型的品种在新疆、甘肃一带栽培历史悠久，当地民众将其称为"二转子"梨。1957 年陕西省果树研究所在陕西彬县（现为彬州市）发现了一个"二转子"梨品种'夏梨'，其引起了学术界注意，后被俞德浚鉴定为中国梨和西洋梨的杂种后代（杜澍，1978）。其后俞德浚将这种在新疆广为栽培的"二转子"梨定名为新疆梨（*P. ×sinkiangensis*）（俞德浚和关克俭，1963）。由于新疆不是梨的原生地，所谓的"新疆梨"可能是来自中国其他地区的砂梨系品种与来自中亚或者西亚的西洋梨品种偶然杂交（有些品种可能是多次杂交）产生的。作为新疆梨命名依据的主模式标本和副模式标本形态差异很大（图 1-9）。实际上，划归到新疆梨的品种的叶片、果实形态及果实的后熟特性等差异很大，有些偏向于白梨，而有些偏向于西洋梨（参见新疆人民出版社出版的《新疆的梨》）；在遗传组成上，同样如此（Jiang et al., 2016）。因此，"新疆梨"作为一个种的共性特征不明显，它也不是两个野生种的自然杂交，加上只有为数不多的品种，将其作为一个种是否合适值得商榷。

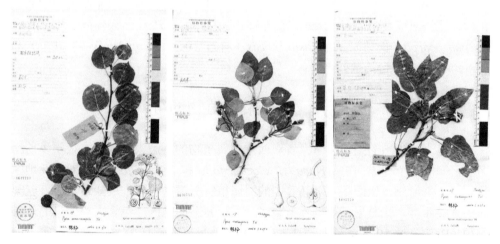

图 1-9　杏叶梨（*P. armeniacifolia*）和新疆梨（*P. ×sinkiangensis*）的模式标本

左图：杏叶梨主模式标本，编号 PE00020672；中图：新疆梨主模式标本，编号 PE00020661；右图：新疆梨副模式标本，编号 PE00020659。来自中国国家植物标本资源库（https://www.cvh.ac.cn/）

　　杏叶梨命名依据的模式标本采自新疆塔城园艺场（图 1-9）。新疆的三个地方品种因为叶片形似杏叶，被认为是杏叶梨的品种。本书作者于 2000 年在位于新疆轮台的国家作物种质资源新疆特有果树及砧木轮台圃采集了三个所谓的杏叶梨品种，利用随机扩增多态性 DNA（RAPD）标记进行了研究，发现这几个品种和西洋梨品种聚集在一起（Teng et al.，2001）。考虑到我国新疆塔城和哈萨克斯坦接壤，基于该种的形态描述和基于 DNA 标记的研究结果，本书作者推测所谓的杏叶梨可能是从中亚传过来的西洋梨品种的逃逸，也可能是西洋梨和其他梨属种或品种的杂交后代。要搞清杏叶梨的来历需要对周边国家的梨资源进行进一步的调查。但轮台种质资源圃的所谓杏叶梨已经无存，目前只有中国农业科学院郑州果树研究所内保存着一株杏叶梨，这无疑阻碍了对杏叶梨的进一步考证。

（三）中国原产梨属的原生种问题

中国原产的梨属植物中，能够确认的原生种只有秋子梨（*P. ussuriensis*）、砂梨（*P. pyrifolia*）、杜梨（*P. betulifolia*）、豆梨（*P. calleryana*）、台湾豆梨或科恩氏梨（*P. koehnei*）和川梨（*P. pashia*）6 种。杏叶梨（*P. armeniacifolia*）和滇梨（*P. pseudopashia*）的分类地位还需要进一步研究。其余都属于种间杂种或有待确定。而对于非原生种，在标记学名时，应该遵照《国际藻类、菌物和植物命名法规》（*International Code of Nomenclature for Algae, Fungi, and Plants*）（2012 版）的规则，在种加名前面加上乘号"×"（如果"×"不可用，可以用小写字母 x 替代）或加上前缀"notho-"来表示杂种性。据此，中国原产的已经确定的非原生种学名的正确标注法应该是：*P. ×bretschneideri*（白梨或罐梨）、*P. ×neoserrulata*（麻梨）、*P. ×phaeocarpa*（褐梨）、*P. ×sinkiangensis*（新疆梨）、*P. ×hopeiensis*（河北梨）和*P. ×taiwanensis*（台湾梨）。

第四节　西亚梨属植物的分类

多年来，中国的梨相关研究者对西亚梨属植物的了解大多停留在很早以前命名的已知的几个种，如 *P. syriaca*、*P. elaeagrifolia* 和 *P. salicifolia*，而对西亚地区特别是亚美尼亚、伊朗和土耳其等国的梨属植物分类的研究进展知之甚少。就梨属的分类而言，亚美尼亚是世界上梨属种类最复杂的地区，包含大约一半的现有物种（Browicz，1993），正如表 1-1 所示，仅亚美尼亚就有 27 个梨属的分类单元存在。但亚美尼亚梨属植物分类研究的总结资料较少，所以本书不对亚美尼亚的梨属植物进行具体介绍，只对伊朗和土耳其的梨属分类做简要介绍，但这几个国家的梨属植物的种类多有重叠。

一、伊朗的梨属植物

伊朗与西方梨物种分化最丰富的高加索地区接壤，北界部分处在里海的南岸，境内扎格罗斯（Zagros）山脉横亘南北，拥有不同类型的气候，孕育了丰富的梨属物种多样性（Gharaghani et al.，2016）。根据 Zamani 等（2012）的描述，最早报道的伊朗梨属植物有 7 个，后来 Khatamsaz 将其增加到 12 个。Zamani 等（2012）在调查 500 多份伊朗各地梨属植物新鲜花果样本以及过去采集的标本的基础上，参考其他作者过去对梨属植物的描述，以"A Synopsis of the Genus *Pyrus* (Rosaceae) in Iran"为题在 *Nordic Journal of Botany* 杂志发表论文，共描述了 21 个梨属种和一些变种，采用 Fedorov 体系（详见本章第六节）将伊朗梨属植物分为 *Pashia*、*Pyrus*（*Archas*）、*Xeropyrenia* 和 *Argyromalon* 四个组。

1. Sect. *Pashia* Koehne

特点：萼片在果期大多脱落；花柱 2～5；果实有许多浅色或棕色的皮孔；叶圆形、宽卵形，有锯齿至圆齿。

1）*P. pashia* Buch.-Ham. ex D. Don.。分布于伊朗东北部。

2）*P. boissieriana* Boiss. & Buhse。是伊朗分布第二广的梨属植物，从西部的塔利什（Talysh）经伊朗北部到东部的科佩特山脉（Kopet Dagh）呈连续带状分布。

3）*P. kandevanica* Ghahrem., Khat. & Mozaff.。伊朗特有，仅限于厄尔布尔士（Alborz）中部密集过渡地带的几个地方。

4）*P. ghahremanii* Attar & Zamani。属于"特有"（endemic）和"易危"（vulnerable）（IUCN 2001）物种，只限于伊朗北部湿润过渡区的少数地方。

5）*P. longipedicellata* Zamani & Attar。属于"特有"和"易危"物种（IUCN 2001），只存在于伊朗北部湿润过渡地带的几个地方。

2. Sect. *Pyrus* Koehne

特点：萼片在果期宿存；花柱 3～5（通常 4）；果实没有浅色或棕色皮孔；叶近圆形、宽卵形，有锯齿至全缘。

1）*P. grossheimii* Fed.。分布于塔利什，伊朗西北部（厄尔布尔士山脉）。

2）*P. hyrcana* Fed.。分布于塔利什，伊朗西北部（厄尔布尔士山脉）。

3）*P. communis* L.。在伊朗栽培。

4）*P. turcomanica* Maleev。分布于靠近土库曼斯坦的伊朗边境的科佩特山脉、伊朗东北部和外高加索地区。

5）*P. farsistanica* Browicz。稀有、特有和脆弱的（IUCN 2001）物种，分布于伊朗最南端。由于伊朗南部的温暖条件占主导地位，该物种在冬末开花。

3. Sect. *Xeropyrenia* Fed.

特点：萼片在果期宿存；花柱 3～5（通常 5）；果实没有浅色或棕色的皮孔；

叶长卵形、长椭圆形、披针形到倒披针形，有锯齿到全缘，通常无毛，有长的叶柄，干燥时从不变黑。

1）*P. syriaca* Boiss.。伊朗和亚洲西南部分布最广泛的物种，分布在干燥的山坡上、扎格罗斯山脉的疏林中和伊朗东北部的阿拉斯巴兰（Arasbaran）地区的密林中和灌木丛中。有两个变种：*P. syriaca* var. *syriaca*、*P. syriaca* var. *microphylla* Zohary ex Browicz。

2）*P. mazanderanica* Schönb.-Tem.。伊朗特有种，分布在北部的希尔卡尼亚（Hyrcanian）森林及其过渡区的一些地方。

3）*P. oxyprion* Woronow。分布于伊朗西北部。

4）*P. glabra* Boiss.。伊朗特有种，主要生长在扎格罗斯山脉南部。

5）*P. spinosa* Forssk.。分布于伊朗西部，靠近土耳其边界。

6）*P. zangezura* Maleev。可能分布于伊朗阿塞拜疆地区。

7）*P. giffanica* Zamani & Attar。分布于伊朗东北部的特有种。

4. Sect. *Argyromalon* Fed.

特点：萼片在果期宿存；花柱 3～5；果皮没有浅色或棕色皮孔；叶线形、倒披针形到长圆状椭圆形，全缘到有锯齿；植株密布绒毛（特别是叶）；叶近无柄或有短叶柄，干燥时从不变黑。

1）*P. salicifolia* Pall.。伊朗分布第三广的物种，分布于伊朗西北部。有两个变种：*P. salicifolia* var. *salicifolia*、*P. salicifolia* var. *serrulata* Browicz。

2）*P. elaeagrifolia* Pall.。可能存在于伊朗西北部。

3）*P. ×takhtadzhianii* Fed.。分布于伊朗北部，可能是 *P. salicifolia* 和 *P. communis* 的杂种。

4）*P. ×medvedevii* Rubtsov。分布于伊朗阿塞拜疆地区，可能是 *P. salicifolia* 和 *P. syriaca* 的杂种。

其中一些种只是以非常少的个体分布在很小的局部地区，有些种之间的形态特征非常相似，有些种之前已经被植物学家降格为变种或亚种，如 *P. glabra* 被 Browicz（1993）降格为亚种 *Pyrus syriaca* subsp. *glabra*。因此伊朗究竟有多少种存在还需要借助分子系统学的方法进行进一步的鉴定。另外，4 个组中都存在花柱数量或果实心室数非 5 的种类，这个和我们已知的西方梨的情况不同。西方梨中除了原始类型如 *P. cordata* 和 *P. boissieriana* 有花柱数为非 5 的类型存在，其余的种的花柱数都是 5。这些花柱数非 5 的类型可能是西方梨原始类型 *P. cordata* 和 *P. boissieriana* 与花柱数为 5 的种类的杂交后代，当然也不排除作者调查的样品存在果实发育不充分的问题。

特别值得注意的是，在伊朗 *P. syriaca*、*P. syriaca* subsp. *glabra*（*P. glabra*）、

P. oxyprion、*P. salicifolia* 和 *P. elaeagrifolia* 分布于气候干燥的扎格罗斯和伊朗阿塞拜疆地区，可能蕴藏着丰富的耐旱和耐盐碱基因。即使在同一个野生种内如 *P. syriaca* 也存在着非常丰富的果实形态特征变异，同时表现出了对干旱等环境胁迫的适应性（Khadivi et al.，2020）。

二、土耳其的梨属植物

土耳其也是西亚梨属植物多样性的重要分化地区。根据 Browicz（1972,1973,1993）及 Uğurlu Aydin 和 Dönmez（2015）的研究，土耳其的梨属植物（包括杂种）有：*Pyrus ×anatolica*、*P. boissieriana*[*P. cordata* Desv. subsp. *boissieriana* (Buhse) Uğurlu & Dönmez]、*P. communis*、*P. communis* ssp. *caucasica*、*P. elaeagrifolia*、*P. farsistanica*、*P. ×georgica*、*P. hakkiarica*、*P. kotschyana*（*P. elaeagrifolia* subsp. *kotschyana*）、*P. ×nivalis*、*P. oxyprion*、*P. serikensis* Güner & H. Duman、*P. spinosa*（*P. amygdaliformis*）、*P. syriaca*、*P. syriaca* var. *pseudosyriaca* 和 *P. yaltirikii*。其中一部分和伊朗的梨属植物相同，但 *Pyrus ×anatolica*、*P. hakkiarica*、*P. serikensis*（*P. boissieriana* 的同物异名，本书著者查阅了邱园保存的 *P. serikensis* 标本，与 *P. boissieriana* 类似）和 *P. yaltirikii* 是土耳其特有种。另外，*P. ×georgica* 和 *P. kotschyana*（*P. elaeagrifolia* subsp. *kotschyana*）在伊朗没有发现，但其原产高加索地区和土耳其，而这两者都和 *P. elaeagrifolia* 有关，前者可能是涉及 *P. elaeagrifolia* 的杂种，后者被作为 *P. elaeagrifolia* 的亚种。

第五节 梨属种介绍

如前所述，梨属种的确切数量至今难以确定，因此本节只介绍所有已经发表而且符合命名规范的中国梨属种，对于西方梨，只介绍已经确认而且重要的种。除标明的参考文献外，对中国梨属种的描述主要参考了《中国植物志·第三十六卷》（中国植物志编辑委员会，1974），对西方梨的描述主要参考了 Decaisne（1871～1872）、Hedrick（1921）、《苏联植物志·第九卷》（*Flora of the U.S.S.R*, Vol. 9）、Zamani 等（2012）。

一、东方梨

1. 杏叶梨

Pyrus armeniacifolia T. T. Yü; Acta Phytotax. Sin., 8: 231. t. 27, f. 2 (1963)。
乔木，高达 8～12 m，枝条直立性强，小枝稍带棱条，当年生枝紫褐色，逐

渐变成暗灰色，无毛；冬芽长卵形，先端渐尖，仅在鳞片边缘微具绒毛。叶片宽卵形或近圆形，长宽各 4~5 cm，先端急尖或圆钝，基部圆形或截形，边缘具有圆钝锯齿，上面深绿色，下面灰白色，两面无毛；叶柄长 2~3 cm，无毛。伞房花序，有花 6~10 朵，总花梗与花梗均无毛或近于无毛，花梗长 2.3~3 cm；花直径 2~3 cm；萼筒杯状，外面无毛；萼片卵状披针形，长约 6 mm，先端渐尖，内面被褐色绒毛；花瓣倒卵形或宽倒卵形，长 1~1.5 cm，宽 0.7~0.9 cm，先端啮齿状，基部有短爪，白色；雄蕊 20~22；花柱 5 或 4，无毛，与雄蕊近等长。果实扁球形，直径 2.5~3 cm，黄绿色，萼片宿存，外面具少数斑点，5 室，果心大，果肉白色，石细胞多；果梗长 2.5~3 cm；种子倒卵形，长约 6 mm，宽约 4 mm，栗褐色。花期 4~5 月，果期 8~9 月。

模式标本采自新疆塔城园艺场（图 1-9）。是否为独立种存有疑问，分子标记的研究结果表明该种属西方梨类型（Teng et al.，2001），考虑到新疆地区梨的种类特点，推测可能为西洋梨品种的逃逸。

2. 杜梨

异名：棠梨。

俗名：土梨（河南土名），海棠梨、野梨子（江西土名），灰梨（山西土名）。

Pyrus betulifolia（有时被误写为 *Pyrus betulaefolia*）Bunge; Mem. Div. Sav. Acad. Sci. St. Pertersb., 2: 101 (1835).

乔木，高达 10 m；枝常具刺，小枝嫩时密被灰白色绒毛，二年生枝条具稀疏绒毛或近于无毛，紫褐色；冬芽卵形，先端渐尖，外被灰白色绒毛。叶片菱状卵形至长圆卵形，长 4~8 cm，宽 2.5~3.5 cm，先端渐尖，基部宽楔形，稀圆形，叶缘粗锐锯齿，幼叶上下两面均密被灰白色绒毛，成长后脱落，老叶上面无毛而有光泽，下面微被绒毛或近于无毛；叶柄长 2~3 cm，被灰白色绒毛；托叶膜质，披针形，长约 2 mm，两面均被绒毛，早落。伞房花序，花 10~15 朵，总花梗和花梗均被灰白色绒毛，花梗长 2~2.5 cm；花直径 1.5~2 cm；萼筒外密被灰色绒毛；萼片三角卵形，长约 3 mm，先端急尖，内外两面均被绒毛；花瓣宽卵形，长 5~8 mm，宽 3~4 mm，先端圆钝，基部具有短爪，白色；雄蕊 20 枚，花药紫色；花柱 2~3 个，基部微具毛。果实近圆形，直径 5~10 mm，2（3）室，果皮褐色，有淡色斑点，萼片脱落，果梗基部带绒毛。花期 4 月，果实成熟期 8~9 月。

野生分布于辽宁、河北、河南、山东、山西、陕西、甘肃、湖北、江苏、安徽、江西。和模式标本（图 1-10）相比，不同地域的杜梨果实形态（表 1-4）和叶片形态（图 1-11）变异较大。

图 1-10　杜梨等模式标本

1831 年由命名人 A.A. von Bunge 采集，藏于法国国家自然历史博物馆（Muséum National d'Histoire Naturelle），编号 P01819368　(http://coldb.mnhn.fr/catalognumber/mnhn/p/p01819368)

表 1-4　不同地域野生杜梨果实的形态比较（宗宇等，2013）

地域	单果重（g）	横径（cm）	纵径（cm）	果形指数	心室数
河南省卢氏县	0.887 a	11.06 a	11.31 a	1.023 ab	2（3：3%）
河南省灵宝市	0.844 ab	11.00 a	11.36 a	1.031 a	2（3：5%）
河北省涉县	0.774 b	10.30 b	10.29 b	1.005 ab	2（3：4.3%）
河南省舞钢市	0.759 b	9.73 c	9.63 c	0.995 b	2（3：11%；4：2%）
山东省泗水县	0.600 c	9.44 c	9.10 d	0.964 c	2（3：15.7%；4：5.7%）
甘肃省华池县	0.418 d	8.66 d	8.85 d	1.025 ab	2
甘肃省宁县	0.257 e	7.37 e	7.39 e	1.008 ab	2

注：同一列数据后面不同小写字母表示不同地域间差异达到显著水平（$P<0.05$）；杜梨果实心室数目大都为 2，但也有个别为 3 个或 4 个心室。

图 1-11　不同地域野生杜梨叶片形态变化

叶片采集地点：A. 陕西省彬州市；B. 河北省昌黎县；C. 河南省确山县；D 和 I. 河南省嵩县；E. 山东省青岛市；
F. 陕西省礼泉县；G. 甘肃省宁县；H. 河北省内丘县；J. 河南省舞钢市

3. 白梨

俗名：白挂梨、罐梨（河北土名）。

Pyrus ×bretschneideri Rehder; Proc. Amer. Acad. Arts, 50: 231 (1915)。

乔木，高达 5~8 m；小枝粗壮，嫩时密被柔毛，不久脱落，二年生枝紫褐色，具稀疏皮孔；冬芽卵形，先端圆钝或急尖，鳞片边缘及先端有柔毛，暗紫色。叶片卵形或椭圆卵形，长 5~11 cm，宽 3.5~6 cm，先端渐尖，稀急尖，基部宽楔形，稀近圆形，边缘有尖锐锯齿，齿尖有刺芒，微向内合拢，嫩时紫红绿色，两面均有绒毛，不久脱落，老叶无毛；叶柄长 2.5~7 cm，嫩时密被绒毛，不久脱落；托叶膜质，线形至线状披针形，先端渐尖，边缘具有腺齿，长 1~1.3 cm，外面有稀疏柔毛，内面较密，早落。伞房花序，有花 7~10 朵，直径 4~7 cm，总花梗和花梗嫩时有绒毛，不久脱落，花梗长 1.5~3 cm；花直径 2~3.5 cm；萼片三角形，先端渐尖，边缘有腺齿，外面无毛，内面密被褐色绒毛；花瓣卵形，长 1.2~1.4 cm，宽 1~1.2 cm，先端常呈啮齿状，基部具有短爪；雄蕊 20；花柱 5 或 4，与雄蕊近等长，无毛。果实卵形或近球形，长 2.5~3 cm，直径 2~2.5 cm，萼片脱落，基部具肥厚果梗，黄色，有细密斑点，4~5 室；种子倒卵形，微扁，长 6~7 mm，褐色。花期 4 月，果期 8~9 月。

　　白梨命名的模式标本（图 1-12）来自于 E. Bretschneider 博士于 1882 年寄给美国阿诺德植物园的名为"白梨"的种子长出的树（Rehder，1915）。据日本菊池秋雄调查，该种分布于河北昌黎，是当地的大果型品种与杜梨的杂种，但不是'鸭梨'等所谓的白梨品种的祖先。国内出版的分类著作和相关书籍中多将栽培于北方的白梨品种如'鸭梨'和'慈梨'等归属于本种。

图 1-12　*Pyrus ×bretschneideri* 模式标本

藏于哈佛大学阿诺德植物园植物标本室（The Herbarium of the Arnold Arboretum of Harvard University）
（https://huh.harvard.edu/），编号为 A00032485（左）和 A00106236（右）

4. 豆梨

异名：鹿梨（《图经本草》），阳檖、赤梨（《尔雅》）。

俗名：棠梨、杜梨（贵州土名），梨丁子（江西土名）。

Pyrus calleryana Decne.; Jard. Fruit., 1: 329 (1871-1872)。

乔木，高 5～8 m，小枝粗壮，在幼嫩时有绒毛，不久脱落，二年生枝条灰褐色；冬芽三角卵形，先端短渐尖，微具绒毛。叶片卵圆形至近圆形，稀长椭圆形，长 4～8 cm，宽 3.5～6 cm，先端渐尖，稀短尖，基部圆形至宽楔形，边缘有钝锯齿，两面无毛；叶柄长 2～4 cm，无毛。伞房花序，具花 6～12 朵，总花梗和花梗均无毛，花梗长 1.5～3 cm；花直径 1.5～2.5 cm；萼筒无毛；萼片披针形，先端渐尖，全缘，长约 5 mm，外面无毛，内面具绒毛，边缘较密；花瓣卵形，长约 13 mm，宽约 10 mm，基部具短爪，白色；雄蕊 20 枚；花柱 2 个，稀 3，基部无毛。梨果球形，直径约 1 cm，褐色，有斑点，萼片脱落，2（3）室，有细长果梗。花期 4 月，果实成熟期 8～9 月。

野生分布于中国长江流域及以南地区、山东、河南和甘肃。越南、老挝也有分布。朝鲜半岛和日本所产近缘类型现被视作豆梨的变种。近期的一项研究表明，豆梨可能是川梨和杜梨的杂种（Jiang et al.，2016）。

本种有如下变种或变型。

日本豆梨[*P. calleryana* var. *dimorphophylla* (Makino) Koidz.]和 *P. calleryana*

（图 1-5）很相近，有时又将其作为豆梨的同物异名。

朝鲜豆梨[*P. calleryana* var. *fauriei* (C. K. Schneid.) Rehder]和 *P. calleryana*（图 1-5）相比，树体矮小，另外果实也有差异。

全缘叶变种（*P. calleryana* var. *integrifolia* T. T. Yü），叶边全缘，无锯齿。分布于浙江、江苏。

楔叶变种[*P. calleryana* var. *koehnei* (C. K. Schneid.) T. T. Yü]，叶片多卵形或菱状卵形，基部宽楔形，果实心室数为 3～4。分布于浙江、福建、广东、广西。此种和台湾产 *P. koehnei*（图 1-5）相似。

柳叶变种（*P. calleryana* var. *lanceata* Rehder），叶片卵状披针形或长圆披针形。分布于安徽、福建、浙江。

绒毛变型（*P. calleryana* f. *tomentella* Rehder），幼嫩的枝条、叶柄、叶片两面和边缘均被黑色绒毛，但不久全部脱落。分布于江苏、江西、湖北。

5. 河北梨

Pyrus ×hopeiensis T. T. Yü; Acta Phytotax. Sin., 8: 232 (1963)。

乔木，高达 6～8 m；小枝微带棱条，无毛，暗紫色或紫褐色，具稀疏白色皮孔，先端常变为硬刺；冬芽长圆卵形或三角形，先端急尖，无毛，或在鳞片边缘及先端微具绒毛。叶片卵圆形至圆形，长 4～7 cm，宽 4～5 cm，叶尖渐尖，叶基圆形或心形，边缘具细密尖锐锯齿，有短芒，上下两面无毛；叶柄长 2～4.5 cm，有稀疏柔毛或无毛。伞房花序，具花 6～8 朵，花梗长 12～15 mm，总花梗和花梗有稀疏柔毛或近于无毛；萼片长三角形，边缘有齿，外面有稀疏柔毛，内面密被柔毛；花瓣椭圆形到卵圆形，基部有短爪，长 8 mm，宽 6 mm，白色；雄蕊 20 枚；花柱 4 个，和雄蕊等长。果实圆形或卵圆形，直径 1.5～2.5 cm，果褐色，萼片宿存，外面具多数斑点，4 室，稀 5，果心大，果肉白色，石细胞多；果梗长 1.5～3 cm；种子倒卵圆形，长 6 mm，宽 4 mm，暗褐色。花期 4 月，果期 8～9 月。

本种分布于河北和山东的狭窄区域。模式标本采自河北昌黎。形态上近似秋子梨（*P. ussuriensis*）和褐梨（*P. ×phaeocarpa*），唯前者的果实为黄色，不具明显斑点；后者叶边缘锯齿较粗，不具芒，果实萼片脱落。本种可能为秋子梨与褐梨的自然杂种。

Mu 等（2022）基于形态学和分子系统发育的研究认为河北梨是秋子梨的同物异名，不应作为单独的种。

6. 麻梨

Pyrus ×neoserrulata I. M. Turner; Ann. Bot. Fenn., 51(5): 308 (2014), nom. nov.。
同物异名：*Pyrus ×serrulata* Rehder, Proc. Amer. Acad. Arts, 50: 234 (1915)。

最早由 Rehder 于 1915 年命名为 *Pyrus serrulata*，但由于该种的种加名和早先命名的化石植物名相同，变成了不合法的异物同名（homonym），所以由 Turner（2014）改为现名 *Pyrus ×neoserrulata*。

乔木，高达 8～10 m；小枝微带棱角，在幼嫩时具褐色绒毛，以后脱落无毛，二年生枝紫褐色，具稀疏白色皮孔；冬芽肥大，卵形，先端急尖，鳞片内面具有黄褐色绒毛。叶片卵形至长卵形，长 5～11 cm，宽 3.5～7.5 cm，叶尖渐尖，叶基宽楔形或圆形，叶缘细锐锯齿，齿尖常向内合拢；下面在幼嫩时被褐色绒毛，以后脱落；叶柄长 3.5～7.5 cm，嫩时有褐色绒毛，不久脱落。伞房花序，有花 6～11 朵，花梗长 3～5 cm，总花梗和花梗均被褐色绵毛，逐渐脱落；花直径 2～3 cm；萼筒外面有稀疏绒毛；萼片长卵圆形，长约 3 mm，先端渐尖或急尖，外面具有稀疏绒毛，内面密生绒毛；花瓣卵圆形，长 10～12 cm，先端圆钝，基部具短爪，白色；雄蕊 20 枚；花柱 3 个，稀 4，和雄蕊近等长，基部具稀疏柔毛。果实圆形或倒卵圆形，长 1.5～2.2 cm，深褐色，有浅褐色果点，3～4 室，萼片宿存，或有时部分脱落，果梗长 3～4 cm。花期 4 月，果实成熟期 6～8 月。

产湖北、湖南、江西、浙江、四川、广东、广西等地。推测为砂梨和豆梨的自然杂种。

7. 川梨

Pyrus pashia Buch.-Ham. ex D. Don; Prodr. Fl. Nepal.: 236 (1825)。命名依据的模式标本采自尼泊尔。

乔木，高达 12 m，常具枝刺；小枝幼嫩时有绵状毛，以后脱落，二年生枝条紫褐色或暗褐色；冬芽卵圆形，先端圆钝，鳞片边缘有短柔毛。叶片卵形至长卵形，稀椭圆形，长 4～7 cm，宽 2～5 cm，先端渐尖或急尖，基部圆形，稀宽楔形，边缘有钝锯齿，在幼苗或萌蘖上的叶片常具分裂并有尖锐锯齿，幼嫩时有绒毛，以后脱落；叶柄长 1.5～3 cm。伞房花序，具花 7～13 朵，总花梗和花梗均密被绒毛，渐脱落，果期无毛或近无毛，花梗长 2～3 cm；花直径 2～2.5 cm；萼筒杯状，外面密被绒毛；萼片三角形，长 3～6 mm，先端急尖，全缘，内外两面均被绒毛；花瓣倒卵形，长 8～10 mm，宽 4～6 mm，先端圆或啮齿状，基部具短爪，有时开花前红色，开花后白色，有时有红晕（图 1-13）；雄蕊 25～30 枚；花柱 3～5 个，无毛。果实近球形，直径 1～1.5 cm，心室 2～5，果皮褐色，偶有红色，完全成熟后黑色（图 1-13），有斑点，萼片早落，果梗长 2～3 cm。花期 3～4 月，果实成熟期 9～10 月。

川梨在形态上表现了丰富的变异（图 1-13，图 1-14），特别是叶片的形状可能涵盖了梨属植物的所有叶片类型。

图 1-13　川梨花和果实的变异

产我国四川、云南、贵州和西藏；在不丹、巴基斯坦[吉德拉尔（Chitral）、斯瓦特（Swat）、哈扎拉（Hazara）、穆里（Murree）和米尔布尔（Mirpur）]、印度北部[庞奇（Poonch）、大吉岭（Darjeeling）和锡金（Sikkim）]、老挝、缅甸[钦邦（Chin）、克钦邦（Kachin）、曼德勒（Mandalay）和掸邦（Shan）]、尼泊尔、泰国、越南、阿富汗[库纳尔（Kunar）和努里斯坦（Nuristan）]等也有分布。虽然有报道在伊朗也存在川梨（Zamani et al.，2012），但本书作者仔细查看了原作者的描述及图片，发现叶片较小，而且边缘有尖锐锯齿，和川梨特征不符。在巴基斯坦、印度和尼泊尔等地将 P. pashia 称为 batangi、tangi、mahal mol 和 passi。

川梨的主要变种如下。

大花变种 Pyrus pashia var. grandiflora Cardot; Notul. Syst. (Paris), 3: 346-347 (1918)。花很大，直径约 3 cm；幼叶、叶柄、花梗及萼片均被锈色绒毛。产云南、贵州。

无毛变种 Pyrus pashia var. kumaoni Stapf; Bot. Mag., 135: t. 8256 (1909)。叶片和花序均无毛。产我国云南，印度北部也有分布。

钝叶变种 Pyrus pashia var. obtusata Cardot; Notul. Syst. (Paris), 3: 346 (1918)。叶片先端圆钝。产我国四川、云南。

图 1-14　川梨叶片形态及特征

8. 褐梨

Pyrus ×phaeocarpa Rehder; Proc. Amer. Acad. Arts, 50: 235 (1915)。

乔木，高达 5～8 m；小枝幼时具白色绒毛，二年生枝条紫褐色，无毛；冬芽长卵圆形，先端圆钝，鳞片边缘具绒毛。叶片椭圆卵形至长圆形，长 6～10 cm，宽 3.5～5 cm，先端渐尖，叶基宽楔形，边缘有尖锐锯齿，齿尖向外，幼时有稀疏绒毛，不久全部脱落；叶柄长 2～6 cm，微被柔毛或近于无毛。伞房花序，花 5～8 朵，总花梗和花梗嫩时具绒毛，逐渐脱落，花梗长 2～2.5 cm。花直径约 3 cm；萼筒外面具白色绒毛；萼片长三角形，长 2～3 mm，内面密被绒毛；花瓣卵圆形，长 1～1.5 cm，宽 0.8～1.2 cm，白色；雄蕊 20 枚；花柱 3～4 个，稀 2，基部无毛。

果实圆形或卵圆形，直径 2～2.5 cm，褐色，有斑点，萼片脱落；果梗长 2～4 cm。花期 4 月，果实成熟期 8～9 月。

主要分布在河北、山东、陕西、山西和甘肃等地。从形态上推测可能为杜梨和秋子梨的杂种。甘肃等地的栽培品种'吊蛋'等属于此种。

9. 滇梨

Pyrus pseudopashia T. T. Yü; Acta Phytotax. Sin., 8: 232 (1963)。

乔木，高 5～10 m；小枝幼嫩时具稀疏黄色绵毛，不久脱落，老枝紫褐色；冬芽卵形，先端渐尖，鳞片边缘有毛。叶片卵形或长卵形，稀披针状卵形，长 6～8 cm，宽 3.5～4.5 cm，先端急尖或圆钝，基部圆形或宽楔形，边缘具有钝锯齿，上面无毛，下面有黄色绵毛，逐渐脱落近于无毛；叶柄长 1.5～3.5 cm，有黄色绵毛或近于无毛。伞房花序，有花 5～7 朵；总花梗和花梗幼时具绵毛，不久脱落，花梗长 2～3 cm；萼筒在幼嫩时稍有绵毛，不久脱落；萼片三角卵形，先端急尖或钝，边缘有稀疏腺齿，长约 2 cm，外面被稀疏绵毛，内面被细密绵毛；花瓣宽卵形，长 6～8 mm，先端全缘或有不规则开裂，基部有短爪，白色；雄蕊 25；花柱 3～4，无毛。果实近球形，直径 1.5～2.5 cm，褐色，基部近圆形，有宿存直立或内曲萼片，果面有斑点，3 或 4 室；果梗长 3～4.5 cm；种子倒卵形，微扁，长 5～6 mm，深褐色。花期 4 月，果期 8～9 月。

野生于我国云南、贵州局部地区，形态与川梨很近似，唯叶片和果实较大，萼片宿存或脱落。模式标本采自云南兰坪（图 1-7）。

10. 砂梨（或沙梨）

异名：中国砂梨、日本梨。

Pyrus pyrifolia (Burm. f.) Nakai; Bot. Mag. (Tokyo), 40: 564 (1926)。

长期以来，砂梨的学名一直采用 Rehder 于 1915 年命名的 *Pyrus serotina*（图 1-15）。日本的 Nakai（1926）在对 Burman（1768）发表的榕属（无花果属）属新种（*Ficus pyrifolia*）基于的模式标本（采自日本长崎）调查后发现，该标本只有叶片，而没有花果，从枝叶可以断定是日本梨，而非榕属植物。因此改正了属名，保留种加名：*Pyrus pyrifolia* (Burm. f.) Nakai，根据植物命名的优先权规则，种加名 *pyrifolia* 的命名早于 *serotina*，所以从 20 世纪 70 年代开始，学界逐渐用 *Pyrus pyrifolia* 替代 *Pyrus serotina* 表示砂梨。

乔木，高达 7～15 m；小枝嫩时具黄褐色长柔毛或绒毛，不久脱落，二年生枝紫褐色或暗褐色；冬芽卵圆形，先端圆钝，鳞片边缘和先端稍具长绒毛。叶片椭圆形或卵圆形，长 7～12 cm，宽 4～6.5 cm，先端长尖，叶基圆形或近心形，稀宽楔形，叶缘刺芒锯齿，微向内合拢，上下两面无毛或嫩时有褐色绵毛；叶柄

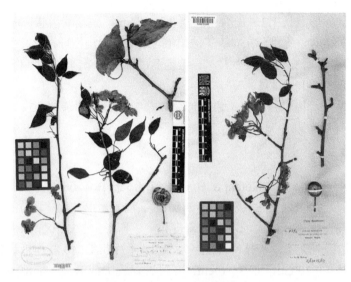

图 1-15 *P. serotina* 模式标本

Wilson 于 1907 年 5 月采自中国湖北西部。左图：藏于哈佛大学阿诺德植物园植物标本室（The Herbarium of the Arnold Arboretum of Harvard University）（https://huh.harvard.edu/），编号 A00032505；右图：藏于英国邱园（Royal Botanic Gardens, Kew）（http://specimens.kew.org/herbarium/K000758080），编号 K000758080

长 3～4.5 cm，嫩时被绒毛，不久脱落。伞房花序，花 6～9 朵；总花梗和花梗幼时微具柔毛，花梗长 3.5～5 cm；花直径 2.5～3.5 cm；萼片三角卵形，长约 5 mm，先端渐尖，边缘有腺齿；外面无毛，内面密被褐色绒毛；花瓣卵圆形，长 15～17 mm，先端啮齿状，基部具短爪，白色；雄蕊 20 枚；花柱 5 个，稀 4，光滑无毛，约与雄蕊等长。果实近圆形，浅褐色，有浅色斑点；萼片脱落；种子卵圆形，微扁，长 8～10 mm，褐色。花期 4 月，果实成熟期 8～9 月。

产我国长江流域及其以南地区。日本原产的品种也属本种。本种是东亚地区分布最广的栽培种。本书著者的研究表明，北方白梨品种也是由砂梨演化而来的（Teng et al.，2002；Yue et al.，2018）。

11. 新疆梨

Pyrus ×sinkiangensis T. T. Yü; Acta Phytotax. Sin., 8: 233 (1963)。

乔木，高达 6～9 m；小枝微带棱条，无毛，紫褐色或灰褐色，具白色皮孔；冬芽卵圆形，先端急尖，鳞片边缘具白色柔毛。叶片卵圆形、椭圆形至圆形，长 6～8 cm，宽 3.5～5 cm，叶尖渐尖，叶基圆形，稀宽楔形，叶缘上半部有细锐锯齿，下半部或基部钝锯齿或近于全缘，两面无毛，或在幼嫩时具白色绒毛；叶柄长 3～5 cm，幼时具白色绒毛，不久脱落。伞房花序，花 4～7 朵，花梗长 1.5～4 cm，总花梗和花梗均被绒毛，以后脱落；花直径 1.5～2.5 cm；萼筒外面无毛；萼片三角卵形，先端渐尖，约长于萼筒之半，边缘有腺齿，长 6～7 mm，内面密被褐色绒毛；花瓣倒卵形，长 1.2～1.5 cm，宽 0.8～1 cm，先端啮齿状，基部具爪；雄蕊 20 枚；花柱 5 个，比雄蕊短，基部被柔毛。果实卵形至倒卵形，直径 2.5～5 cm，黄绿色，5 室，萼片宿存；果心大，石细胞多；果梗先端肉质，长 4～5 cm。花期 4 月，果实成熟期 9～10 月。

栽培于新疆、甘肃和青海。为西洋梨和白梨或砂梨的杂种。模式标本采自新疆轮台（图 1-9）。

12. 台湾鸟梨

Pyrus ×taiwanensis H. Iketani & H. Ohashi; J. Jap. Bot., 68(1): 40 (1993)。

落叶或亚常绿中型乔木，高达 6～10 m。新梢光滑无毛，紫褐色，纤细或稍具皮孔；老枝紫褐色或深褐色，有稀疏皮孔。芽卵形，长 5～8 mm；鳞片卵形或宽卵形，除边缘外无毛。长枝叶互生，短枝 3～4 片簇生，软骨质或近皮质，卵形或宽卵形，长 4～10 cm，宽 3～6 cm，先端钝，锐尖或渐尖，基部钝或圆形，两面无毛，有细锯齿或圆齿状。叶柄长 2～5 cm，无毛；托叶在基部短贴生，线状披针形，长 5～10 mm，早落。伞房花序，有花 3～8 朵；花序梗长 1～2 cm，无毛；花梗长 2～4 cm，无毛；花直径约 3 cm；萼筒长 4～5 mm，无毛；萼片 5，三角状卵形或三角状披针形，先端锐尖，长 4～6 mm，具腺齿，外侧无毛或疏生棕色绒毛，内侧有浓密棕色绒毛。花瓣 5，白色，椭圆形或宽椭圆形，基部具短爪，近端全缘或不规则齿，长 12～15 mm，宽 8～10 mm，无毛；雄蕊约 20，长约 5 mm；花药椭圆形，开裂前深紫色，开裂后粉红色至白色；花柱 3～5，无毛，长约 6 mm。梨果球形，多脱萼，直径 3 cm，黄棕色或棕色、黄褐色或褐色，多果点，果肉乳黄色，石细胞多；种子扁平，倒卵形，长 8～9 mm，宽 5～6 mm，栗色。

产于中国台湾，可能为台湾豆梨和当地砂梨品种的杂种。模式标本采自台湾的台中市头嵙山（Toukoshan）。

13. 崂山梨

Pyrus trilocularis D. K. Zang & P. C. Huang; Bull. Bot. Res., Harbin, 12(4): 321-322, t. 1 (1992)。

产于山东青岛崂山。小乔木，高 4～6 m。小枝光滑无毛，灰褐色至紫褐色。叶卵状披针形，先端急尖或短渐尖，基部宽楔形或圆形，长 10～15 cm，宽 3～5 cm，边缘有钝锯齿，上面光滑无毛，下面微被长柔毛；叶柄纤细，长 4～5 cm，微被长柔毛。花未见。梨果近球形，直径 1～1.5 cm，干后紫褐色，8～10 枚组成伞房状果序，子房 3 室。花萼在果实成熟时宿存，萼片向外反曲，外面光滑，内面密被绒毛。

本种的描述不详，似豆梨，但果实较大而且萼片宿存，其分类地位需要进一步研究。

14. 秋子梨

异名：青梨（《植物学大辞典》），野梨（《河北习见树木图说》）。

俗名：花盖梨、山梨（东北土名），沙果梨、酸梨（河北土名）。

Pyrus ussuriensis Maxim.; Bull. Phys -Math. Acad. Petersb., 15: 132, 237 (1856)。

乔木，高达 15 m；嫩枝无毛或微具毛，二年生枝条黄灰色至紫褐色，老枝转为黄灰色或黄褐色，具稀疏皮孔；冬芽肥大，卵圆形，先端钝，鳞片边缘微具毛或近于无毛。叶片卵圆形至圆形（图 1-16），长 5～10 cm，宽 4～6 cm，叶尖渐尖，叶基部圆形至心形，稀宽楔形，边缘具有带刺芒状尖锐锯齿，上下两面无毛或在幼嫩时被绒毛，不久脱落；叶柄长 2～5 cm，嫩时有绒毛，不久脱落。伞房花序，花 5～7 朵，花梗长 2～5 cm，总花梗和花梗在幼嫩时被绒毛，不久脱落；花直径 3～3.5 cm；萼筒外面无毛或微具绒毛；萼片长三角形，先端渐尖，边缘有腺齿，长 5～8 mm，外面无毛，内面密被绒毛；花瓣倒卵圆形或圆形，长约 13 mm，宽约 12 mm，无毛，白色；雄蕊 20 枚，花药紫色；花柱 5 个，近基部有稀疏柔毛。果实近球形，黄色，直径 2～6 cm，萼片宿存，基部微下陷，果梗短，长 1～2 cm。花期 5 月，果实成熟期 8～10 月。

图 1-16　秋子梨模式标本

由命名人 C. J. Maximowicz 采集自中国，藏于法国国家自然历史博物馆（Muséum National d'Histoire Naturelle），
编号为 P01819372（http://coldb.mnhn.fr/catalognumber/mnhn/p/p01819372）

　　野生于中国东北部、朝鲜半岛、俄罗斯远东地区和日本东北地区，我国北方地区有栽培。

秋子梨的主要变种如下。

日本青梨 *P. ussuriensis* var. *hondoensis* (Kikuchi & Nakai) Rehder。叶片小。果梗长，无梗洼，果实绿色。主要分布在富士山周边的静冈县、山梨县以及群马县和长野县。

岩手山梨 *P. ussuriensis* var. *aromatica* (Nakai & Kikuchi) Ohwi。叶片大。果梗特别长，果实绿色或褐色，香气浓。有少量地方品种。主要分布在日本岩手县、青森县和秋田县。

15. 木梨

俗名：酸梨（甘肃土名）。

Pyrus xerophila T. T. Yü; Acta Phytotax. Sin., 8: 233 (1963)。

乔木，高达 8～10 m；小枝幼时无毛或具稀疏柔毛，二年生枝条褐灰色；冬芽小，卵形，先端急尖，无毛或在鳞片边缘及顶端微具柔毛。叶片卵形至长卵形，稀长椭卵形，长 4～7 cm，宽 2.5～4 cm，先端渐尖，稀急尖，基部圆形，边缘有钝锯齿，稀先端有少数细锐锯齿，上下两面均无毛或在萌蘖上叶片有柔毛；叶柄长 2.5～5 cm，无毛。伞房花序，有花 3～6 朵，总花梗和花梗幼时均被稀疏柔毛，不久脱落，花梗长 2～3 cm；花直径 2～2.5 cm；萼筒外面无毛或近于无毛；萼片三角卵形，先端渐尖，边缘有腺齿，外面无毛，内面具绒毛；花瓣宽卵形，基部具短爪，长 9～10 mm，白色；雄蕊 20；花柱 5，稀 4，和雄蕊近等长，基部具稀疏柔毛。果实卵球形或椭圆形，直径 1～1.5 cm，褐色，有稀疏斑点，萼片宿存，4～5 室；果梗长 2～3.5 cm。花期 4 月，果期 8～9 月。

原产于甘肃、山西和陕西等地，模式标本采自甘肃榆中兴隆山。在甘肃天水市武山县有 300 年生以上的大树（图 1-17）。本种在甘肃常用作砧木，但果实在后熟后可以食用。与俞德浚当初的记载不同，该种的果实色泽变异丰富，有绿色、黄色、红色，果实直径大者可达 3 cm 以上（图 1-17）。

图 1-17　木梨

左图：300 年生木梨树；右图：木梨的叶片和果实

二、西方梨

1. *Pyrus boissieriana*

Pyrus boissieriana Boiss. & Buhse; Nouv. Mem. Soc. Nat. Mosc., 12: 87 (1860)。

小乔木或灌木；无刺，幼枝疏生短柔毛。叶近圆形，长和宽均 2～4 cm，基部圆形，近直角，在先端稍变细，短渐尖，叶缘有不均匀钝锯齿，正面无毛，背面特别是在主脉周围疏生绒毛，后脱落；叶柄长 2.5～4 cm，幼时疏生柔毛，不久后脱落。伞房花序，有花 5～15 朵；花梗细长，可达 4.0 cm，远长于果；萼筒通常无毛，萼片三角形-长圆形，长 3～4 mm，先端锐尖到钝，边缘有腺体，上表面密被绒毛，下表面无毛；花瓣圆形、椭圆形、倒卵形，长 1.1～1.4 cm，宽 0.8～1.1 cm，基部有短爪，先端圆形或微缺；花柱 2～5 个（通常 3），基部无毛或疏生绒毛；雄蕊 20。果实直径约 1 cm，近球形（图 1-18），深黄色至棕色，果面有许多白色或棕色果点，2～5 室，萼片多脱落。花期 4 月下旬至 5 月初。果期 8 月下旬至 9 月下旬。

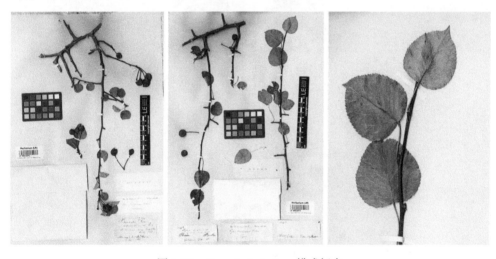

图 1-18　*Pyrus boissieriana* 模式标本

由 F. A. Buhse 于 1848 年采自伊朗，藏于俄罗斯科学院科马罗夫植物研究所（Komarov Botanical Institute of the Russian Academy of Sciences）。左图：编号为 LE00013472；中图：编号为 LE00013473；右图：LE00013473 的局部放大（https://plants.jstor.org/）

主要分布在里海南岸的山区，伊朗北部、阿塞拜疆、土库曼斯坦、土耳其。

Boissier（1872）认为 *P. boissieriana* 与 *P. cordata* 相似；Rehder（1940）将其视为 *P. longipes*（现 *P. cordata* 的同物异名）的近缘种，它们都有相似的赤褐色的果实，直径小，萼片脱落。Browicz（1973）认为 *P. boissieriana* 与东方梨 *P. pashia* 具有密切的亲缘关系。

2. 伊比利亚梨

Pyrus bourgaeana Decne.; Jard. Fruit., 1: t. 2 (1871)。

在 Aldasoro 等（1996）的研究中，本种和西洋梨在主成分分析（PCA）中总是聚在一起，但他们仍然将其作为独立的种。他们的研究支持 *Pyrus mamorensis* Trab.为本种的同物异名。Browicz（1973）认为本种可能是西洋梨的一个极端形式。根据 Aldasoro 等（1996）的调查，与西洋梨相比，本种的叶片较小（叶宽：26.3 mm vs 33.3 mm），叶柄较短（27.9 mm vs 31.9 mm），叶片无毛（西洋梨有毛或无毛）；萼片宿存或有时脱落（西洋梨为宿存），萼片较大（5.3 mm vs 3.4 mm），花瓣小（长度：8.7 mm vs 13.2 mm）（图 1-19）。

图 1-19　*Pyrus bourgaeana* 等模式标本

藏于西班牙皇家植物园植物标本室（Herbario del Real Jardín Botánico, CSIC），编号为 MA53617
（https://plants.jstor.org/）

3. 西洋梨

异名：欧洲梨。

Pyrus communis L.; Sp. Pl., 1: 479, 2: 1200 (1753)。

乔木，高达 15 m，通常有一个直立、长圆形或金字塔形、紧凑的顶部；枝条通常粗壮，带刺，小枝有光泽，光滑，无毛。叶芽突出，丰满，先端钝或尖。叶片椭圆形或长圆状卵形，长 5~10 cm，宽 2.5~6 cm，先端渐尖，边缘有圆齿状锯齿或全缘，幼叶上下两面都有绒毛，不久脱落，正面深绿色，背面浅绿色；叶柄纤细，长 2.5～5 cm。伞房花序，具花 4～10 朵；花梗长 2.5 cm，细长，有时带短柔毛；花直径 2.5 cm，白色或有时带粉红色；雄蕊 15～20；花柱 5，离生至基部，有时带绒毛。栽培的西洋梨果实极易变化，形状各异，如梨形、陀螺状、圆锥形或圆球形，果实横径 2.5～7.5 cm，纵径 2.5～12（15）cm，萼片宿存；果色绿色、黄色、红色或赤褐色，或这些颜色的组合；果肉白色、淡黄色，有时粉红色或酒红色；果肉坚实或呈黄油状，石细胞少或多。花期 4 月，果期 7～9 月。

原产于南欧和亚洲西南部，东至克什米尔地区。该物种经常从栽培中逃逸，通过动物和人类传播的种子进行繁殖，凡是在栽培西洋梨的地方如森林和公路上，都可以发现它的野生化。因此这些地区发现的一些所谓的野生梨属植物可能就是本种的逃逸。

本种的主要种下分类单元如下。

Pyrus communis L. ssp. *caucasica* (Fed.) Browicz; Fl. Turkey & E. Aegaean l. s., 4: 163 (1972)，主要分布于高加索地区。同物异名：*Pyrus caucasica* Fed.; Grossh., Fl. Kavk. ed. 2, 5: 421 (1952)。其花、果实、叶片形态见图 1-20。

Pyrus communis L. subsp. *sativa* (DC.) Hegi，西洋梨的栽培型，广泛栽培于全世界所有的梨生产国。

图 1-20 *Pyrus communis* ssp. *caucasica*（Janna A. Akopian 博士惠赠）

4. 心叶梨

Pyrus cordata Desv.; Observ. Pl. Env. Angers: 152 (1818)。

灌木或类似灌木，枝条常带刺，灰色开裂树皮；一年生枝纤细，上面无毛。叶片心形或卵形心形，长 3 cm，宽 3～4 cm，叶缘钝锯齿，叶尖渐尖，有时完全圆形，具小短尖，基部近心形或宽楔形；幼叶有绒毛，成叶无毛有光亮；叶柄平均长度 2.8 cm，幼时被短柔毛，稍暗，然后散落无毛。伞房花序；萼筒有毛，花瓣平均长 9.1 mm（7.8～12.7 mm），花柱 2～5，雄蕊 20～24（Aldasoro et al.，1996）；

果梗细长,果圆形,直径 1 cm 左右,萼片脱落或宿存,果面有棕白色斑点(图 1-21)。

野生于法国西北部,英国的普利茅斯地区曾经有分布,但已经灭绝。北非原产的阿尔及利亚梨(Algerian pear)[*P. cossonii*(*P. longipes*)](图 1-22)和 *P. gharbiana* 现被作为本种的同物异名,这样本种的分布范围也相应扩展到了葡萄牙、西班牙、阿尔及利亚和摩洛哥。

图 1-21　*Pyrus cordata*(Marie-Hélène Simar 博士惠赠)

图 1-22　*Pyrus longipes* 的模式标本

藏于瑞士日内瓦温室植物园(Conservatoire et Jardin botaniques de la Ville de Genève),编号为 G00014162(左)和 G00014162_a(中),右图为左图的局部放大(https://plants.jstor.org/)

5. 胡颓子梨

Pyrus elaeagrifolia Pall.; Nova Acta Acad. Sci. Imp. Petrop. Hist. Acad., 7: 355 (1793)。

乔木,高达 10～15 m,有时有刺;芽和幼芽有非常浓密的灰白色长柔毛,逐渐脱落。叶柄长 3～4 cm,叶宽披针形,有时倒卵形,通常上半部最宽,长 3.5～8.0 cm,宽 2～4 cm;基部楔形,顶部稍微渐尖,通常有短尖,全缘或在先端有不明显的齿，两面有浓密的灰白色长柔毛，在完全发育的叶子上面的短柔毛部分消失。伞房花序多叶；花梗长 1.5～2.0 cm，密布长柔毛；花瓣白色，微带粉红色，长 1.0～1.2 cm，宽约 0.8 cm，有一短的柔毛爪；萼片密布短柔毛，披针形，在果期多少直立。果实球状，直径可达 3 cm，最初有短柔毛，黄色-绿色，成熟时变褐色，萼片宿存，砂质果肉（图 1-23）。

原产巴尔干半岛、克里米亚半岛、土耳其至伊朗。

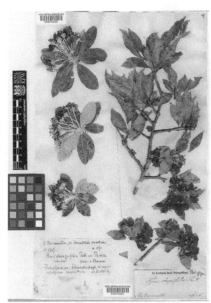

图 1-23　*Pyrus elaeagrifolia* 标本（左）和植株叶片（右）

藏于英国邱园，编号 K000758068（http://specimens.kew.org/herbarium/K000758068）

6. *Pyrus korshinskyi*

Pyrus korshinskyi Litv.; Trav. Mus. Bot. Acad. Petersb., 1: 17 (1902)。

中等大小的乔木，无刺；芽大，椭圆形，先端钝，覆盖浓密的白色短柔毛；幼枝密布白色短柔毛，一年生枝棕灰色。叶柄密被短柔毛，长 1.5～5 cm；叶线形或长披针形，舌状，长 5～10 cm，宽 2～4 cm，下部最宽，基部宽圆或宽楔形，先端逐渐变窄、渐尖，具圆钝锯齿（图 1-24）；两面或多或少密被白色短柔毛，完全发育时无毛或近无毛，有光泽，仅在下面沿脉被短柔毛。伞房花序，多花；花梗、子房和萼片密被短柔毛；花直径 2～2.5 cm；花瓣长卵形，爪短，无毛。果梗长 2～2.5 cm，向上变粗；果实宽梨形或近球形，长 3～5 cm，直径 3 cm，果肉有少数石细胞；萼片长披针形，有锯齿，直立。

分布于吉尔吉斯斯坦、塔吉克斯坦、乌兹别克斯坦、阿富汗。

图 1-24 *Pyrus korshinskyi* 标本

采自乌兹别克斯坦，藏于德国莱布尼茨植物遗传与作物研究所（Leibniz Institute of Plant Genetics and Crop Plant Research，IPK），编号 GAT2602407（https://www.gbif.org/）

7. 雪梨

Pyrus ×nivalis Jacq.; Fl. Austr., 2: 4 (1774)。

树小，粗壮，无刺；幼枝上密布白色绒毛。叶片椭圆形或倒卵形，长 5～7.5 cm，宽 2～3 cm，全缘或叶缘基部有圆锯齿，幼时上下表面覆盖有白色绒毛，成熟时淡灰绿色，上表面有光泽（图 1-25）。花直径 2.5～3 cm，簇生，白色。果实呈圆形，黄绿色，果柄长度等于或大于果实长度。味酸或在完全成熟时变甜。

分布或栽培于中东欧、法国、瑞士、意大利、土耳其。

Pyrus ×nivalis 在奥地利和邻近的德国部分地区被称为 Schnee birn 或 Snow pear，即雪梨，是因为在下雪之前这种梨不适合食用（Hedrick，1921）。植物学家对 *P. ×nivalis* 的分类地位并不十分确定。有人认为它是 *P. elaeagrifolia* 的一种栽培形式；也有人认为它可能是 *P. communis* 和 *P. elaeagrifolia* 杂交产生的（Dostalek，1997）。有关雪梨的进一步介绍可参见第三章。

8. 野生欧洲梨

Pyrus pyraster (L.) Burgsd.; Anleit. Erzieh. Holzart., 2: 193 (1787)。

长时间以来本种被视为欧洲梨的变种 *Pyrus communis* var. *pyraster* 或亚种 *Pyrus communis* subsp. *pyraster*。主要性状和欧洲梨相似，但多刺，叶片更圆，边缘有更多锯齿，果实为球形。一些植物学家认为本种只是欧洲梨的逃逸种。

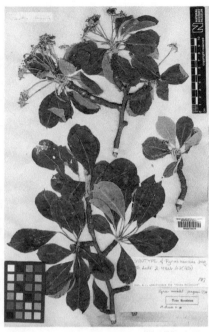

图 1-25　*Pyrus ×nivalis* 模式标本

由命名人 Nicolaus Joseph von Jacquin 在奥地利采集,藏于英国国家自然历史博物馆(The Natural History Museum),
编号为 BM000750815(左)(https://data. nhm.ac.uk/object/5c101e9f-963c-4541-8d8b-a916bce44afd/1709510400000)、
BM000750814(右)(https://data.nhm.ac.uk/object/86039f56-5627-49cb-817a-0cc3282b996c/1709510400000)

9. 异叶梨

Pyrus regelii Rehder; J. Arnold Arbor., 20: 97 (1939)。

灌木或小乔木,树高 5 m,可达 9 m;分枝开张,多细长刺;芽无毛,锐尖,
具宽三角形渐尖的鳞片;枝条红褐色,后期呈灰色。叶柄无毛,纤细,基部明显
加厚,长 2~6 cm;叶片无毛,有光泽,淡绿色,薄,长达 8~9 cm,羽状全裂,
无柄,宽披针形裂片深裂或汇合,有时深羽状全裂,有锐锯齿,裂片长 2~5 cm,
宽 0.3~1 cm;有时部分或全部单叶,宽披针形,长 5~7 cm,宽 1~2 cm(图 1-26)。
伞房花序,多花;花萼和花托具绵状短柔毛,短柔毛或多或少消失;花直径 2~
2.5 cm,花瓣基部有短爪;花梗长 2~3 cm。果实梨形,有时扁圆形,长 2~3.5 cm,
萼片宿存,狭长披针形,直立,或多或少被短柔毛。

原产于哈萨克斯坦、吉尔吉斯斯坦、乌兹别克斯坦、塔吉克斯坦和土库曼斯
坦。本种最大的特点就是叶片形状可变(图 1-26)。生长在岩石上的树木的叶片常
常为深裂叶,而在潮湿地点生长且树体高大的树木,大部分叶片都是非裂刻的单
叶。本种具有很强的耐旱性。

图 1-26 *Pyrus regelii* 标本、叶片、花和果实
标本藏于爱沙尼亚塔林植物园（Tallinn Botanic Garden），编号 TALL A005405
（https://app.plutof.ut.ee/filerepository/view/814551），右下照片由 Vladimir Kolbintsev 博士惠赠，其他照片由 Pavel
Gorbunov 博士惠赠

10. 柳叶梨

Pyrus salicifolia Pall.; Reise Russ. Reich., 3(2 Anh.): 734 (1776)。

乔木，树高 5～6 m，可达 10 m，有时为灌木。枝叶繁茂，枝条倾斜或悬垂，有刺或无，幼枝绵毛覆盖呈白色（图 1-27）。芽卵圆形，长 3～7 mm，被绒毛。叶片形状极易变化，从长而窄的线状披针形，长 6～9 cm，宽 0.5～1 cm，到宽披针形，长 3～6 cm，宽 1～2 cm，通常中间最宽，先端钝或稍渐尖，基部渐狭至楔形，逐渐变细至叶柄，无叶柄或非常短，长达 1～2 cm，叶缘全缘或偶有粗钝锯齿，幼叶两面被绒毛，上面渐变为丝状银色，老叶上面无毛，呈有光泽的绿色，并有角质；托叶有毛，非常小，藏在覆盖叶柄的毛下。伞房花序，6～13 朵花；花小，白色，生在被绒毛的花梗上；萼筒密被绒毛，萼片三角形，两面密被绒毛；

图 1-27 *Pyrus salicifolia* 的枝条、叶片形态和果实（前两张由 Marie-Hélène Simar 博士惠赠）

花梗短，密被绒毛；花瓣圆形-倒卵形，长 1～1.3 cm，宽 0.5～0.7 cm，先端圆形或很少微缺，有长爪；花柱基部有毛，长于雄蕊；雄蕊 20。果实呈陀螺状、球状或宽梨形，萼片宿存。

自然分布于北高加索、格鲁吉亚、亚美尼亚、阿塞拜疆、土耳其和伊朗。本种有两个变种。

锯齿变种 *P. salicifolia* var. *serrulata* Browicz; Notes Roy. Bot. Gard. Edinburgh, 31(2): 323 (1972)。产土耳其。

有柄变种 *P. salicifolia* var. *petiolaris* Mulk. ex Akopian; Novosti Sist. Vyssh. Rast., 45: 37 (2014)。产亚美尼亚。

11. 扁桃叶梨

Pyrus spinosa Forssk.; Fl. Aegypt. Arab.: 211 (1775)。

多刺灌木或小乔木，高达 6 m；幼枝起初有白色绒毛，不久脱落，无毛。叶狭披针形或椭圆形到倒卵形，长 2.5～5.0 cm，宽 1～2 cm，全缘或先端稍具圆齿，幼叶下表面有白毛，成熟叶上下两面无毛，上面绿色，下面灰绿色，基部下延楔形或圆形，无叶柄或叶柄极短 1 cm 以内（图 1-28）。花序多花，带灰色绒毛。花直径 2.0～2.5 cm。果实近球形，直径 2～3 cm，淡黄色-棕色，萼片宿存，果梗长 2～3 cm，厚且硬。

图 1-28 *Pyrus spinosa* 的全模标本和果实

由命名人 Forsskål 于 1761 年采集自土耳其，藏于丹麦国家自然历史博物馆（Natural History Museum of Denmark），编号 C10002850（https://snm.ku. dk/english/）

广泛分布于巴尔干半岛、西班牙、法国、意大利、马耳他、土耳其、伊朗。

本种的学名 *Pyrus spinosa* 的中文意思是多刺的梨，但过去长时间使用 *P. amygdaliformis* Vill.作为本种的学名，其种加名的中文意思是扁桃叶的，所以习惯上将本种称为扁桃叶梨。

12. 叙利亚梨

Pyrus syriaca Boiss.; Diagn. Pl. Or. Nov., 2(10): 1 (1849)。

乔木，高达 13 m；有短而粗的刺，幼枝被绢毛，后脱落；小枝为有光泽的红褐色（图 1-29），第二年的小枝被不均匀的灰色树皮覆盖；芽大，长 3～7 mm，宽椭圆形至近圆形，沿鳞片边缘有柔毛，不久后脱落。叶片宽披针形，长 3～9 cm，宽 2～4 cm，在中间或稍下方最宽，逐渐向两端变细，基部圆形或稍楔形，先端锐尖、短渐尖或稀近钝，有规则或不规则的圆钝齿，叶片最初有蛛网状短柔毛，特别是下面，不久脱落，正面有光泽；叶柄长 1～4 cm，疏生柔毛，不久后脱落。伞房花序，花朵较少；花梗 2～4 cm，开花时具柔毛；花直径可达 3 cm；萼筒密被绒毛；萼片三角形至披针形，长 4～7 mm，先端锐尖至渐尖，边缘有腺体，两面密被绒毛；花瓣近圆形、倒卵形至椭圆形，长 8～14 mm，宽 6～12 mm，先端圆形或微缺，具长爪；花柱 5，长达 8 mm，下半部密被绒毛；雄蕊 20～35，长 3～6 mm。果球状，梨形到扁圆形，长 2～2.5 cm，直径 1.5～2 cm，绿色-淡黄色；萼片宿存，贴伏或较少直立；5 室；果梗粗硬，靠近果实地方明显增厚，长 2～4 cm。花期 4 月底至 5 月初；果期 8 月底至 10 月初。

图 1-29 *Pyrus syriaca* 的模式标本和枝叶照片

Boissier 于 1846 年采集，藏于日内瓦温室植物园（Conservatoire et Jardin botaniques de la Ville de Genève），编号为 G00330270（左）、G00330269（中）（https://plants.jstor.org/）。右图由 Marie-Hélène Simar 博士惠赠

　　模式标本（图 1-29）由 Boissier 于 1846 年采集于叙利亚北部与土耳其边界附近（Kessa 附近的 Cassius）以及叙利亚和黎巴嫩之间的边境地区。

　　广泛分布于西亚南部广大地区。从土耳其北部到伊朗西部，从外高加索到以色列中部都有野生分布，果实和叶片形态多变（Rubtsov，1944；Zamani et al.，2012）。在一些国家如伊拉克和巴勒斯坦，野生 *P. syriaca* 的果实虽然很硬，而且含有相当多的石细胞，但当地居民还是会收集和食用。

　　本种有一亚种：*Pyrus syriaca* subsp. *glabra* (Boiss.) Browicz; Arbor. Kórnickie, 38: 24 (1993)，主要分布在伊朗，过去曾经作为独立的种。

13. *Pyrus oxyprion*

Pyrus oxyprion Woronow; Trudy Prikl. Bot. Selekts., 14(3): 86 (1925)。

　　灌木到小乔木，高 3～5 m；枝条密生叶，有刺，灰色-带褐色，幼枝暗褐色；芽宽卵形，暗褐色，被浓密绒毛。叶倒披针形到长椭圆形（图 1-4，图 1-30），长 5～9 cm，宽 1～1.5 cm，中间以上最宽，基部楔形、渐狭，先端锐尖，叶缘有锐利的单锯齿，叶最初下面有蛛丝状短柔毛，后来两面无毛；叶柄短，长 0.5～2.0 cm，疏生柔毛，不久后脱落。伞房花序，花 7～12 朵（图 1-4）；花梗幼时疏生柔毛，不久后脱落，长 2.0～2.5 cm；花直径 2 cm，萼筒被浓密绒毛；萼片长三角形，

图 1-30　*Pyrus oxyprion* 标本

采自亚美尼亚，藏于柏林植物园和植物博物馆（Botanischer Garten und Botanisches Museum Berlin），编号为 B 100506511（左）（http://herbarium.bgbm.org/object/ B100506511）、B 100506684（右）（http://herbarium.bgbm.org/object/B100506684）

4 mm×2 mm，先端锐尖，两面被绒毛；花瓣圆形，（10～11）mm×10 mm，先端圆形，基部具短爪；花柱 5，短或与雄蕊等长，下部密被绒毛；雄蕊 15～21；花药幼时棕色-紫色。果实近梨形，直径 3 cm，绿色-淡黄色，萼片宿存，贴在果实上；肉质石细胞多；5 室；果梗非常粗而硬，基部明显增厚。花期 4 月下旬至 5 月上旬；果期 8 月下旬至 9 月下旬。

分布于土耳其东北部、亚美尼亚、格鲁吉亚、阿塞拜疆、伊朗西北部。属于高加索地区最耐旱的梨树种之一。

第六节　梨属植物的分类体系

梨属植物的分类体系是指根据梨属植物的特征、地理分布、系统发育关系等对梨属植物进行的进一步区分和归类。

一、基于原生分布和形态相似性的梨属分类体系

1. Decaisne 体系

法国植物学家 Joseph Decaisne 是第一个对梨属植物进行归类的学者。他在 1871～1872 年出版的著作《博物馆的水果园》（*Le Jardin Frutier du Muséum*）第一卷中，将当时已知的 20 多个种中的 17 个种按照地理分布和遗传相关性分成 6 个族群（Race，Proles），并对各个种进行了详细的介绍和绘图描述。

1）Proles *Armoricana*：*P. cordata*、*P. boissieriana* 和 *P. longipes*。

2）Proles *Germanica*：*P. communis*。

3）Proles *Hellenica*：*P. parviflora*、*P. bourgaeana*、*P. syriaca* 和 *P. glabra*。

4）Proles *Pontica*：*P. elaeagrifolia*、*P. kotschyana*、*P. nivalis* 和 *P. salicifolia*。

5）Proles *Indica*：*P. pashia*、*P. balansae*、*P. jacquemontiana* 和 *P. betulifolia*。

6）Proles *Mongolica*：*P. sinensis*。

其中，中国产的杜梨（*P. betulifolia*）被列在印度族群（Proles *Indica*）中，另一个所谓的中国梨（*P. sinensis*）被列在蒙古族群（Proles *Mongolica*）中。由于当时被命名的梨属植物特别是原产于中国的梨属植物较少，加上对整个梨属植物认识的局限性，这些族群的划分存在很大的片面性。

2. Maleev 体系

苏联的 Maleev（1939）在《苏联植物志·第九卷》（*Flora of the U.S.S.R*, Vol. 9）中沿用了 Decaisne 的族群（Proles）的划分，只是将其改为系（Series）重新进行了命名，并增减了一些种。具体来说，就是将一些形态特征相似的物种，组成一

个系，使之成为具有系统发育意义的分类单位。这种分类体系是由《苏联植物志》主编 V. L. Komarov 提出的，贯穿于《苏联植物志》整个系列的分类体系，Maleev（1939）只是将其用在了苏联境内梨属植物的分类中。

1）Ser. *Communes* Maleev-Proles *Germanica* Decaisne：叶宽，椭圆形或宽椭圆形到近圆形，最初或多或少有短柔毛，后来无毛或脱落，全缘或有小钝锯齿，齿不具芒。果实萼片宿存。包括 *P. communis*、*P. balansae*、*P. turcomanica*。

2）Ser. *Cordatae* Maleev-Proles *Armoricana* Decaisne：叶片和前系列的一样，但是完全无毛，钝锯齿更大。果实小，萼片早落。仅包括 *P. boissieriana*。

3）Ser. *Sinenses* Maleev-Proles *Mongolica* Decaisne：叶片和前面系列的一样，但具尖锐锯齿，有芒。果实萼片宿存。包括 *P. ussuriensis*、*P. asiae-mediae*、*P. grossheimii*。

4）Ser. *Ponticae* Maleev-Proles *Pontica* Decaisne：叶狭长或宽披针形，少狭长椭圆形，全缘或有不明显的细齿，像植物的其他部分一样密布长柔毛或被绢毛的短柔毛，短柔毛至少持续存在于叶的下面，较少出现短柔毛在秋天消失的情况。果实萼片宿存。包括 *P. elaeagrifolia*、*P. taochia*、*P. salicifolia* 和 *P. takhtadzhiani*。

5）Ser. *Syriacae* Maleev：叶披针形到椭圆形，当完全发育时或多或少有短柔毛或无毛，有锯齿，齿末端或多或少有明显硬结，但有时早期脱落增厚。果实萼片宿存。包括 *P. syriaca*、*P. sosnovskyi*、*P. oxyprion*、*P. raddeana*、*P. zangezura* 和 *P. korshinskyi*。

6）Ser. *Heterophyllae* Maleev：叶像嫩枝一样无毛，羽状全裂，有时不裂，具齿，齿端有硬结增厚。果实萼片宿存。仅包括 *P. regelii*。

3. Bailey 体系

Bailey（1917）根据梨属植物的地理分布，将其分为西方梨（occidental pear）和东方梨（oriental pear）两大地理群。他所列出的西方梨有 8 种，全部为绿色的宿萼果，叶缘为钝锯齿或全缘。参照 Koehne（1890）对梨属植物的分类，Bailey进一步将 10 种东方梨按其果实萼片的有无分为宿萼组和脱萼组。

1）西方梨（occidental pear, Eurasian pear）：*P. communis*（*P. communis* var. *sativa*、*P. communis* var. *pyraster* 和 *P. communis* var. *cordata*）、*P. nivalis*、*P. amygdaliformis*、*P. auricularis*、*P. elaeagrifolia*、*P. heterophylla*、*P. korshinskyi* 和 *P. salicifolia*。

2）东方梨（oriental pear, Chino-Japanese pear）：宿萼组（Sect. *Achras*）包括 *P. ussuriensis*、*P. ovoidea* 和 *P. lindeyi*。脱萼组（Sect. *Pashia*）包括 *P. serotina*、*P. bretschneideri*、*P. betulifolia*、*P. calleryana*、*P. serrulata*、*P. pashia* 和 *P. phaeocarpa*。

现代分子系统学研究结果表明，东方梨、西方梨经历了独立进化（Zheng et al., 2014），支持了 Bailey 对梨属植物的两大地理群的划分。

二、基于果实突出性状的梨属分类体系

（一）Koehne 体系

德国植物学家 Koehne 根据梨属植物果实成熟时萼片的有无，将梨属植物的 14 个种分为两大组或区（Section）（Koehne，1890）。

1）宿萼组 Sect. *Achras*（现在称为 *Pyrus*）：果实成熟时萼片宿存，花柱通常为 5，有时为 4。

2）脱萼组 Sect. *Pashia*：果实成熟时萼片脱落，花柱为 2~5。

但有时候同一个种，甚至在极端情况下同一株个体内果实萼片是否宿存并不稳定。西洋梨就存在明显的种内变异，很多品种的果实很明显为萼片宿存，有些是残存的，而另外一些则是脱落的（Browicz，1993）。即使同一个品种果实的萼片状态也会明显受环境条件的影响。另外，在 Koehne 体系中，一些重要的区分性状被轻视了。如 *Pyrus* 组的果梗通常表现为短、粗和硬，而在 *Pashia* 组中果梗通常表现为细和柔软（Browicz，1993）。

即便如此，此系统在梨属分类系统中也仍得到了广泛使用。受 Koehne 的影响，后来的一些分类学家如美国的 Rehder 和中国的俞德浚等将果实萼片的宿存作为一个非常重要的特征，并结合叶片、花器、果实的其他特征，对梨属植物进行分类。Rehder（1940）根据果实成熟萼片的有无，将梨属植物分为两大类，并且结合其他性状，描述了 15 个主要种和几个变种。萼片宿存的种大多为西方种：*P. amygdaliformis*、*P. salicifolia*、*P. elaeagrifolia*、*P. nivalis*、*P. communis*、*P. regelii* 和 *P. ussuriensis*。萼片脱落或者部分脱落者有以下 8 种：*P. bretschneideri*、*P. serotina*（即 *P. pyrifolia*）、*P. serrulata*、*P. phaeocarpa*、*P. betulifolia*、*P. pashia*、*P. longipes* 和 *P. calleryana*。

由俞德浚等编写的《中国植物志·第三十六卷》对梨属的分类沿用了 Koehne 的系统（中国植物志编辑委员会，1974），但对花柱数量的描述有所不同，主要反映了 Rehder（1915）、俞德浚和关克俭（1963）新命名的中国梨新种的特征。

1）宿萼组 Sect. *Pyrus*：果实成熟时萼片宿存，花柱 5，稀 3~4；包括 *P. ussuriensis*、*P. hopeiensis*、*P. sinkiangensis*、*P. serrulata*、*P. communis*、*P. armeniacifolia*、*P. pseudopashia* 和 *P. xerophila*。

2）脱萼组 Sect. *Pashia*：果实成熟时萼片脱落或少部分宿存，花柱为 2~3，稀 4~5；包括 *P. bretschneideri*、*P. pyrifolia*、*P. betulifolia*、*P. phaeocarpa*、*P. calleryana* 和 *P. pashia*。

（二）Fedorov 体系

苏联的 Andrey Aleksandrovich Fedorov 于 1954 年将 Koehne 的两个组扩展成

了 4 个组。新设置的两个组 *Xeropyrenia* Fed.和 *Argyromalon* Fed.是专门为高加索地区小范围分布的种和杂种而设立的（Terpó，1985；Korotkova et al.，2018）。

1）Sect. *Archas* Koehne：果实成熟时萼片宿存，花柱通常为 5，有时为 4（*P. ussuriensis*、*P. lindleyi*、*P. communis*、*P. caucasica*、*P. balansae*、*P. elata*、*P. asiae-mediae* 和 *P. grossheimii*）。

2）Sect. *Xeropyrenia* Fed.：果实成熟时萼片宿存，花柱为 5，叶片细长，背面光滑无毛（*P. ketzkhovelii*、*P. korshinskyi*、*P. syriaca*、*P. spinose*、*P. regilli*、*P. angezura*、*P. voronovii*、*P. nutans*、*P. oxyprion* 和 *P. fedorovii*）。

3）Sect. *Argyromalon* Fed.：果实成熟时萼片宿存，花柱为 5，叶片细长，背面有茸毛（*P. complexa*、*P. raddeana*、*P. salicifolia*、*P. elaeagrifolia* 和 *P. tachia* 等）。

4）Sect. *Pashia* Koehne：果实成熟时萼片脱落，花柱为 2～5（*P. pashia*、*P. boissieriana*、*P. betulifolia*、*P. serotina* 和 *P. rossica*）。

Korotkova 等（2018）对高加索地区梨属植物的分子系统学研究并不支持 Fedorov 的梨属植物分类体系。

根据 Browicz（1993）的介绍，Tuz（1972）修正了 Fedorov 的梨属分类体系，他将 Fedorov 新设置的两个组的等级降低为亚组，并新设 *Pyrus* 亚组，将这三个亚组一起放在 *Pyrus* 组下。在 *Pashia* 组中，他也进一步划分了 3 个亚组。修改后的 Fedorov 分类体系如下。

1）Sect. 1. *Pashia* Koehne。

    subsect. *Pashia*：*P. betulifolia*、*P. phaeocarpa*、*P. calleryana* 和 *P. pashia*。

    subsect. *Pyrifoliae* Tuz：*P. pyrifolia*、*P. bretschneideri* 和 *P. serrulata*。

    subsect. *Ussuriensis* Tuz：*P. ussuriensis*。

2）Sect. 2. *Pyrus* Koehne。

    subsect. *Pyrus*：*P. communis*、*P. caucasica* 和 *P. turcomanica*。

    subsect. *Xeropyrenia* (Fed.) Tuz：*P. syriaca*、*P. korshinskyi* 和 *P. regelii*。

    subsect. *Argyromalon* (Fed.) Tuz：*P. salicifolia*、*P. spinosa*、*P. nivalis* 和 *P. elaeagrifolia*。

从两个组包含的梨属种来看，Tuz 的体系中的两个组 *Pashia* 和 *Pyrus* 分别相当于东方梨和西方梨。

（三）菊池秋雄（Kikuchi）体系

日本园艺学家菊池秋雄（1948）在研究了梨属植物分类中常用的形态特征如萼片的宿存或脱落、果色、心室数和叶缘锯齿等的遗传规律后，认为在梨属植物的分类中首先应该根据果实的心室数进行分区（组），然后再综合考虑萼片是否宿存、果色和叶缘的锯齿等进行进一步的分类。他根据果实心室数的多少将梨属植物分为三大组（区）。

1. 真正梨组（*Eupyrus* Kikuchi）

共同特征是果实心室为 5，脱萼或宿萼。主要的栽培品种皆由本组的种演化或改良而成。根据原生分布进一步将本组植物分成两大群。

（1）西方梨（occidental pear，Eurasian pear）

果实为绿色，萼片宿存，叶缘全缘或钝锯齿。主要的种有：*P. communis*（包括当时作为变种的 *P. pyraster* 和 *P. cordata*）、*P. nivalis*、*P. amygdaliformis*、*P. elaeagrifolia*、*P. heterophylla*（即 *P. regelii*）和 *P. salicifolia*。

（2）东方梨（oriental pear，Chino-Japanese pear）

果实为绿色或锈褐色，萼片宿存或脱落，叶片大，卵形或广卵形，叶缘针状锯齿。主要的种有：*P. ussuriensis*、*P. aromatica*（现多作为 *P. ussuriensis* 的变种）、*P. hondoensis*（现也作为 *P. ussuriensis* 的变种）和 *P. serotina*（即现在的 *P. pyrifolia*）。

2. 豆梨组（*Micropyrus* Kikuchi）

其原生分布仅限于亚洲东部。果实小如豌豆，2～3 心室，脱萼。杜梨（*P. betulifolia*）和豆梨（*P. calleryana*）属于本组。

3. 杂种性组（*Intermedia* Kikuchi）

分布区域与豆梨组相同，为真正梨组和豆梨组的种间自然杂种。果实心室为3～4，介于第一组和第二组之间。果实较小，食用价值低。包括白梨（*P. bretschneideri*）、褐梨（*P. phaeocarpa*）、麻梨（*P. serrulata*）、川梨（*P. pashia*）和 *P. uyematsuana*。前 4 种分布在中国，后 1 种分布在日本。

菊池秋雄（1946）以及 Westwood 和 Bjornstad（1971）的种间杂交试验也证实了梨属植物杂交后代的心室数介于双亲之间。浙江省农业科学院园艺研究所用'翠冠'梨作母本，豆梨作父本的杂交后代果实大小介于亲本之间但偏小，70%以上的果实单果重在 10～30 g（图 1-31），其余大都在 10 g 以下。70%的果实的心室数为 5，30%的为 2～4，其中大多为 4。因此完全按照心室数目判断是否杂种后代可能存在偏差。果实 3～4 心室的个体或群体一般是 2 心室和 5 心室的亲本的杂交后代，但 5 心室的也可能是上述亲本的杂交后代。

川梨果实心室数目变化很大，大多为 3～4（表 1-3），但也存在不少心室数目为 5 或 2 的果实（图 1-32）。川梨的叶片形态变异也很大，随年龄和植株都有变化。从分布区域和形态特征来看，属于杂种的可能性很小。将川梨列入杂种区显然是由于菊池秋雄对川梨的了解不深入。另外，豆梨组仅限于亚洲东部的说法也是需要商榷的，因为西方梨中的 *P. boissieriana* 和 *P. cordata* 的果实也很小，和豆梨组的果实大小相近。

图 1-31　'翠冠'梨和豆梨的杂交后代果实大小（左图）及果实心室数（右图）

图 1-32　川梨果实心室数目的变化

菊池秋雄在 20 世纪 40 年代就认识到一些梨属植物起源于种间杂交，具有远见卓识。后来的 Challice 和 Westwood（1973）在此基础上提出了梨属植物原生种或真正种（authentic species）的概念，以区别种间杂交起源的种。之后，Bell 和 Hough（1986）将原生种称为基本种（primary species）而广为梨学界所知。如今国际植物命名法规和栽培植物命名相关法规中，对这种杂交起源种的标记进行了规范，要求在种加名前加"×"，以便和真正种区别，如 P. ×*bretschneideri*、P. ×*phaeocarpa*。

三、梨属分类新体系

多项独立的研究表明（见本章第七节），东方梨和西方梨独立进化，因此在建立分类体系时，要反映梨属植物的系统发育关系，再结合其他特征进行进一步的归类和区分。本书著者根据上述研究结果提出了如下的梨属植物分类体系，有待今后完善。首先将梨属植物分为两个大组，即东方组和西方组，然后再根据形态学等特征分为若干亚组。

1. 东方组 Sect. *Orientalis* Y. W. Teng

（1）subsect. *Pashia*

果小，心室 2～5，萼片脱落；叶缘钝锯齿或尖锐锯齿。代表种有 *P. pashia*、*P. calleryana* 和 *P. betulifolia* 等。

（2）subsect. *Pyrifolia*

果大（中），心室 3～5，萼片脱落或宿存；叶缘尖锐锯齿。代表种有 *P. pyrifolia*，其余为以 *P. pyrifolia* 为亲本的杂种 *P. ×sinkiangensis*、*P. ×bretscheideri*、*P. ×neoserrulata* 和 *P. ×taiwanensis* 等。

（3）subsect. *Ussuriensis*

果中大，心室 3～5，萼片宿存，需要后熟；叶缘尖锐锯齿。代表种有 *P. ussuriensis*，其余为以 *P. ussuriensis* 为亲本的杂种 *P. ×phaeocarpa* 和 *P. × hopeiensis* 等。

2. 西方组 Sect. *Occidentalis* Y. W. Teng

（1）subsect. *Cordata*

果小，心室 2～5，萼片脱落；叶宽，叶缘钝锯齿。代表种有 *P. boissieriana* 和 *P. cordata*。

（2）subsect. *Communis*

果大，心室 5，萼片宿存；叶宽，叶缘钝锯齿。代表种有 *P. communis*、*P. pyraster*、*P. nivalis* 和 *P. bourgaeana* 等。

（3）subsect. *Syriaca*

果中到大，心室 5，萼片宿存；叶窄，叶缘钝锯齿。代表种有 *P. syriaca*、*P. salicifolia*、*P. oxyprion* 和 *P. korshinskyi* 等。

第七节　梨属分类及系统发育研究进展

梨属植物为自交不亲和植物，种间也不存在生殖隔离，种内和种间杂交比较普遍，使得有些种间缺乏特异的形态学区分特征。因此利用形态特征并不能对梨属植物进行准确的分类，使得梨属植物种下分类单元数量众多、梨属植物系统发育关系至今仍没有得到很好阐明。从 20 世纪 70 年代开始，学者们利用植物化学、花粉的超微结构、植物形态的数字化等综合信息，并借用数量分类学的方法，完善梨属植物的分类。特别是近 30 年来 DNA 标记技术的应用和基于 DNA 序列分析的分子系统学的发展为梨属植物的准确分类和系统发育研究提供了有效的手段。

一、植物化学指标与形态学指标相结合的数量分类

Challice 和 Westwood（1973）结合 29 个化学指标（不同种类的酚类物质）和 22 个植物学性状对他们所认定的 22 个梨属植物原生种进行数量分类，并将这些种按其起源进行归类。他们发现不同种之间的酚类物质的种类存在差异，特别是东方梨和西方梨两大地理群的差异较大。西方梨中除了两个非洲种外，普遍缺乏黄酮糖苷，而东方梨中杜梨是唯一不含黄酮糖苷的种，所以推测杜梨可能是连接东方梨和西方梨的桥梁。22 个植物学性状包括果皮色泽（绿色光滑/锈褐色）、石细胞（有/无）、萼片（宿存/脱落）、树大小、叶缘特性、种子重量、果实直径、果实心室数、开花时间、新梢的二次生长、幼态叶、果形指数、果实密度、种子长宽比、1 年生枝条木质部/韧皮部比率、2 年生枝条木质部/韧皮部比率、长枝叶片长度、长枝叶片长度/宽度比率、长枝叶片长度/叶柄长度比率、短枝叶片长度、短枝叶片长度/宽度比率、短枝叶片长度/叶柄长度比率。除了对花序和花没有进行测量赋值外，他们测定的这些植物学指标涵盖了分类中常用的形态学特征。他们将 29 个化学指标和 22 个植物学性状合起来进行主坐标分析（图 1-33），其聚类结果与已知的地理分布最接近，欧洲种和西亚种形成单独的群；东亚大果型梨种形成

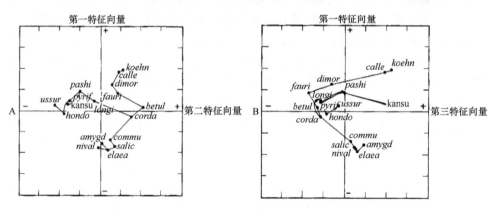

图 1-33　基于 29 个化学指标与 22 个植物学性状的梨属植物主坐标分析
（Challice and Westwood，1973）

图中斜体缩写为梨属种的学名或俗名，*amygd*: *Pyrus amygdaliformis*（扁桃叶梨）；*betul*: *P. betulifolia*（杜梨）；*calle*: *P. calleryana*（豆梨）；*commu*: *P. communis*（西洋梨）；*corda*: *P. cordata*（心叶梨）；*dimor*: *P. dimorphophylla*（日本豆梨）；*elaea*: *P. elaeagrifolia*（胡颓子梨）；*fauri*: *P. fauriei*（朝鲜豆梨）；*hondo*: *P. hondoensis*（日本青梨）；kansu: Kansu pear（甘肃梨）；*koehn*: *P. koehnei*（楔叶豆梨）；*longi*: *P. longipes*（阿尔及利亚梨）；*nival*: *P. nivalis*（雪梨）；*pashi*: *P. pashia*（川梨）；*pyrif*: *P. pyrifolia*（砂梨）；*salic*: *P. salicifolia*（柳叶梨）；*ussur*: *P. ussuriensis*（秋子梨）

一个群；豆梨 *P. calleryana*、日本豆梨 *P. dimorphophylla*、朝鲜豆梨 *P. fauriei* 和台湾豆梨 *P. koehnei* 形成独立的群；而非洲的 *P. cossonii*（*P. longipes*）、东亚的 *P. betulifolia* 和欧洲大西洋沿岸的 *P. cordata* 可能是三个主要地理群的连接（connecting link）种。通过 *P. codata* 和 *P. betulifolia*，西亚种和欧洲种与亚洲豆梨连接。而亚洲大果型种通过 *P. cossonii*[（*P. longipes*）与 *P. cordata* 连接。欧洲原产的 *P. cordata* 与东亚种、其他欧洲种、北非种和西亚种都有亲缘关系，意味着它在梨属植物的进化过程中占有相当重要的地位；与东亚的原始梨属种豆梨一样，*P. cordata* 保留了大量相对原始的形态学性状，可能是梨属种大量分化之前就已经存在的孑遗种（Challice and Westwood，1973）。尽管现在认为 *P. cossonii*（*P. longipes*）是 *P. codata* 的同物异名，但并不影响该研究的主要结论。

如果单独使用 29 个化学指标或 22 个植物学性状进行主坐标分析，那么种的聚类就会跨越地理分布，有些植物种的位置难以得到合理的系统发育关系解释。例如，在单独应用化学指标的主坐标分析中杜梨和西方梨聚在一起；*P. fauriei* 和 *P. dimorphophylla* 看上去关系不大。单独使用植物性状的主坐标分析结果则缺乏明确定义的类群。但仅从植物性状上看，*P. ussuriensis* 和 *P. hondoensis* 显示了最近的亲缘关系，这和 Rehder 只是将后者看作 *P. ussuriensis* 的一个类型或变种是一致的。在他们的研究中还有一个归在亚洲大果型中的叫作甘肃梨（Kansu pear）的所谓种被认为可能是 *P. calleryana* 和 *P. pashia* 或 *P. ussuriensis* 的杂种后代，但这些梨在甘肃并没有重叠分布，而且 *P. calleryana* 在甘肃没有原生分布。另外，这三个种的果实都不大，而甘肃梨的果实直径和砂梨的近似。所以甘肃梨不可能是这几个种的自然杂种。在单独利用植物学性状的聚类分析中，甘肃梨依次与 *P. communis*、*P. salicifolia*、*P. amygdaliformis*、*P. hondoensis* 和 *P. elaeagrifolia* 等显示了较近的亲缘关系。尽管 Challice 和 Westwood（1973）认为不具合理性，但考虑到甘肃存在大量的西洋梨地方品种及西洋梨与东方梨的种间杂种类型的事实（甘肃省农业科学院果树研究所，1995；Teng et al.，2021），本书著者推测这个所谓的甘肃梨可能是西洋梨和亚洲梨如秋子梨的杂种，也可能是新疆梨类型。

在上述聚类分析的基础上，Challice 和 Westwood（1973）根据梨属种的酚类组分差异，建立了梨属植物的系统演化图（图 1-34）。在他们所建立的系统发育树中，豆梨（*P. calleryana*）及与其亲缘关系相近的台湾豆梨（*P. koehnei*）、朝鲜豆梨（*P. fauriei*）和日本豆梨（*P. dimorphophylla*）可能是梨初始种（primitive *Pyrus* stock）的后代，属于现存梨属种中最原始的类型。从图 1-34 可以看出，从梨的初始种最初分化为两支，一支（A）演化出豆梨和台湾豆梨（科恩氏梨），另一支（B）为日本豆梨（*P. dimorphophylla*）和朝鲜豆梨（*P. fauriei*）。后一支（B）进一步分化为 C 支和 D 支，分别演化为东方梨和西方梨。但分布于东方的杜梨位于西方梨支上，与西方梨种 *P. cordata* 关系密切；分布于北非的 *P. longipes*（现更名为 *P.

cossonii）位于东方梨支上。因此他们认为 *P. cordata*、*P. cossonii* 和杜梨为东方梨与西方梨的连接种。早在 1944 年，Rubtsov 就根据这几个种具萼片脱落的果实推测它们为梨属植物的孑遗种。另外，在图 1-34 的系统发育树中，*P. pyrifolia* 和 *P. hondoensis*、*P. pashia* 和 *P. ussuriensis* 分别显示了最近的亲缘关系。这显然与已知的事实不相符。Challice 和 Westwood（1973）的这一研究结果对梨学界影响较大，被世界各国的研究者广泛引用。

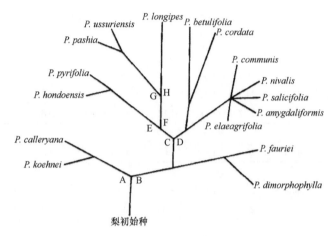

图 1-34　基于酚类物质组分差异的梨属植物系统发育树（Challice and Westwood，1973）
A. 保留了合成酚酸的能力；B. 失去了相应的合成能力；C. 保留原始梨中的黄酮苷并获得合成黄酮 FS（疑似木犀草素 5-甲醚）的能力；D. 失去了相应的合成能力；E. C 支的延续；F. 获得在 4'-羟基处将黄酮进行 *O*-葡萄糖基化的能力；G. 保留了合成木犀草素 7-鼠李糖苷的能力；H. 失去了相应的合成能力

二、孢粉学

Westwood 和 Challice（1978）是最早利用花粉、花药形态和花粉粒的超微结构来研究梨属植物分类的。他们选择了梨属的 18 个种，包括东方梨种和西方梨种，测定了花粉和花药的 9 个特征指标，发现这些指标在梨属种之间变化很大，但这种变化与梨属种的地理分布没有相关性（表 1-5）。尽管所测定的这些特征结合起来对某一个种是独特的，但单纯使用孢粉学的数据在分类学上的价值有限。国内邹乐敏等（1986）利用扫描电镜观察了我国梨属种的花粉形态，得出了一些有意义的结果或结论，如东方梨和西洋梨花粉形态差异较大；新疆梨花粉纹饰出现西洋梨型、东方梨型、中间型，可能起源于西洋梨和东方梨的自然杂交；'库尔勒香梨'可能是西洋梨和白梨的种间杂种；'苹果梨'的花粉形态特征独特，不同于白梨、砂梨和秋子梨。本书著者后来利用 DNA 标记所做的研究支持这些结果或推论（Teng et al.，2001，2002）。

表 1-5　梨属植物花粉粒、花药和花药表皮细胞的大小及形状（Westwood and Challice，1978）

种	花粉粒			整个花药			花药表皮细胞		
	长(μm)	宽(μm)	长/宽	长(mm)	宽(mm)	长/宽	长(μm)	宽(μm)	长/宽
欧洲种									
P. communis	44.6	24.2	1.84	1.30	0.75	1.59	37.4	28.3	1.42
P. caucasica	47.0	24.2	1.94	—	—	—	—	—	—
P. pyraster	45.0	24.8	1.81	—	—	—	—	—	—
P. nivalis	47.1	23.3	2.02	1.36	0.93	1.45	23.8	18.8	1.26
P. cordata	44.8	23.0	1.94	0.88	0.62	1.40	17.3	13.2	1.31
西亚									
P. spinosa	40.6	24.7	1.64	—	—	—	—	—	—
P. elaeagrifolia	46.8	24.5	1.91	—	—	—	—	—	—
P. salicifolia	42.2	23.7	1.78	1.13	0.99	1.14	45.6	24.5	1.86
北非种									
P. cossonii	48.8	26.0	1.87	1.05	0.80	1.31	31.3	24.6	1.27
中亚种									
P. regelii	44.4	27.9	1.59	—	—	—	—	—	—
P. pashia	52.0	24.0	2.16	1.06	0.75	1.41	40.7	27.3	1.49
东亚种									
P. pyrifolia	45.8	24.1	1.90	1.05	0.80	1.31	32.6	19.8	1.64
P. hondoensis	45.6	26.0	1.75	—	—	—	—	—	—
P. ussuriensis	44.0	23.6	1.86	—	—	—	—	—	—
P. betulifolia	43.4	19.8	2.19	1.30	0.90	1.43	39.1	25.5	1.53
P. calleryana	43.3	22.4	1.93	1.10	0.75	1.46	29.3	24.0	1.22
P. fauriei	46.0	26.1	1.76	0.88	0.58	1.51	27.7	16.2	1.70
P. dimorphophylla	46.0	27.3	1.68	1.06	0.57	1.83	37.7	27.5	1.37
总平均	46.0	24.4	1.86	1.10	0.77	1.44	33.0	22.7	1.46

注：根据 Westwood 和 Challice（1978）的结果整理，其中的部分学名根据最新的研究结果进行了替换。表中数据均为平均值。

三、同工酶

　　林伯年和沈德绪（1983）利用过氧化物酶同工酶在国内率先进行了梨属植物的分类尝试，发现种间谱带差异较大，特别是西洋梨的谱带和东方梨明显不同。认为杜梨和褐梨的谱带相对简单，为较原始的类型；木梨和麻梨相似；白梨、砂梨、秋子梨与新疆梨的谱带为一类，而且秋子梨和新疆梨接近，白梨和砂梨品种间谱带交错，因此推测白梨和砂梨为一个种。虽然他们所检测的材料相对较少，但所得出的结论有一定的参考价值，特别是提出了白梨和砂梨为一个种的观点。张浚澤等（1992）同样利用过氧化物酶同工酶对 180 多份采集自日本、中国和朝鲜半岛的梨品种或类型的分析表明，部分日本梨品种与中国和朝鲜半岛的梨品种亲缘关系较近。但是同工酶的表达存在时间和空间上的特异性及受环境因素影响等会使同工酶鉴定产生引起争议的结果。

四、DNA 标记

日本的 Iketani 等（1998）是最早利用 DNA 标记系统开展梨属分类和系统发育研究的研究小组。他们利用叶绿体基因组限制性片段长度多态性（RFLP）标记对 106 份梨属种和品种进行单倍型分析，发现西方梨种之间同属 1 个祖征单倍型（plesiomorphic haplotype）类型，而东方梨有 4 个单倍型，表明西方梨和东方梨是独立进化的，支持 Bailey（1917）将梨属植物根据地理分布划分为东方梨和西方梨的观点。后来的研究者利用不同的 DNA 标记所建立的系统发育树中东方梨和西方梨都是截然分开的（Monte-Corvo et al.，2000；Teng et al.，2002；Bassil and Postman，2010），支持东方梨、西方梨独立进化的观点。另外，东方梨各种之间区别较大，杜梨（*P. betulifolia*）、豆梨（*P. calleryana*）、秋子梨（*P. ussuriensis*）各有三个不同的单倍型，而白梨（*P. ×bretschneideri*）、川梨（*P. pashia*）、砂梨（*P. pyrifolia*）各有两个不同的单倍型。上述结果与传统上基于形态特征的分类结果或地理分布不一致。对于同一个种内存在多个单倍型的现象无法得到很好的解释，可能的原因有网状进化、祖先基因渗透和种分化之前已存在的多型的延续等。

Teng 等（2001，2002）及其研究小组在广泛采集亚洲梨代表性样品的基础上，应用随机扩增多态性 DNA（RAPD）、基因组简单重复序列（SSR）、表达序列标签-简单重复序列（EST-SSR）和扩增片段长度多态性（AFLP）等多种 DNA 标记（Bao et al.，2007，2008；Yao et al.，2010）对梨属植物的亲缘关系进行了研究，明确了原产于东亚的日本豆梨（*P. dimorphophylla*）、朝鲜豆梨（*P. fauriei*）和台湾豆梨（科恩氏梨）（*P. koehnei*）与豆梨（*P. calleryana*）的亲缘关系；从 DNA 分子水平证明褐梨（*P. ×phaeocarpa*）和河北梨（*P. ×hopeiensis*）含有杜梨（*P. betulifolia*）的血统；明确了‘库尔勒香梨’的杂种起源，并提议将其归为新疆梨；杏叶梨属于西方梨。本书著者所提出的一个新的观点就是东亚主栽的白梨、中国砂梨和日本梨可能起源于共同的祖先——中国长江流域及其以南野生的砂梨（*P. pyrifolia*），并建议将白梨看成砂梨的一个栽培群或砂梨的一个生态类型：*P. pyrifolia* White Pear Group（Bao et al.，2008），第一次将中国白梨、中国砂梨和日本梨统一在同一种下（详见第三章）。其他研究者（如 Cao et al.，2011；Liu et al.，2015）的研究结果也支持白梨和砂梨亲缘关系很近的观点。之后，本书著者研究小组基于梨基因组反转录转座子数据自行开发了新的 DNA 标记反转录转座子插入多态性（retrotransposon-based insertion polymorphism，RBIP）标记和序列特异性扩增多态性（sequence-specific amplification polymorphism，SSAP）标记（Jiang et al.，2015，2016；Yu et al.，2016），进行梨属植物的遗传多样性分析（详见后文图3-14），除了进一步确证以前的结果外，还发现了秋子梨品种为砂梨系品种和野生秋子梨的杂种，木梨和豆梨疑似杂种起源。

五、分子系统发育

梨属植物早期的分子系统学研究主要集中于少数梨属种的叶绿体序列信息分析。Kimura 等（2003）对叶绿体 DNA（cpDNA）6 个非编码区即 *atpB-rbcL*、*trnL-trnF* 和 *accD-psaI* 间隔区，*ndhA*、*rpl16* 和 *rpoC1* 的内含子序列进行测序，在总共 5.7 kb 长的序列中，在 5 个梨属种的 33 个品种中发现了 38 个突变点，包括 17 个碱基缺失（插入）和 21 个碱基替换。利用这些变异位点建立的系统发育树可以将东方梨和西方梨分开，而无法将'鸭梨'和日本梨区分开来，而且发现东方梨存在种内多态性。本书著者研究小组曾试图利用叶绿体基因组 *trnL-trnF* 间隔区、*trnL* 内含子和 *matK* 重建梨属植物系统关系，虽然可以区分西方梨和东方梨，但总体来说，这些区域的序列高度保守，只有有限的信息位点，并不能理想地解决梨属植物的系统发育问题（郑小艳，2008）。但可用于推测一些可疑杂种的母本，特别是西洋梨和东方梨之间的杂种，如'库尔勒香梨'的母本可能为东方梨。Katayama 等（2007）通过 *accD-psaI* 基因间区序列分析发现绝大多数日本梨品种和中国的'鸭梨'存在 219 bp 的缺失，而这个缺失在西方梨和其他的亚洲梨如褐梨、豆梨和秋子梨中没有检测到。*accD-psaI* 在梨属中具有较高的结构变异，有望用于梨属系统发育研究（胡春云等，2011；Katayama et al.，2011）。

核糖体 DNA（rDNA）非编码区如内转录间隔区（ITS1+ITS2+5.8S）序列被广泛应用于较低分类阶元如属内种间的系统发育学研究，在很多植物上得到了很好的系统发育重建结果。Zheng 等（2008）在一项包括几乎所有东方梨种和部分西方梨种的研究中发现，功能性内转录间隔区（ITS）序列分化度较低，为 0～6%（平均为 2.6%），在大多数梨属种中存在非单源的种内多态性和个体多态性，个体内功能性 ITS 序列多态性最高达 4.4%，且不同样品的多态性程度存在差异：在日本青梨、河北梨、褐梨、秋子梨品种和砂梨的部分样品中较高（>3%），在所有白梨品种、部分砂梨品种、杜梨、台湾豆梨、野生秋子梨及川梨中较低（<1%），在豆梨、朝鲜豆梨和日本豆梨中没有检测到 ITS 序列多态性，似乎支持 Challice 和 Westwood（1973）提出的豆梨为梨属植物原始类型的观点。利用这些功能性 ITS 序列导出的系统发育结果混乱，且支持率低[（图1-35）上半部分]。但系统发育树中西方梨与东方梨截然分开，支持东方梨、西方梨独立进化的观点。ITS

图 1-35　采用 K2P 参数距离法、基于 ITS（ITS1+ITS2+5.8S）序列构建的邻接树（Zheng et al.，2008）

1000 次自展检测；将三个苹果属植物种的功能 ITS 序列作为外类群。经 PCR 优化获得的序列在种名或品种名后加"M"作为标记；所有假基因以"ψ"为标记；不同的 ITS 假基因类型用不同字母（ψa～ψh）区分；枝上所示的数字为系统发育树进化枝的自展支持率（仅标出>50%）

序列在个体内和种内存在多态性的主要原因可能是种间和种内的频繁杂交，在后代个体中来源不同的 ITS 拷贝没有完成协同进化（concerted evolution）。除此之外，Zheng 等（2008）在一些梨属植物中也检测到了不同起源的 ITS 假基因。这些假基因中性进化且速率快，除 ψa 外，其他所有假基因序列间分化度最高可达 17.4%（平均为 8.4%），导出的系统发育结果关系明确，在系统发育树上独立组成单源群，支持率高[（图 1-35）下半部分]，ITS 假基因有很大潜力用来重建梨属植物系统发育关系，但非常遗憾的是，不是所有的样本中都可以扩增出需要的 ITS 假基因。

低拷贝核基因在解决一些植物低分类阶元系统发育问题中显示了良好的应用价值。因此，Zheng 等（2011）探究了两个低拷贝核基因（LCNG）乙醇脱氢酶基因（*Adh*）和 *LEAFY* 基因在梨属植物系统发育研究中的可用性，发现 *LEAFY* 的同源拷贝 *LFY2* 的第二内含子（*LFY2int2*）由于具有较高的序列分化程度，是研究梨属植物系统发育较理想的核基因区。

结合叶绿体 DNA 的两个非编码区域 *trnL-trnF* 和 *accD-psaI* 序列数据，Zheng 等（2014）采集了东、西方梨属植物 25 个种的 51 份样本，进行了迄今为止最全面的梨属系统发育研究。鉴定出的 7 个 *trnL-trnF* 单倍型属于东方梨特有，而 9 个只存在于西方梨中。32 个 *accD-psaI* 单倍型中，东方梨和西方梨各占 15 个和 17 个。除了采自乌克兰的 *P. caucasica* 中有东方梨的单倍型外（可能有东方梨基因的渐渗），东方梨和西方梨的单倍型是截然不同的。将两种单倍型结合起来建立的系统发育树（图 1-36）中，东方梨和西方梨是截然分开的，但梨属种间特别是西方梨种之间的系统发育关系得不到很好的阐明。

在基于 *LFY2int2* 序列构建的系统发育树中，大多数东方梨、西方梨在系统发育树上分别形成两大主枝 A 和 B。但梨属特别西方梨内部的系统发育关系没有得到很好的阐明，也没有发现西方梨的西亚种、欧洲种和北非种在遗传上为独立的单系群（图 1-37），反映了梨属植物由于种间频繁杂交和基因渐渗呈现出网状进化的特点。相比于东方梨群，西方梨群在 *LFY2int2-N* 系统发育树上分支更弱，且支长更短；另外，基于 cpDNA 单倍型的邻接网络（neighbor-net）图也呈"星状"（Zheng et al.，2014），这些结果暗示了西方梨种的分化可能经历了快速辐射的进化历史。

这项研究中虽然包含有 Challice 和 Westwood（1973）所建议的 18 个原生种，但只有 *P. mamorensis*、*P. gharbiana*、*P. cossonii*、*P. regelii* 和 *P. betulifolia* 等 5 个种为单源（图 1-37）。尽管现在认为 *P. mamorensis* 是 *P. bourgaeana* 的同物异名（图 1-37 显示 *P. mamorensis* 和 *P. gharbiana* 似乎是同物异名的关系），*P. gharbiana* 和 *P. cossonii* 是 *P. cordata* 的同物异名，但不影响此项研究所得出的结论，也就是东亚的杜梨 *P. betulifolia*、北非以及延伸到欧洲大西洋沿岸的 *P. cordata*

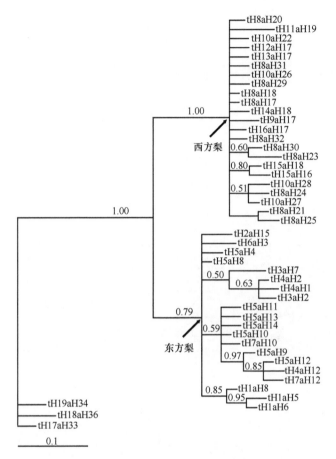

图 1-36　基于合并的 cpDNA 单倍型的贝叶斯共识树（Zheng et al.，2014）

分支上的数字表示对应的后验概率值

和伊比利亚半岛的 *P. gharbiana* 是梨属的孑遗种。另外，除 *P. spinosa*-1598（可能是 *P. cordata* 样品的误采）外，扁桃叶梨（*P. spinosa*）所有的其他样本在系统发育树上均位于枝 A7 中，显示了较为单一的遗传背景。*P. syriaca* 携带了最多样且独特的 cpDNA 单倍型，其中的三个 *LFY2int2-N* 序列以高支持率和较长的枝长聚合成枝 A9，属高度分化的种，这和该种具有丰富的形态变异是一致的（Zamani et al.，2012）。亚洲梨中一直被作为原始种的 *P. calleryana* 并不是单源的。这似乎印证了我们最近的一项研究所得到的结果：豆梨可能是杜梨和川梨的杂种（Jiang et al.，2016）。*P. nivalis* 和 *P. ussuriensis*（秋子梨品种）显示了异常高的种内多态性，暗示了它们的杂种起源。前人已有推测 *P. nivalis* 可能是 *P. communis* 和 *P. elaeagrifolia* 杂交起源的（Dostalek，1997）。前面已经阐述，秋子梨品种最近被证明是野生 *P. ussuriensis* 和砂梨品种杂交而来的（Jiang et al.，2016；Yu et al.，2016）。特别值得注意的是，来自云南的砂梨品种'火把梨'携带了川梨独有的

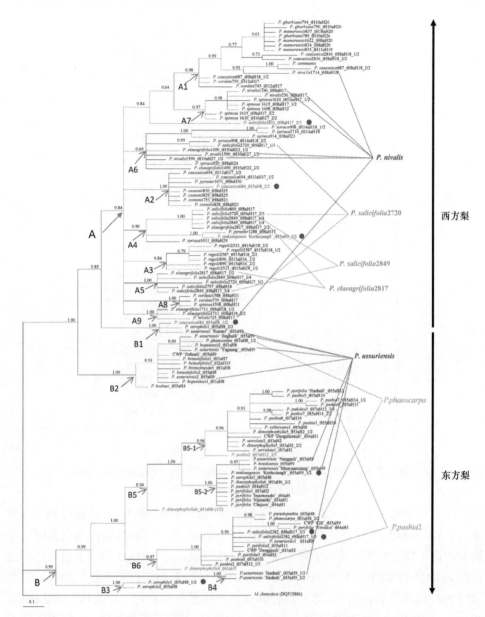

图 1-37　基于 *LFY2int2-N* 的贝叶斯系统发育树

东、西方梨间的种间杂种用红色实心圆圈标注。紧跟样本名的是其所属的 cpDNA 单倍型，之后的数值表示个体内
多态性拷贝。位于不同进化枝的具有多态性拷贝的种质被标为绿色，而显示高度多态性的物种被标为蓝色

单倍型 aH12（图 1-37 B5-1 进化枝最上部），且其 *LFY2int2-N* 序列也与川梨 5
号完全一样（图 1-37 B5-1 进化枝）。来自云南的砂梨 3 号（tH4aH2）与两个川
梨个体亲缘关系很近（图 1-37 B6 进化枝）。这些结果表明川梨可能参与了砂梨的
形成。利用基于反转录转座子开发的 SSAP 标记的研究也证明了砂梨品种中有川

梨基因的渐渗（详见后文图 3-14）。

由于传统的系统发育树不能很好地解决梨属植物的系统发育问题。Zheng 等（2014）基于叶绿体单倍型和 *LFY2int2* 序列建立了邻接网络分裂图（neighbor-net splits graph），该图有助于我们从不同的角度认识梨属植物的系统演化。以 *LFY2int2* 序列的邻接网络分裂图（图 1-38）为例，其展示的系统发育网络呈树状分支，与贝叶斯树的拓扑结构一致。

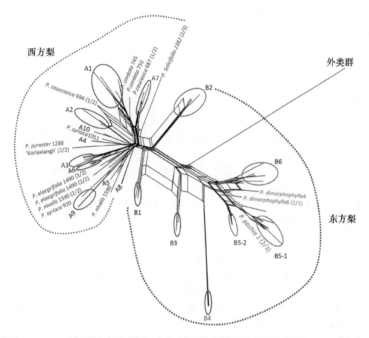

图 1-38 基于 *LFY2int2* 序列和邻接法构建的梨属植物邻接网络分裂图（Zheng et al.，2014）
图中的进化枝与图 1-37 系统发育树相对应。A1～A10 进化枝代表不同的西方梨，B1～B6 进化枝代表不同的东方梨

综上所述，西方梨和东方梨不管在地理上还是遗传上均属于两个独立的群，且于较早期就已独立分化。由于梨属种间广泛的杂交事件，两个群都经历了网状进化历史。对于西方梨特别是西亚种来说，由于经历了快速分化，种和种之间的形态区分较小，或一些形态特征是生态适应的结果，其表型并不稳定，给分类带来了困惑。借助于分子标记和分子系统学的方法，通过大范围的采样和严格的试验鉴定，现有的西方梨种的数量可能会大为减少。

参 考 文 献

杜澍. 1978. 西北梨有关问题的讨论. 山东果树, (3): 26-29.
甘肃省农业科学院果树研究所. 1995. 甘肃果树志. 北京: 中国农业出版社.

胡春云, 郑小艳, 滕元文. 2011. 梨属叶绿体非编码区 *trnL-trnF* 和 *accD-psaI* 特征及其在系统发育研究中的应用价值. 园艺学报, 38(12): 2261-2272.

林伯年, 沈德绪. 1983. 利用过氧化物酶同工酶分析梨属种质特性及亲缘关系. 浙江农业大学学报, 9: 235-242.

刘晶. 2013. 中国豆梨与川梨的遗传多样性和群体遗传结构研究. 杭州: 浙江大学博士学位论文.

阮素芬, 郑正勇. 2000. '鸟梨'实生后裔株高与枝干生育特性之关系. 中国园艺, 46: 351-358.

新疆农业科学院农科所, 陕西省果树研究所. 1978. 新疆的梨. 乌鲁木齐: 新疆人民出版社.

俞德浚. 1984. 蔷薇科植物的起源和进化. 植物分类学报, 22: 431-444.

俞德浚, 关克俭. 1963. 中国蔷薇科植物分类之研究（一）. 植物分类学报, 8: 202-236.

臧得奎, 黄鹏成. 1992. 山东蔷薇科新分类群. 植物研究, 12: 321-323.

郑小艳. 2008. 基于多种 DNA 序列和 cpSSR 的梨属（*Pyrus* L.）植物分子系统关系研究. 杭州: 浙江大学博士学位论文.

中国农业科学院果树研究所. 1963. 中国果树志·第三卷（梨）. 上海: 上海科学技术出版社.

中国植物志编辑委员会. 1974. 中国植物志·第三十六卷. 北京: 科学出版社.

宗宇, 孙萍, 牛庆丰, 等. 2013. 中国北方野生杜梨分布现状及其形态多样性评价. 果树学报, 30(6): 918-923.

邹乐敏, 张西民, 张志德, 等. 1986. 根据花粉形态探讨梨属植物的亲缘关系. 园艺学报, 13: 119-223.

張浚澤, 田辺賢二, 田村文男, 他. 1992. 葉のペルオキシダーゼアイソザイム分析によるナシ属種の類別. 園藝學會雜誌, 61: 273-286.

菊池秋雄. 1946. 支那梨の系統と品種の類別. 園研集録, 3: 1-11.

菊池秋雄. 1948. 果樹園芸学（上巻）-果樹種類各論. 東京: 養賢堂.

Aldasoro JJ, Aedo C, Garmendia FM. 1996. The genus *Pyrus* L. (Rosaceae) in south-west Europe and North Africa. Botanical Journal of the Linnean Society, 121: 143-158.

AWP. 2017. Angiosperm Phylogeny Website. Version 14, July 2017. http://www.mobot.org/MOBOT/research/APweb/[2023-07-08].

Bailey LH. 1917. *Pyrus*// Bailey LH. Standard Cyclopedia of Horticulture. Vol 5. New York: Macmillan: 2865-2878.

Bao L, Chen K, Zhang D, et al. 2007. Genetic diversity and similarity of pear cultivars native to East Asia revealed by SSR (simple sequence repeat) markers. Genetic Resources and Crop Evolution, 54: 959-971.

Bao L, Chen K, Zhang D, et al. 2008. An assessment of genetic variability and relationships within Asian pears based on AFLP (amplified fragment length polymorphism) markers. Scientia Horticulturae, 116: 374-380.

Barina Z, Kiraly G. 2014. Taxonomic re-evaluation of the enigmatic *Pyrus magyarica* (Rosaceae). Phytotaxa, 167: 133-136.

Bassil N, Postman JD. 2010. Identification of European and Asian pears using EST-SSRs from *Pyrus*. Genetic Resources and Crop Evolution, 57: 357-370.

Bell RL, Hough LF. 1986. Interspecific and intergeneric hybridization of *Pyrus*. HortScience, 21: 62-64.

Boissier E. 1872. Flora Orientalis: Sive, Enumeratio Plantarum in Oriente a Graecia et Aegypto ad Indiae Fines Hucusque Observatarum. Vol 2. Basileae H. Georg.: 653-656.

Browicz K. 1972. Distribution of woody Rosaceae in W. Asia X. *Pyrus syriaca* Boiss. and *Pyrus glabra* Boiss. Arboretum Kórnickie, 17: 19-33.

Browicz K. 1973. Distribution of woody Rosaceae in W. Asia XII. Miscellaneous notes. Arboretum Kórnickie, 18: 23-33.

Browicz K. 1993. Conspect and chorology of the genus *Pyrus* L. Arboretum Kórnickie, 38: 17-33.

Burman NL. 1768. Flora Indica. Amstelaedami: Apud Cornelium Haek: 226.

Cao Y, Tian L, Gao Y, et al. 2011. Evaluation of genetic identity and variation in cultivars of *Pyrus pyrifolia* (Burm.f.) Nakai from China using microsatellite markers. The Journal of Horticultural Science and Biotechnology, 86(4): 331-336.

Challice JS, Westwood MN. 1973. Numerical taxonomic studies of the genus *Pyrus* using both chemical and botanical characters. Botanical Journal of the Linnean Society, 67: 121-148.

Chen X, Li J, Cheng T, et al. 2020. Molecular systematics of Rosoideae (Rosaceae). Plant Systematics and Evolution, 306: 9.

Chin SW, Shaw J, Haberle R, et al. 2014. Diversification of almonds, peaches, plums and cherries-molecular systematics and biogeographic history of *Prunus* (Rosaceae). Molecular Phylogenetics and Evolution, 76: 34-48.

Decaisne J. 1871-1872. Le Jardin Fruitier du Museum ou iconographie de toutes les espèces et variétés d'arbres fruitiers cultivés dans cet etablissement avec leur description, leur histoire, leur synonymie. Vol. 1. Paris: Firmin Didot frères. Paris: Firmin Didot frères.

Dostalek J. 1997. *Pyrus elaeagrifolia* und ihre Hybriden. Feddes Repertorium, 108(5-6): 345-360.

Gharaghani A, Solhjoo S, Oraguzie N. 2016. A review of genetic resources of pome fruits in Iran. Genetic Resources and Crop Evolution, 63: 151-172.

Hassler M. 2004-2022. World Plants. Synonymic checklist and distribution of the world flora. Version 12.9; last update January 9th, 2022. www.worldplants.de. Last accessed 20/01/2022.

Hedrick UP. 1921. The Pears of New York // 29th Annual Report, New York Department of Agriculture. New York: JB Lyon Co.

Hummer KE, Janick J. 2009. Rosaceae: taxonomy, economic importance, genomics// Folta KM, Gardiner SE. Genetics and Genomics of Rosaceae. New York: Springer: 1-17.

Iketani H, Manabe T, Matsuta N, et al. 1998. Incongruence between RFLPs of chloroplast DNA and morphological classification in East Asian pear (*Pyrus* spp.). Genetic Resources and Crop Evolution, 45: 533-539.

Iketani H, Ohashi H. 1993. Taxonomy of native species of *Pyrus* in Taiwan. Journal of Japanese Botany, 68: 38-43.

Janick J. 2002. The pear in history, literature, popular culture, and art. Acta Horticulturae, 596: 41-52.

Jiang S, Zheng X, Yu P, et al. 2016. Primitive genepools of Asian pears and their complex hybrid origins inferred from fluorescent sequence-specific amplification polymorphism (SSAP) markers based on LTR retrotransposons. PLoS One, 11(2): e0149192.

Jiang S, Zong Y, Yue X, et al. 2015. Prediction of retrotransposons and assessment of genetic variability based on developed retrotransposon-based insertion polymorphism markers in *Pyrus* L. Molecular Genetics and Genome, 290: 225-237.

Katayama H, Adachi S, Yamamoto T, et al. 2007. A wide range of genetic diversity in pear (*Pyrus ussuriensis* var. *aromatica*) genetic resources from Iwate, Japan revealed by SSR and chloroplast DNA markers. Genetic Resources and Crop Evolution, 54: 1573-1585.

Katayama H, Tachibana M, Iketani H, et al. 2011. Phylogenetic utility of structural alterations found in the chloroplast genome of pear: hypervariable regions in a highly conserved genome. Tree Genetics & Genomes, 8: 313-326.

Kalkman C. 1988. The phylogeny of the Rosaceae. Botanical Journal of the Linnean Society, 98:

37-59.

Kalkman C. 2004. Rosaceae//Kubitzki K. The Families and Genera of Vascular Plants. Vol 6. Flowering Plants-Dicotyledons: Celastrales, Oxalidales, Rosales, Cornales, Ericales. Berlin: Springer: 343-386.

Khadivi A, Mirheidari F, Moradi Y, et al. 2020. Morphological and pomological characterizations of *Pyrus syriaca* Boiss. Scientia Horticulturae, 271: 109424.

Kimura T, Iketani H, Kotobuki K, et al. 2003. Genetic characterization of pear varieties revealed by chloroplast DNA sequences. Journal of Horticultural Science and Biotechnology, 78: 241-247.

Koehne E. 1890. Die Gattungen der Pomaceen. Berlin: R. Gaertner.

Korban SS, Skirvin RM. 1984. Nomenclature of the cultivated apple. Hortscience, 19: 177-180.

Korotkova N, Parolly G, Khachatryan A, et al. 2018. Towards resolving the evolutionary history of Caucasian pears (*Pyrus*, Rosaceae) -phylogenetic relationships, divergence times and leaf trait evolution. Journal of Systematics and Evolution, 56: 35-47.

Liu Q, Song Y, Liu L, et al. 2015. Genetic diversity and population structure of pear (*Pyrus* spp.) collections revealed by a set of core genome-wide SSR markers. Tree Genetics and Genomes, 11: 1-12.

Lo EYY, Donoghue MJ. 2012. Expanded phylogenetic and dating analyses of the apples and their relatives (Pyreae, Rosaceae). Molecular Phylogenetics and Evolution, 63(2): 230-243.

Maleev VP. 1939. *Pyrus*//Komarov VL, Yuzepchuk SV. Flora of the U.S.S.R. Vol. 9. Jerusalem: Springfield, Va.: Israel Program for Scientific Translations: 259-274.

Monte-Corvo L, Cabrita L, Oliveira C, et al. 2000. Assessment of genetic relationships among *Pyrus* species and cultivars using AFLP and RAPD markers. Genetic Resources and Crop Evolution, 47: 257-265.

Morgan DR, Soltis DE, Robertson KR. 1994. Systematic and evolutionary implications of *rbcL* sequence variation in Rosaceae. American Journal of Botany, 81: 890-903.

Mu XY, Wu J, Wu J. 2022. Taxonomic uncertainty and its conservation implications in management, a case from *Pyrus hopeiensis* (Rosaceae). Diversity, 14: 417.

Nakai T. 1926. Notulae ad plantas Japoniae & Koreae XXXIII. Bot Mag (Tokyo), 40: 563-586.

Potter D, Eriksson T, Evans RC, et al. 2007. Phylogeny and classification of Rosaceae. Plant Systematics and Evolution, 266: 5-43.

Rehder A. 1915. Synopsis of the Chinese species of *Pyrus*. Proceedings of the American Academy of Arts and Sciences, 50: 225-241.

Rehder A. 1940. Manual of Cultivated Trees and Shrubs. 2nd ed. New York: Macmillan.

Rubtsov GA. 1944. Geographical distribution of the genus *Pyrus* and trends and factors in its evolution. American Naturalist, 78: 358-366.

Sax K. 1931. The origin and relationships of the Pomoideae. Journal of the Arnold Arboretum, 12: 3-22.

Schulze-Menz GK. 1964. Rosaceae//Melchior H. Engler's Syllabus der Pflanzenfamilien II. Berlin: Gerbruder Borntraeger: 209-218.

Schneider CK. 1906. Illustriertes Handbuch der Laubholzkunde: Charakteristik der in Mitteleuropa heimischen und im freien angepflanzten angiospermen Gehölz-Arten und Formen mit Ausschluss der Bambuseen und Kakteen. Jena, Verlag von Gustav Fischer.

Stapf O. 1891. Carl Johann Maximowicz. Nature, 43: 449.

Takhtajan A. 1997. Diversity and Classification of Flowering Plants. New York: Columbia University Press.

Teng Y, Bai S, Li H, et al. 2021. Interspecific hybridization contributes greatly to the origin of Asian pear cultivars-a case study of pears from Gansu Province of China. Acta Horticulturae, 1307: 1-6.

Teng Y, Tanabe K, Tamura F, et al. 2001. Genetic relationships of pear cultivars in Xinjiang, China as measured by RAPD markers. Journal of Horticultural Science & Biotechnology, 76: 771-779.

Teng Y, Tanabe K, Tamura F, et al. 2002. Genetic relationships of *Pyrus* species and cultivars native to East Asia revealed by randomly amplified polymorphic DNA markers. Journal of the American Society for Horticultural Science, 127: 262-270.

Terpó A. 1985. Studies on taxonomy and grouping of *Pyrus* species. Feddes Repertorium, 96: 73-87.

Turner IM. 2014. Names of extant angiosperm species that are illegitimate homonyms of fossils. Annales Botanici Fennici, 51: 305-317.

Tuz AS. 1972. On the question of the classification of the genus *Pyrus* L. (K voprosu klassifikacii roda *Pyrus* L.) (in Russian). Proceedings on Applied Botany, Genetics and Breeding (Trudy po prikladnoj botanike, genetike i selekcii), 46: 70-91.

Uğurlu Aydin Z, Dönmez AA. 2015. Taxonomic and nomenclatural contributions to *Pyrus* L. (Rosaceae) from Turkey. Turkish Journal of Botany, 39: 841-849.

Vavilov NI. 1931. The Origin of Cultivated Plants. (Japanese edition translated by E. Nakamura, 1980). Tokyo: Yasaka Shobou.

Westwood MN. 1968. Comparison of *Pyrus fauriei* C.K. Schneid. with *P. calleryana* Decaisn (Rosaceae). Baileya, 16: 39-41.

Westwood MN, Bjornstda HO. 1971. Some fruit characteristics of interspecific hybrids and extent of self-fertility in *Pyrus*. Bulletin of the Torrey Botanical Club, 98: 22-24.

Westwood MN, Challice JS. 1978. Morphology and surface topography of pollen and anthers of *Pyrus* species. Journal of the American Society for Horticultural Science, 103: 28-37.

Xiang Y, Huang CH, Hu Y, et al. 2017, Well-resolved Rosaceae nuclear phylogeny facilitates geological time and genome duplication analyses and ancestral fruit character reconstruction. Molecular Biology and Evolution, 34(2): 262-281.

Yao L, Zheng X, Cai D, et al. 2010. Exploitation of *Malus* EST-SSRs and the utility in evaluation of genetic diversity in *Malus* and *Pyrus*. Genetic Resources and Crop Evolution, 57: 841-851.

Yu P, Jiang S, Wang X, et al. 2016. Retrotransposon-based sequence-specific amplification polymorphism markers reveal that cultivated *Pyrus ussuriensis* originated from an interspecific hybridization. European Journal of Horticultural Science, 81(5): 264-272.

Yue X, Zheng X, Zong Y, et al. 2018. Combined analyses of chloroplast DNA haplotypes and microsatellite markers reveal new insights into the origin and dissemination route of cultivated pears native to East Asia. Frontiers in Plant Science, 9: 591.

Zamani A, Attar F, Maroofi H. 2012. A synopsis of the genus *Pyrus* (Rosaceae) in Iran. Nordic Journal of Botany, 30: 310-332.

Zhang SD, Jin JJ, Chen SY, et al. 2017. Diversification of Rosaceae since the Late Cretaceous based on plastid phylogenomics. New Phytologist, 214: 1355-1367.

Zheng X, Cai D, Potter D, et al. 2014. Phylogeny and evolutionary histories of *Pyrus* L. revealed by phylogenetic trees and networks based on data from multiple DNA sequences. Molecular Phylogenetics and Evolution, 80: 54-65.

Zheng X, Cai D, Yao L, et al. 2008. Non-concerted ITS evolution, early origin and phylogenetic utility of ITS pseudogenes in *Pyrus*. Molecular Phylogenetics and Evolution, 48: 892-903.

Zheng X, Hu C, Spooner D, et al. 2011. Molecular evolution of *Adh* and *LEAFY* and the phylogenetic utility of their introns in *Pyrus* (Rosaceae). BMC Evolutionary Biology, 11: 255.

第二章　梨属植物的起源

第一节　蔷薇科和苹果亚族的起源

一、蔷薇科的起源

传统上，梨属（*Pyrus* L.）为蔷薇科（Rosaceae）苹果亚科（Maloideae）植物。除苹果亚科外，蔷薇科的另外三个被广泛接受的亚科为蔷薇亚科（Rosoideae）、桃亚科（Amygdaloideae）和绣线菊亚科（Spiraeoideae）。为了叙述方便，避免与新亚科名称的混淆，在提及基于形态特征划分的蔷薇科亚科时，下文将在这些亚科前加"原"字。基于分子系统学的蔷薇科分类系统中，原苹果亚科、原桃亚科和原绣线菊亚科均被划归到新的桃亚科（Amygdaloideae）中，桃亚科被进一步分为二十多个族（有关蔷薇科的科内分类的变化请参看第一章第一节）。原苹果亚科，再加上原绣线菊亚科的几个属构成了新的苹果族（Maleae），而原苹果亚科相当于新的苹果亚族（Malinae）。因此，要解开梨属的起源之谜，首先需要对蔷薇科和苹果亚族（原苹果亚科）的起源和分化进行了解。

花是植物最重要的形态特征。但其质地柔软，难以形成化石保存下来，因此被发现的植物花化石数量较少。最早的类蔷薇科植物花的化石证据表明，蔷薇科植物可能起源于 9000 万年前的晚白垩世土伦阶（Turonian）时期（Crepet et al.，2004）。其起源地可能是古地球的西冈瓦纳（West Gondwana）古陆，即现在的南美和非洲（Kalkman，1988）。确切的蔷薇科植物的花化石及花粉发现于现加拿大不列颠哥伦比亚省艾伦比（Allenby）地区始新世（Eocene）中期（距今 5300 万～3650 万年）的沉积物中（Basinger，1976；Cevallos-Ferriz et al.，1993），说明蔷薇科植物在始新世已经大量存在。随着基因组测序技术和生物信息学的发展，人们对蔷薇科植物的起源和演化有了更深入的了解。Zhang 等（2017）利用叶绿体序列进行的系统基因组学研究，结合化石估计蔷薇科起源于白垩纪晚期（Late Cretaceous），距今 9636 万～9446 万年。Xiang 等（2017）的一项独立研究表明蔷薇科起源于 10 160 万年前。在白垩纪晚期，蔷薇科主要的谱系在温暖和潮湿的生活环境中迅速多样化，从渐新世（Oligocene）早期开始，属的迅速多样化发生在寒冷和干燥的环境中。

俞德浚（1984）根据蔷薇科原各亚科花果特性，提出了蔷薇科各亚科之间的系统发育关系，认为原绣线菊亚科是蔷薇科中最原始的类型，原苹果亚科出现的时间最晚，而原蔷薇亚科和原李亚科（或原桃亚科）出现的时间介于二者之间（图 2-1）。蔷薇科植物的基因组（Wu et al.，2013；Zhang et al.，2012）和系统发育（Xiang et al.，2017）的研究结果支持绣线菊类为蔷薇科最原始类型的假说。

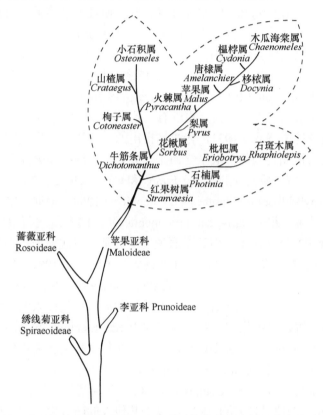

图 2-1　基于花果特性的蔷薇科原四个亚科系统发育示意图（仿俞德浚，1984）
图中标出了与梨属相关的原苹果亚科各属的系统发育关系

二、苹果亚族（原苹果亚科）起源的三大假说

包括梨属在内的苹果亚族（Malinae）大约有 30 个属和 1000 个左右的物种（Evans and Campbell，2002）。苹果亚族植物具有一些共同的特点：染色体基数为 $x=17$，果实为梨果，是一些特定种类锈病的寄主（Phipps et al.，1991）。这些具有共同特点的苹果亚族植物是如何起源的呢？研究者很早就注意到了苹果亚族的染色体基数为 17，明显与蔷薇科其他亚科植物的染色体基数（$x=7$、8 或 9）不同，因此各种苹果亚族的起源假说都是围绕染色体数目的变化提出的。

第一种假说涉及染色体基数为 $x=7$ 的祖先，因为蔷薇科中 $x=7$ 的植物仅限于蔷薇亚科，Evans 和 Campbell（2002）将其称为蔷薇型祖先假说（rosoid hypothesis）。该假说认为苹果亚族源自蔷薇亚科祖先染色体加倍形成的同源多倍体（autopolyploid）。Nebel（1929）认为苹果亚族是 $x=7$ 的祖先的五倍体加倍，然后丢失一条染色体，接着染色体数目减半[(5x–1)/2]而形成的（也可参考 Phipps et al.，1991；Evans and Campbell，2002）。Darlington 和 Moffett（1930）通过观察苹果亚族几个属植物细胞减数分裂时染色体的行为后也认为，苹果亚族植物有 7 类染色体，在二价体次级联会时相应地形成 7 个组（由 3 组 3 个二价体如 AAA、BBB、CCC 和 4 组 2 个二价体如 DD、EE、FF、GG 组成），共 17 条，构成了苹果亚族的染色体基数。但 Zielinski 和 Thompson（1967）在研究梨属植物 20 多个种减数分裂时染色体的行为时，没有观察到多价体联会，也没有二价体形成特定取向的组。

　　第二种假说是由 Sax（1931，1933）提出的，其认为苹果亚族可能是由 $x=8$ 和 $x=9$ 的蔷薇科祖先之间的古老杂交而来，要么来自原绣线菊亚科祖先，要么来自原绣线菊亚科祖先+原桃亚科祖先。Evans 和 Campbell（2002）将其称为广泛杂交假说（wide-hybridization hypothesis）。Stebbins（1950）根据果实形态推断，原苹果亚科可能是桃型祖先（amygdaloid progenitor）（$x=8$）和绣线菊型祖先（spiraeoid progenitor）（$x=9$）杂交而来。但这个假说的前提是古绣线菊型植物和古桃型植物足够相似，而不是现在的样子，这样才有可能杂交（Challice，1981）。Phipps 等（1991）认为苹果亚族（原苹果亚科）独具特征的果实（autapomorphic fruit）——梨果是由绣线菊型或原始桃型（proto-amygdaloid）特征的果实衍生而来的，他们对苹果亚族的杂交起源说进行了细化和发展，将其称为 Sax-Stebbins 异源四倍体起源假说（allotetraploid hypothesis）。长期以来，这种杂交起源学说曾被当作远缘杂交起源的"教科书"式的案例（Evans and Campbell，2002）。

　　第三种假说被 Evans 和 Campbell（2002）称为绣线菊型祖先假说。Sterling（1966）从他本人的研究以及自 1879 年以来其他人的研究中强调了原绣线菊亚科和苹果亚族的密切关系，暗示了苹果亚族起源于原绣线菊亚科祖先。Gladkova（1972）也认为没有必要假设苹果亚族的起源与一个原桃亚科的祖先有关，因为原绣线菊亚科中本身就存在两种染色体基数 $x=8$ 和 $x=9$（Challice，1974，1981）。但她的这个观点其实仍然属于杂交起源说，只是杂交亲本由原桃亚科祖先与原绣线菊亚科祖先变成了原绣线菊亚科内部的两种不同染色体基数的祖先。Goldblatt（1976）报道了当时被置于原绣线菊亚科的桐梅属（Kageneckia）和楂梅属（Lindleya）的染色体基数 $x=17$，檀梅属（Vauquelinia）的染色体基数 $x=15$。他假设苹果族的 17 条染色体是由一个染色体基数为 $x=9$ 的原绣线菊亚科的祖先多倍体化（polyploidization），然后失去一条染色体成为非整倍体（aneuploid）而产生的（2x–1），进一步完善了苹果族起源于原绣线菊亚科的假说。Goldblatt（1976）同时建议将楂梅属（Lindleya）和檀梅属（Vauquelinia）并入原苹果亚科，而将桐梅属（*Kageneckia*）和肥皂树属（*Quillaja*）组成与原苹果亚科相邻的新亚科。绣线菊型祖先假说也得到了化石证据和分子系统学的支持，以及越来越多的研究者的认可。在加拿大不列颠哥伦比亚省艾伦比（Allenby）地区发现的始新世中期古植物花化石，被确定为蔷薇科原始植物的花，该植物被命名为 *Paleorosa similkameenensis*（注：*Paleorosa* 意为古蔷薇），推测其果实为菁葖果（Basinger，1976）。花的主要特征为：体积小（直径约 2 mm），花瓣和萼片各 5 个，交替着生，花冠基部融合形成花杯；13～19 个雄蕊，雌蕊由 5 个游离心皮组成，每个心皮中有两个侧生直立胚珠；心皮和花杯基部稍微有融合。这些特征和原苹果亚科的火棘属（*Pyracantha*），以及原绣线菊亚科的檀梅属（*Vauquelinia*）、星草梅属的阔叶美吐根（*Gillenia trifoliata*）和 *Spiraeanthus* 很相似（Basinger，1976）。Cevallos-Ferriz 等（1993）在对上述化石进一步调查的基础上，确认了 *Paleorosa similkameenensis* 的果实为由厚壁细胞组成的菁葖果，因此属于原绣线菊亚科植物。但其花的一些结构和花粉的形态特征又与苹果亚族特别是火棘属植物很相似，表现出原绣线菊亚科和苹果亚族之间的过渡特征，支持原绣线菊亚科可能是苹果亚族祖先的假设。尽管 Stebbins 是苹果亚族起源于桃型祖先和绣线菊型祖先杂交学说的提倡者，但他也注意到了原绣线菊亚科的檀梅属（*Vauquelinia*）与苹果亚族最为相似的事实。该属是一种在美国西南部和墨西哥附近被发现的小属，除了雌蕊和果实外，它的所有特征都与苹果亚族的石楠属（*Photinia*）和柳石楠属（*Heteromeles*）非常相似（Stebbins，1958）。Sterling（1966）的研究表明，传统上被划归在原绣线菊亚科下的楂梅属（*Lindleya*）的心皮融合方式与苹果亚族的心皮非常相似，而另外一个原绣线菊亚科的檀梅属（*Vauquelinia*）的心皮明显是梨果形的（注：在最新的蔷薇科分类系统中，这两属均被调整到了苹果族）。Challice（1974）基于蔷薇科植物黄酮类物质的化学分类分析结果认为原绣线菊亚科原始类型是所有蔷薇科植物的祖先，不排除苹果亚族的起源仅涉及原绣线菊亚科祖先的可能性；化学分类学证据支持如下的假设：原绣线菊亚科的肥皂树属（*Quillaja*）是苹果亚族离生心室祖先的子遗种，而牛筋条属（*Dichotomanthes*）是原始苹果亚族的子遗种。但他的最终结论是苹果亚族可能起源于原绣线菊亚科祖先和原桃亚科祖先的杂交（Challice，1974）。肥皂树属由 2 个南美洲的温带物种组成，曾经被 Focke 置于蔷薇科的原绣线菊亚科下，与桐梅属（*Kageneckia*）、楂梅属（*Lindleya*）、檀梅属（*Vauquelinia*）、白鹃梅属（*Exochorda*）和 *Euphronia*（注：*Euphronia* 现被调整到合丝花科 Euphroniaceae）组成了肥皂树亚族（Quillajeae）（Bate-Smith，1965）。但肥皂树属现被排除出蔷薇科而成立独属的肥皂树科 Quillajaceae（Kubitzki，2007）。需要特别指出的是，肥皂树属的染色体基数是 $x=14$（Kubitzki，2007），但 Gladkova（1972）和 Challice（1974）发表的文献中，该属植物染色体基数都是 $x=17$，是不是当时同被置于肥皂树亚族的桐梅属和楂梅属植物的误用或样本误采，就不得而知了，当然也不排除当时对肥皂树属染色体基数的错误观察。

三、基于分子系统发育的苹果亚族起源研究

（一）苹果亚族起源于绣线菊型祖先的分子证据

Morgan 等（1994）利用叶绿体 *rbcL* 序列变异的研究结果支持苹果亚族可能是原绣线菊亚科祖先种演化而来的。Evans 和 Campbell（2002）利用低拷贝核基因 *GBSSI*（granule-bound starch synthase I）序列探索了苹果亚族的起源。他们发现 *GBSSI* 在蔷薇科分化前经历了一次复制，因此在 x=7、8 或 9 的二倍体的分类单元中检测到了 2 个拷贝：*GBSSI-1* 和 *GBSSI-2*。在 x=15 或 17 的分类单元中，则检测到了 4 个拷贝：*GBSSI-1A*、*GBSSI-1B*、*GBSSI-2A* 和 *GBSSI-2B*。系统发育树中原绣线菊亚科的星草梅属（*Gillenia*）（x=9）、檀梅属（*Vauquelinia*）（x=15）、桐梅属（*Kageneckia*）（x=17）、楂梅属（*Lindleya*）（x=17）等与原苹果亚科植物的分枝为姐妹分枝，暗示了星草梅属在苹果亚族起源中的祖先地位（图 2-2）。结合以往的病理学、形态和化石证据，Evans 和 Campbell（2002）确认和细化了苹果

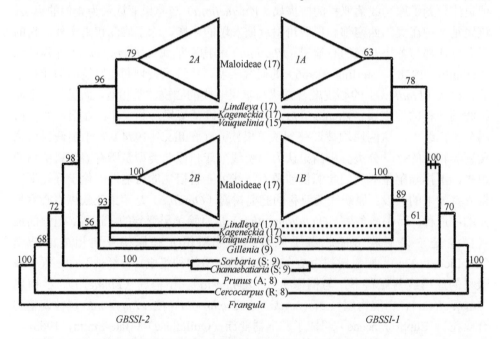

图 2-2　从 1000 次重复检验得到的自展共识树的简化图（Evans and Campbell，2002）

低于 50% 的数值没有显示。三角形为传统上承认的苹果亚科（Maloideae）的属（不包括 *Kageneckia*、*Lindleya* 和 *Vauquelinia*）的 GBSSI-1A、GBSSI-1B、GBSSI-2A、GBSSI-2B。括号内的字母指的是传统的亚科名称（S: Spiraeoideae；A: Amygdaloideae；R: Rosoideae）。括号内的数字对应染色体基数。虚线代表尚未获得的拷贝，但假定存在

亚族的非整倍体起源假说，认为苹果亚族的起源涉及星草梅属（$x=9$）谱系（草本，具有复叶）初始染色体加倍（或多倍化）事件，紧随其后的是一对同源染色体的非整倍体丢失。Potter 等（2007）建立的蔷薇科分子系统发育树中，星草梅属是苹果族 Maleae（原文为梨族 Pyreae）的姐妹谱系（参见图 1-1），它们一起构成了梨超族（Pyrodae）。另外，星草梅属（原文 *Porteranthus*）和檀梅属（*Vauquelinia*）也是其他苹果亚族植物锈病胶锈菌属（*Gymnosporangium*）的宿主（Savile，1979）；大多数苹果亚族、檀梅属和星草梅属的胚珠形态相同，但与其他蔷薇科植物不同（Evans and Campbell，2002）。上述的这些证据支持了苹果亚族的祖先为星草梅属或其近缘种。基于星草梅属原产于北美东南部，檀梅属和楂梅属原产于美国和墨西哥，具有原绣线菊亚科和苹果亚族之间的过渡特征的蔷薇科古植物 *Paleorosa* 化石也只发现于加拿大不列颠哥伦比亚省南部（Cevallos-Ferriz et al.，1993），以及原产于北美的属在苹果亚族系统发育树分支基部等事实，Evans 和 Campbell（2002）认为苹果亚族起源于北美大陆，而非传统上认为的亚洲。

（二）苹果亚族的起源时间

苹果亚族的确切起源年代很难确定，但迄今为止最早的苹果亚族植物叶片的化石发现于美国华盛顿州的始新世（Eocene）地层中，距今至少 4870 万年。在该地层中有苹果属植物叶片、类似山楂属或者山楂属祖先植物的叶片、唐棣属植物叶片等的化石，同地层还发现了桃族（Amygdaleae）的李属（*Prunus*）植物叶片化石（Wehr and Hopkins，1994）。Lo 和 Donoghue（2012）采集了苹果族（原文梨族 Pyreae）27 个属的 331 个种的 486 个个体，利用 11 个叶绿体 DNA 片段和核糖体 ITS 序列对苹果族的系统发育进行了详细研究，结果表明，当蔷薇科的根龄（root age）设为距今 10 400 万年时，檀梅属（*Vauquelinia*）和苹果亚族（原文梨亚族 Pyrinae）进化枝之间的分歧发生在白垩纪（Cretaceous）晚期[（8100±1000）万年前]至接近白垩纪末进入古新世（Paleocene）[（7000±1200）万年前]。而当蔷薇科的根龄设置为距今 7300 万年时，星草梅属（*Gillenia*）和苹果族的分歧时间为距今 6800 万～6000 万年，桐梅属（*Kageneckia*）-楂梅属（*Lindleya*）进化枝与其他苹果族的分歧时间为距今 6600 万（古新世）～5300 万年（始新世）；檀梅属（*Vauquelinia*）与苹果亚族（原文梨亚族 Pyrinae）进化枝的分歧发生在距今 5800 万～5300 万年。Zhang 等（2017）利用叶绿体基因组进行的蔷薇科系统基因组学研究表明，苹果族起源于 5010 万年前早始新世（Early Eocene），支持了 Lo 和 Donoghue（2012）的苹果族起源年代的结论，这也和已发现的最早苹果族化石的年代相符（Wehr and Hopkins，1994）。苹果族的主要谱系建立于始新世-渐新世（Eocene-Oligocene）时期，苹果族的现代多样性起源于中新世（Miocene，距今 2330 万～530 万年）（Lo and Donoghue，2012）。

四、基于基因组学的苹果亚族起源研究

Zhang 等（2012）利用梅（*Prunus mume*）、苹果（*Malus ×domestica*）和草莓（*Fragaria ×ananassa*）基因组数据，重建了蔷薇科的祖先基因组并证明了梅、苹果和草莓均起源于具有 9 条染色体的祖先，通过染色体的断裂和融合形成了新的染色体组（图 2-3）。染色体基数为 9 的蔷薇科植物主要在原绣线菊亚科中，说明染色体基数为 $x=9$ 的绣线菊祖先可能是整个蔷薇科的祖先。Xiang 等（2017）对

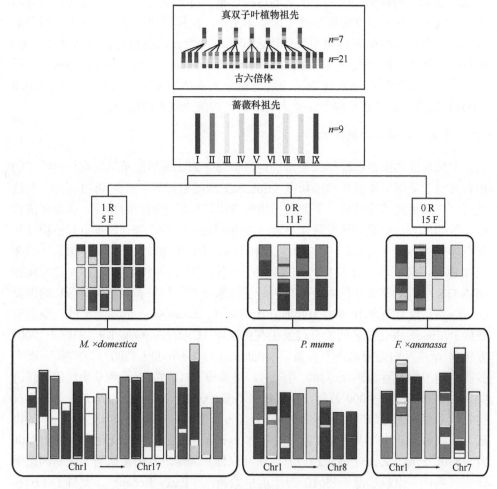

图 2-3　蔷薇科基因组的进化模型（Zhang et al.，2012）

蔷薇科的祖先染色体有 9 种颜色。从共同祖先开始的各种进化过程分别表示为 R（全基因组复制）和 F（染色体融合）。在第二层中，不同颜色的染色体代表来自共同的祖先染色体。现在的蔷薇科基因组结构显示在本图的底部。在某些区域，无法确定来自哪条祖先染色体的区域用空白表示

整个蔷薇科代表性属种的基因组分析得到了大量的全基因组复制（whole genome duplication，WGD）事件的有力证据，支持了苹果族起源于蔷薇科祖先的全基因组复制的假设，并揭示了苹果族的肉质果实成员存在另一个全基因组复制。果实类型的祖先性状重建支持了核果和梨果从蓇葖果进化而来（Xiang et al.，2017），而蓇葖果是原绣线菊型植物的主要果实类型，进一步支持了苹果亚族起源于绣线菊型祖先的假说。

第二节　梨属植物起源的证据

一、植物地理学和化石证据

英国园艺学家和植物猎人 Wilson 等在 20 世纪初对中国四川、云南和重庆等西部地区进行了多次调查，发现在这些地区集中分布着非常丰富的原苹果亚科及原李亚科（或原桃亚科）的属和种。据此推测梨属（*Pyrus* L.）最有可能的起源地（发祥地）在中国西部或西南部山区，位于北温带和热带地区的交界处（Rubtsov，1944）。在欧亚大陆一些地方的第三纪地层中发现了梨属植物的叶片化石，据此推断梨属植物起源于第三纪或者更早时期。根据 Rubtsov（1944）的引述，Unger 在奥地利东南部的帕尔施卢格（Parschlug）新近纪中新世（距今 2330 万～530 万年）的沉积物中发现并描述了梨属化石植物 *Pyrus theobroma* Unger；Palibin 在高加索地区的格鲁吉亚东部发现了相似的梨属植物化石和一些常绿树种的化石，说明当时那里为亚热带或者至少是温带气候。除了 *P. theobroma*，Unger 在 19 世纪 50 年代还从帕尔施卢格植物化石中鉴定和描述了其他梨属种，如 *P. euphemes*、*P. euphemes*、*P. minor*、*P. pygmaeorum*、*P. troglodytarum* 等（https://www.oeaw.ac.at/oetyp/palhome.htm）。但这些化石最近被重新鉴定为亲缘关系待定的双子叶植物属（*Dicotylophyllum*）（Kovar-Eder et al.，2004）。在古植物学中 *Dicotylophyllum* 被用于表示亲缘关系不明确的双子叶植物叶片化石。在保加利亚始新世（距今 5780 万～3660 万年）中晚期的地层中也发现了化石植物 *P. theobrom*（Bozukov，2016）。如果上述化石最终被确定不是梨属植物化石，那么无疑会对梨属植物起源的古植物学证据提出挑战。在中新世晚期和上新世（距今 530 万～260 万年）早期的地层中发现了与现存物种西洋梨（*P. communis*）和扁桃叶梨（*P. amygdaliformis*）（现为 *P. spinosa*）的叶片很相似的化石（Bozukov，2016）。在格鲁吉亚东部的新近纪上新世地层中也发现了野生西洋梨的叶片化石（Rubtsov，1944）。以上事实说明梨属植物 3000 多万年前就在欧洲中东部出现了。这些化石的年代晚于上一节提及的苹果亚族祖先植物化石的年代，符合梨属植物较晚出现的推测。到了新近纪晚期的上新世，梨属植物可能已经完成了西方梨种的分化。东亚地区梨属植物化石的出土较晚，1980 年，日本的 Ozaki 描述了在日本鸟取县新近纪中新世晚期（距今 1160 万～530 万年）地层中发现的梨叶片化石，命名为 *Pyrus hokiensis*（图 2-4）。该种叶长 2.5～7 cm，叶宽 2.1～4.2 cm，从叶边缘和形状来看，和日本现在栽培的日本梨（中国称为砂梨）（*P. pyrifolia*）以及野生的日本豆梨（*P. dimorphophylla*）差异较大，但形似秋子梨（*P. ussuriensis*）的叶片。中新世晚期和上新世的陆地植物界已出现和现代相同的种类。因为日本本土分布有原生的秋子梨变种 *P. ussuriensis* var. *hondoensis* 和 *P. ussuriensis* var. *aromatica*（也有人主张将两个变种升级为独立种），所以本书著者推测这个梨属化石种可能是秋子梨的近缘种。迄今为止，在美洲大陆、澳大利亚、新西兰和非洲没有发现梨的化石遗物。虽然有报道在北美始新世地层中发现有山楂/梨杂种叶片的化石（Wehr and Hopkins，1994），但从照片来看，和山楂叶片接近。梨化石的分布与梨属植物的原生分布只限于欧亚大陆及北非一些区域的情况相吻合（Rubtsov，1944）。然而，与梨属近缘的苹果属、花楸属、唐棣属、山楂属的原生地理分布横跨整个北半球的欧亚大陆及北美地区（李育农，2001；Kalkman，2004）。Rubtsov（1944）根据化石遗迹发现地点的局限性和现存梨属及其近缘属植物地理分布的特点，认为梨属起源时间晚于苹果属和山楂属。结合苹果亚族可能起源于北美的事实，梨属起源晚于苹果属和山楂属是符合逻辑的推断。分子系统学的研究表明苹果属内和山楂属内最早的分歧时间分别为距今 3600 万～3000 万年和 3300 万～3200 万年，早于梨属内的最早分歧时间（距今 3300 万～2700 万年）（Lo and Donoghue，2012），支持梨属起源晚于苹果属和山楂属的推测。

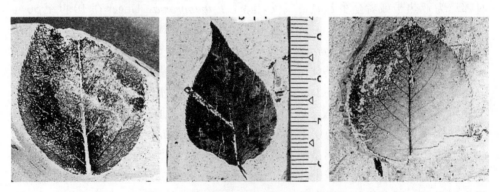

图 2-4　新近纪中新世晚期的梨叶片化石

化石于 1962 年在日本鸟取县佐治村辰巳峠（Tatsumitoge）发现

二、分子证据

基于分子系统学研究估算出的梨属植物和花楸属植物的分歧时间为距今 4200 万～3800 万年，而梨属内部的最早分歧时间（冠群时间）为距今 3300 万～

2700 万年（Lo and Donoghue，2012）。另外一项独立研究也表明梨属植物的最近共同祖先（most recent common ancestor，MRCA）出现的时间为距今 2749（3335～2523）万年（Korotkova et al.，2018）。因此梨属的起源时间至少距今 3000 万年，和发现的梨属植物的化石年代时间相近。梨属植物的两个主要地理群东方梨和西方梨的冠群中位年龄分别为 1570 万年和 1238 万年（Korotkova et al.，2018）。

Zhang 等（2012）和 Wu 等（2013）认为苹果和梨的起源是蔷薇科祖先 9 条染色体加倍后少数染色体重组和丢失进化形成的（图 2-3，图 2-5）。共线性分析表明，梨和苹果具有相似的染色体结构和组织，梨的所有 17 条染色体都与苹果的相应染色体显示出良好的同源性（图 2-5）。

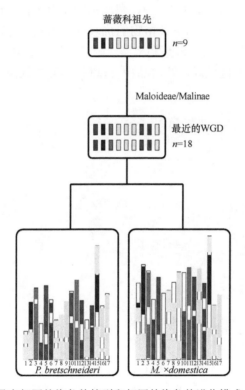

图 2-5 梨和苹果具有相同的染色体核型和相同的染色体进化模式（Wu et al.，2013）

第三节 梨属植物的地理分布

梨属孑遗种的存在是梨属植物传播和演化的活证据，这些种之间虽然有地理隔离但具有某些共同特征（Rubtsov，1944）。例如，分布于北非阿尔及利亚和摩洛哥的阿尔及利亚梨（*P. cossonii*，同物异名 *P. longipes*）及分布于法国和英国大西洋沿岸的 *P. cordata* 的果实萼片脱落，与东亚的川梨（*P. pashia*）、豆梨（*P.*

calleryana)、杜梨（*P. betulifolia*）和砂梨（*P. pyrifolia*）非常相似（表 1-2）。另外，像中亚的变叶梨（*P. regelii*）和西亚的 *P. glabra* 等旱生种具有裂刻的叶片和较少的果实心室数量，东亚的豆梨、川梨和杜梨的叶片在幼年阶段也有裂刻，而且心室数量较少（表 1-2）。

梨的初生中心（发祥地）在中国。从梨的发祥地北上向东移动，经过中国大陆延伸到朝鲜半岛和日本形成了东亚种群。梨属祖先种向西移动过程中，一部分到达中亚和周边，另一部分经过高加索、小亚细亚，到达欧洲，分化形成了西方梨种群（Vavilov，1951）。向西传播的过程中梨属植物经过了旱化（xerophytization），主要表现为叶片变小（表 1-2）或退化、绒毛增多，从而增强了抗旱性（图 2-6）。在北上（borealization）移动的过程中，梨属植物获得了抗寒性。自然分布越靠北的梨属植物越抗寒，研究表明梨属植物的抗寒性由高到低为秋子梨、胡颓子梨、叙利亚梨、高加索梨、杜梨、砂梨和褐梨（陈长兰等，1991）。据报道，秋子梨的野生类型可以抗−52℃的低温，栽培品种可以耐−30℃的低温（中国农业科学院果树研究所，1963）。

图 2-6　西方梨叶片呈现出明显的旱生特征

左：柳叶梨（*P. salicifolia*）叶片细长，叶背多绒毛；中：叙利亚梨（*P. syriaca*）叶片细长（约旦 Mohammad Al-Gharaibeh 博士赠图）；右：变叶梨（*P. regelii*）叶片退化变形（http://www.fotomontaro.com/flora/rosa/pyrus_regelii.shtml）

在梨的传播过程中，形成了三个次生中心（Vavilov，1951）。一个是中国中心，分布有东方梨的代表种，如砂梨、秋子梨、豆梨、杜梨等。第二个是中亚中心，包括克什米尔地区、阿富汗、塔吉克斯坦、乌兹别克斯坦和天山西部地区，分布有西洋梨、变叶梨（*P. regelii* 或 *P. heterophylla*）、*P. biosseriana* 和 *P. korshinskyi*。第三个是近东中心，包括小亚细亚、高加索地区、伊朗及土库曼斯坦的丘陵地带。第二个和第三个次生中心分布的梨属植物相当于 Bailey（1917）所定义的西方梨

（occidental pear），而第一个中心里所包含的梨属种为东方梨（oriental pear）或亚洲梨（Asian pear）。根据 Rubtsov（1944）的研究，西方梨包括 20 多个种，主要分布于欧洲、北非、小亚细亚、伊朗、中亚和阿富汗。Rubtsov（1944）之后的分类研究增加了梨属植物的种类，特别是西亚和高加索地区的植物种类，使得西方梨的数量增加到了 50 个以上（详见第一章）。东方梨有 12～15 个种，其分布范围从天山和兴都库什（Hindu Kush）山脉向东延伸到日本。东方梨的大部分种原产于东亚，主要分布于中国、朝鲜半岛和日本。地球上梨属植物自然分布于 60 多个国家和海岛，横跨欧亚大陆和北非（地中海沿岸）的温带和亚热带地区。

　　西方梨种和东方梨种在地理分布上有明显的界线，所以一般认为西方梨和东方梨两大组是独立进化的。基于各种分子标记的梨属植物亲缘关系分析和 DNA 序列的系统发育分析研究所建立的系统发育树中，东方梨和西方梨也是截然分开的，支持东方梨、西方梨独立进化或演化的观点（详见第一章）。

参 考 文 献

陈长兰, 贾敬贤, 龚欣. 1991. 梨属植物抗寒性鉴定初报. 北方园艺, (1): 1-3.

李育农. 2001. 苹果属植物种质资源研究. 北京: 中国农业出版社.

俞德浚. 1984. 蔷薇科植物的起源和进化. 植物分类学报, 22: 431-444.

中国农业科学院果树研究所. 1963. 中国果树志·第三卷（梨）. 上海: 上海科学技术出版社.

Bailey LH. 1917. *Pyrus*// Bailey LH. Standard Cyclopedia of Horticulture. Vol 5. New York: Macmillan: 2865-2878.

Basinger JF. 1976. *Paleorosa similkameenensis* gen. et sp. nov., permineralized flowers (Rosaceae) from the Eocene of British Columbia. Canadian Journal of Botany, 54: 2293-2305.

Bate-Smith EC. 1965. Investigation of the chemistry and taxonomy of sub-tribe Quillajeae of the Rosaceae using comparisons of fresh and herbarium material. Phytochemistry, 4: 535-539.

Bozukov V. 2016. Macroremains of edible plants from the Cenozoic of Bulgaria. Phytologia Balcanica, 22: 135-139.

Cevallos-Ferriz SRS, Erwin DM, Stockey RA. 1993. Further observations on *Paleorosa similkameenensis* (Rosaceae) from the Middle Eocene Princeton chert of British Columbia. Canada Review of Palaeobotany and Palynology, 78: 277-291.

Challice J. 1974. Rosaceae chemotaxonomy and the origins of the Pomoideae. Botanical Journal of the Linnean Society, 69: 239-259.

Challice J. 1981. Chemotaxonomic studies in the family Rosaceae and the evolutionary origins of the subfamily Maloideae. Preslia, 53: 289-304.

Crepet WL, Friis EM, Gandolfo MA. 2004. Fossil evidence and phylogeny: the age of major angiosperm clades based on mesofossil and macrofossil evidence from Cretaceous deposits. American Journal of Botany, 91: 1666-1682.

Darlington CD, Moffett AA. 1930. Primary and secondary chromosome balance in *Pyrus*. Journal of Genetics, 22: 129-151.

Evans RC, Campbell CS. 2002. The origin of the apple subfamily (Rosaceae: Maloideae) is clarified by DNA sequence data from duplicated *GBSSI* genes. American Journal Botany, 89: 1478-1484.

Gladkova VN. 1972. On the origin of subfamily Maloideae. Botanicheskij Zhurnal, 57: 42-49.

Goldblatt P. 1976. Cytotaxonomic studies in the tribe Quillajeae (Rosaceae). Annals Missouri Botanical Garden, 63: 200-206.

Kalkman C. 1988. The phylogeny of the Rosaceae. Botanical Journal of the Linnean Society, 98: 37-59.

Kalkman C. 2004. Rosaceae//Kubitzki K. The Families and Genera of Vascular Plants. Vol 6. Flowering Plants-Dicotyledons: Celastrales, Oxalidales, Rosales, Cornales, Ericales. Berlin: Springer: 343-386.

Korotkova N, Parolly G, Khachatryan A, et al. 2018. Towards resolving the evolutionary history of Caucasian pears (*Pyrus*, Rosaceae)-phylogenetic relationships, divergence times and leaf trait evolution. Journal of Systematics and Evolution, 56(1): 35-47.

Kovar-Eder J, Kvacek Z, Ströbitzer-Hermann M. 2004. The Miocene flora of Parschlug (Styria, Austria)-revision and synthesis. Annalen des Naturhistorischen Museums in Wien, 105 A: 45-160.

Kubitzki K. 2007. Quillajaceae//Kubitzki K. Flowering Plants Eudicots. The Families and Genera of Vascular Plants. Vol 9. Berlin: Springer: 407-408.

Lo EYY, Donoghue MJ. 2012. Expanded phylogenetic and dating analyses of the apples and their relatives (Pyreae, Rosaceae). Molecular Phylogenetics and Evolution, 63(2): 230-243.

Morgan DR, Soltis DE, Robertson KR. 1994. Systematic and evolutionary implications of *rbcL* sequence variation in Rosaceae. American Journal of Botany, 81: 890-903.

Nebel B. 1929. "Über einige Obstkreuzungen aus dem Jahre 1929" und "Zur Cytologie von Malus II". Der Zuchter, 1: 209-217.

Ozaki K. 1980. On Urticales, Ranales and Rosales of the late Miocene Tatsumitoge flora. Bulletin of the National Science Museum Series C (Geology & Paleontology), 6(2): 33-58.

Phipps JB, Robertson KR, Rohrer JR, et al. 1991. Origins and evolution of subfamily Maloideae (Rosaceae). Systimatic Botany, 16: 303-332.

Potter D, Eriksson T, Evans RC, et al. 2007. Phylogeny and classification of Rosaceae. Plant Systematics and Evolution, 266: 5-43.

Rubtsov GA. 1944. Geographical distribution of the genus *Pyrus* and trends and factors in its evolution. American Naturalist, 78: 358-366.

Savile DBO. 1979. Fungi as aids in higher plant classification. Botanical Review, 45: 380-495.

Sax K. 1931. The origin and relationships of the Pomoideae. Journal of the Arnold Abboretum, 12: 3-22.

Sax K. 1933. The origin of the Pomoideae. Proceedings of the American Society for Horticultural Science, 30: 147-150.

Stebbins GL. 1950. Variation and Evolution in Flowering Plants. New York: Columbia University Press.

Stebbins GL. 1958. On the hybrid origin of the angiosperms. Evolution, 12: 267-270.

Sterling C. 1966. Comparative morphology of the carpel in the Rosaceae. IX. Spiraeoideae: Quillajeae, Sorbarieae. American Journal of Botany, 53: 951-960.

Vanneste K, Baele G, Maere S, et al. 2014. Analysis of 41 plant genomes supports a wave of successful genome duplications in association with the Cretaceous-Paleogene boundary. Genome Research, 24: 1334-1347.

Vavilov NI. 1951. The origin, variation, immunity and breeding of cultivated plants (translated by K. Start). Chronica Botanica, 13: 1-366.

Wehr WC, Hopkins DQ. 1994. The Eocene orchards and gardens of republic, Washington.

Washington Geology, 22: 27-34.

Wu J, Shi ZB, Wang ZW, et al. 2013. The genome of pear (*Pyrus bretschneideri* Rehd.). Genome Research, 23: 396-408.

Xiang Y, Huang CH, Hu Y, et al. 2017. Well-resolved Rosaceae nuclear phylogeny facilitates geological time and genome duplication analyses and ancestral fruit character reconstruction. Molecular Biology and Evolution, 34(2): 262-281.

Zhang Q, Chen WB, Sun LD, et al. 2012. The genome of *Prunus mume*. Nature Communications, 3: 1318.

Zhang SD, Jin JJ, Chen SY, et al. 2017. Diversification of Rosaceae since the Late Cretaceous based on plastid phylogenomics. New Phytologist, 214: 1355-1367.

Zielinski QB, Thompson MM. 1967. Speciation in *Pyrus*: chromosome number and meiotic behavior. Botanical Gazette, 128(2): 109-112.

第三章　栽培梨的起源与品种演化

第一节　栽培梨的起源

一、梨是史前人类的食物来源

欧亚大陆一些地方梨果实遗迹的出土印证了人类很早就开始将梨作为日常食物。在瑞士和意大利发现了冰后期（post-glacial age）梨果实遗物（Rubtsov，1944）。在西班牙圣玛丽亚（Santa Maira）地区冰河时代末期（公元前 12 000～前 9000 年）的洞穴中发现了很多蔷薇科的果实或者种子遗迹，包括花楸属（*Sorbus*）、黑刺李（*Prunus spinosa*）、蔷薇属（*Rosa*）以及大量的难以分辨具体属的苹果亚族植物果实（Aura et al.，2005），里面可能包括了梨。考古证据表明，格鲁吉亚西部的 Deviskhvreli 和 Sakajia 地区在旧石器时代晚期（Upper Palaeolithic Age），人们食用梨和其他水果（Bobokashvilia et al.，2014）。另外，在格鲁吉亚首都第比利斯以南不远的 Shulaveri（注：Shulaveri 村庄也是 8000 年以前人类酿造葡萄酒的地方）（McGovern et al.，2017）和 Arukhlo 村庄附近发现的人类生活遗址周围有许多梨的亚化石（subfossil）（注：指更新世以后，保存似化石的生物遗体）遗迹（如梨核）（Asanidze et al.，2014）。以上事实说明了欧洲人利用梨的历史在 1 万年以上。从欧洲西边的伊比利亚半岛到东边的巴尔干半岛一直延伸到西亚的幼发拉底河流域，都发现了史前时代梨（包括苹果亚族）果实和种子的碳化遗骸（Antolín and Jacomet，2015；Deforce et al.，2013；Marinova and Ntinou，2018；Willcox，1996）。在意大利北部的新石器时代早期到中晚期（公元前 5600～前 2100 年）发现了梨果实/种子遗物（Rottoli and Castiglioni，2009）。位于希腊北部的迪基利-塔什（Dikili Tash）新石器时代晚期（公元前 5000 年的后半段）遗迹中发现了大量堆积的梨果实（图 3-1），被鉴定为扁桃叶梨（*P. amygdaliformis*，现为 *P. spinosa*）（Valamoti，2015）。扁桃叶梨至今在欧洲仍然为野生状态，并没有人工栽培，因此推测史前时代人们也只是采集其果实来享用而已。从波兰南部的布罗诺切斯（Bronocice）新石器遗迹（公元前 3800～前 2700 年）中发现，当时人们可能采食梨果，也可能已经在"管理"梨了（Milisauskas et al.，2012）。在土耳其安纳托利亚中部的青铜器时代（公元前 3000～前 1200 年）的人类遗迹中发现了苹果亚族的果实遗物和苹果/梨/花楸的种子（Fairbairn et al.，2019）。因为梨和苹果等仁果类的种子不像李属（*Prunus*）核果类有坚硬外壳保护，容易腐烂损坏，所以总体来说，在古人类遗迹中发现的果实遗物中核果类远远多于仁果类。不仅如此，即使留存下来仁果类种子遗迹也难以准确判断具体的属。但上述地区分布有梨属和苹果属野生植物的事实，可以为考古发现提供佐证。在东亚地区，类似的梨碳化遗迹也有发现，但年代较欧洲晚。在中国黄土高原地区的仰韶文化中晚期（距今 6000～5000 年）和龙山文化（距今 5000～4000 年）遗迹（Shen and Li，2021）、甘肃庄浪县和临洮县的齐家文化（距今 4300～3800 年）遗迹中鉴定出了碳化的苹果亚族植物的果实遗物或梨遗物（An et al.，2014），而且距离现在越近，发现的果实遗物越多。说明我们的祖先很早就采集野生梨果为食了。中国黄土高原地区现存的野生梨属植物主要有杜梨和木梨等，特别是在甘肃兰州、天水、定西等地现仍分布有果实较大的野生梨属植物木梨（*P. xerophila*），秋天果实成熟后，当地民众会采集食用。另外，在差不多同期的距今 4000 多年的甘肃河西走廊考古遗迹中也发现了碳化的梨木遗物（Shen et al.，2019）。现在的河西走廊没有野生梨属植物的分布。如果上述的考古发现确实是梨木的话，一种可能是这种梨木以某种木制品从梨产地带到这里；另一种可能是 4000 多年前，河西走廊已经栽培引自其他地方的梨树，抑或是河西走廊曾经有野生梨分布，但由于各种原因灭绝了。在日本弥生时代（公元前 300～公元 250 年）后期的部落和水田遗迹中发现有碳化的梨种子，说明在当时梨可能已经开始作为人们的食物了（梶浦一郎，2013）。

图 3-1　在希腊迪基利-塔什新石器时代晚期遗迹中发现的梨果实（Valamoti，2015）

二、栽培梨起源的证据

要确切追溯栽培果树包括梨的起源时间是一件很困难的事情，只能通过考古学、文字记载等的综合信息来推断。梨和其他水果的驯化一样，可能有一定的偶然性，但肯定是人类从采集梨果开始发展的必然结果。研究表明在中国黄土高原地区，人类的植物性食物来源经历了水果采集、小米种植，再到水果驯化种植这样一个过程，而水果驯化种植可能开始于夏商时期（Shen and Li，2021），距今 3000多年。在中国，水果植物最初驯化的驱动力可能是古代将水果用于宗教等特殊的仪式以及水果作为食物的珍贵性（Shen and Li，2021）。

（一）梨相关的文字记载

梨的栽培种或类型毫无疑问最早都是从野生梨驯化而来的。现在栽培的梨与野生梨在果实大小、甜度、口感等方面差异很大，古人就已经能够区分它们，并用不同的文字来表示。根据日本学者菊池秋雄（1948）的考证，中国古典著作《尔雅》（东晋郭璞注）中将野生梨称为"樆"，而将栽培类型称为"梨"。与之相似的是，古希腊人也将野生梨和栽培梨截然分开，分别称为"achras"和"apios"（Hedrick，1921；Janick，2002）。

在东亚，有关梨的最早记载出现在中国的古典著作《诗经》（公元前 11 世纪至前 6 世纪）中。《诗经·秦风》中的语句"隰有树檖"被解读为"在湿润的地方种植梨树"（孙云蔚等，1983）。但日本学者菊池秋雄（1948）根据我国古典著作《尔雅》（东晋郭璞注）对檖（檖罗，杨檖）的解释，认为檖是现代栽培梨品种的野生祖先，其果实较栽培梨小、味酸，但又和杜或棠等野生"豆梨"类（这里特指果实犹如豌豆大小的"pea pear"类，而非分类学上的梨属种——豆梨 *P. calleryana*）有明显区别。所以《诗经·秦风》中的树檖可能并不是栽培的梨，而只是栽培梨的野生祖先。但至少说明那个时候梨已经出现在人们的日常生活中，梨的食用已经普遍，人们食用后丢弃的种子长出的植株可能结出不同的果实，人们对梨的驯化栽培就开始了。公元前 300～前 150 年成书的《庄子》中就有梨的记载"故譬三皇五帝之礼义法度，其犹柤梨橘柚邪！其味相反而皆可于口"。成书于宋代太平兴国八年（公元 983 年）的《太平御览·果部·卷六》中对宋代以前古籍中梨的记载进行了整理，从中可以知道，秦汉时期的很多文献有梨的记载。如先秦时期的《山海经》："洞庭挪暑，其木多梨"；西汉时期《淮南子》："佳人不同体，美人不同面，而皆悦于目；梨橘枣栗不同味，而皆调于口"。成书于东汉时期的《汉书》中记载了梨的规模种植："淮北荥南河济之间千树梨，其人皆与千户侯等也"，说明在 2000 年前的秦汉时期，在我国现在的河南、山东、江苏北部一带梨树的栽培已经很普遍了。这种规模种植说明当时已经具备好的品种和相关成熟的技术，而这需要很长的时间才能达到。结合更早的有关梨的文献记录，我们可以合理地将中国梨的栽培历史追溯到 2500 年以上。而同为东亚梨栽培区域的朝鲜半岛和日本的梨栽培历史就要晚一些了。根据中国古典的记载，朝鲜半岛梨的栽培历史在 2000 年以上（Lee and Hwang，2002）。而日本的梨栽培可能要晚很多，《日本书记》（*Nihonshoki*）第 30 卷中记载了公元 693 年日本天皇号令天下百姓种植梨的事迹（菊池秋雄，1948）。

在欧洲，梨的文字记载最早出现在《荷马史诗·奥德赛》（*Homer's Epic poem-The Odyssey*）（公元前 8 世纪）中，梨作为"诸神的礼物（gifts of the gods）"之一，栽培于传说中的菲阿契亚（Phaeacians）王国的阿尔辛诺斯（Alcinöus）国王的花园里，说明此时梨已经在希腊栽培（Hedrick，1921）。在荷马之后的 600 年，没有梨的确切记载。之后，被誉为"植物学之父"的古希腊哲学家和植物学家泰奥弗拉斯托斯（Theophrastus）（约公元前 371～约前 287 年）在其著作《植物探究》（*Enquiry into Plants*）中，不仅区分了野生梨和栽培梨，而且提及了不同类型的栽培梨。他描述了包括嫁接在内的梨的不同繁殖技术，异花授粉技术，促进成花的技术和方法，如根系修剪、环割和在树干上钉铁钉等，常见的梨树病虫害及其防治。他还比较了不同土壤和立地条件下的梨生长情况，并推荐缓坡地为建立梨园的最佳场地（Hedrick，1921）。毫不夸张地说，他对梨栽培技术的这些描述可以单独成册为梨栽培的技术指南。因此 Theophrastus 毫无疑问可以被尊为"梨学之父"。但他的有关梨方面的知识不可能是一蹴而就的。他是亚里士多德的学生，亚里士多德将他的著作遗赠给了他。因此他对有关梨的描述，不排除部分来自他老师的著作。而亚里士多德的著作中也应该有从前人传承的部分。因此古希腊梨驯化栽培的时间应该远远早于记载梨栽培的成书时间，梨栽培历史至少有 3000 年（Janick，2002）。公元前 2 世纪，罗马的 Marcus Porcius Cato（公元前 234～前 149）用拉丁文写了第一本关于农业的书《农业志》（*De Agri Cultura*），书中描述了 20 世纪果农所知的几乎每一种繁殖、嫁接、管理和贮藏梨等水果的方法，而且他声称这些农业实践在古老的时代就已经确立（Hedrick，1921）。说明了古罗马梨的栽培历史同样悠久。

西亚和中东地区是西方梨的遗传多样性中心和西洋梨的重要起源地，梨的栽培历史应该和欧洲相近，但缺乏相关的文字记载。以色列人用古希伯来文写成的《旧约全书》（成书时间公元前 1200～前 100 年）里用大量的文字记载了无花果（*Ficus carica*）、椰枣（*Phoenix dactylifera*）、油橄榄（*Olea europaea*）和葡萄（*Vitis vinifera*）等，反映了那个时代近东地区大量栽培这些果树作为人类食物组成的事实。考古学的证据也支持了上述果树在史前时代就已经普遍栽培，至少是在公元前 4000～前 3000 年驯化的，是人类最早驯化的果树（Zohary and Spiegel-Roy，1975；Weiss，2015）。近几年的一些考古发现将一些果树的驯化时间大大提前了。考古学家在伊朗北部扎格罗斯山脉和格鲁吉亚的 Shulaveri 分别发现了新石器时代（公元前 6000～前 5000 年）村民酿造和储存葡萄酒的陶器（McGovern et al.，1996，2017）。在距今 11 400～11 200 年，约旦河谷的先民们就已经驯化了无花果，这可能是人类最早驯化的植物（Kislev et al.，2006）。《圣经》中没有梨的相关记载，说明梨在西亚和中东一带的驯化栽培晚于无花果等果树。阿拉伯医学家、哲学家、自然科学家和文学家 Avicenna（公元 980～1037）在《医典》一书中将当时波斯的梨分为两组：中国梨和 Shah Amroud 梨（本地梨），说明早在 1000 多年前，梨在伊朗已经栽培很广，而且中国梨已经沿丝绸之路传到了伊朗（Abdollahi，2021）。

（二）嫁接技术与栽培梨的起源

虽然古代中国和古希腊有梨的文字记载，但很难确定栽培梨的确切起源时间和起源地。梨的驯化和栽培需要一些机缘巧合的因素。人类最初应该是大量采集野生梨，食用后随意丢弃种子，任其繁殖。根据现代遗传学知识，靠种子繁殖的梨树后代会发生性状分离，优良性状难以固定而传播下去。这种现象至少在 2300多年前就被古希腊人注意到了。Theophrastus 在其著作《植物探究》中明确指出种子繁殖的梨会丢失原来的性状而产生退化的类型（Hedrick，1921）。在中国，约 1500 年前，贾思勰在他的著作《齐民要术》中明确记载了梨种子繁殖后的分化现象："每梨有十许子，唯二子生梨，余皆生杜"，意思是说每个梨有 10 个种子，只有 20%可以长成梨，其余的仍然变成杜梨或棠梨。但这里的"杜"不能单纯从字面意思去理解，因为栽培梨种子的后代不可能变成野生的杜梨或棠梨类，只是其后代果实品质劣变似杜梨或棠梨的果实而已。与人类最早驯化的无花果等果树具有容易扦插、压条或分株繁殖的特性不同，在梨上即使现在也很难使用这些简单的营养繁殖手段进行繁殖，所以理论上人类只有在掌握了嫁接技术后才有可能将梨的优良特性通过嫁接的方法固定下来，从而有意识地进行一定规模的栽培，并将优良的品种或类型传递下去。但嫁接具体是在什么时间、什么地方被发明或发现的并没有明确的记载。自然界中植物不同部分互相融合的现象广泛存在，嫁接技术可能是早期的农民试图模仿自然融合现象，将两种植物或同一植物的不同部位结合在一起而逐渐发展形成的（Mudge et al.，2009）。最早可证实的关于嫁接的文字描述来自希波克拉底（Hippocrates）的专著《论孩子的本性》，该书被认为是由希波克拉底的一名或多名追随者在公元前 424 年写成的，因此作者被称为"伪希波克拉底"，书中直接讨论了嫁接后接穗是如何生长发育的，充分说明嫁接的发明应该早于公元前 4 世纪（Janick，2005；Mudge et al.，2009）。根据文字记载，嫁接繁殖技术在古希腊的 Theophrastus 和罗马的 Marcus Porcius Cato 生活的时代已经很普遍（Hedrick，1921）。和扦插不同，嫁接需要锋利的金属刀具。而这个时代也是人类普遍使用铁器作为生产工具的时代。正是对嫁接技术、梨园的合理选址及一些关键栽培技术的掌握，梨的栽培在 2000 多年前的古希腊和古罗马就已经非常盛行。尽管有西方学者断言中国早在公元前 2000 年就掌握了嫁接技术，但缺乏可靠证据（Mudge et al.，2009）。虽然这一断言所提及的时间和中国进入青铜器时代的时间吻合，但是早期的青铜应该主要用于制造祭祀用品、兵器、生活用品等，只有在中后期以后才有可能大量制造用于农业等的工具。在距今 3510～3310 年的甘肃河西走廊的临潭县墓葬中出土了两块铁条，这是中国本土发现的最古老的铁器，但该铁器有可能是从西亚传入的，而非中国人自己冶炼而成的（陈建立等，2012）。公元前 5 世纪以后，中国中原地区大量生产铁器，也是中国人大

量使用铁器作为生产工具的开始。这一时期恰好和辛树帜考证提出的中国古代嫁
接技术可能起源于秦汉时期相一致。当时的人们已经掌握了将梨嫁接到"杜"或
"棠"的技术（孙云蔚等，1983）。因此，中国和欧洲很可能几乎在同一时期掌握
了嫁接技术。《齐民要术》中更是对梨的砧木的选择和种植、嫁接方法和时期、接
穗的采集部位、嫁接后的捆扎和除萌等做了详细的描述（孙云蔚等，1983），这些
描述大部分符合现代科学原理，但书中也包括了诸如将梨与枣、桑和石榴嫁接等
道听途说的错误信息。

（三）古人类遗迹中的梨

出土的史前梨果遗物是人类早期利用梨的证据。但 20 世纪 70 年代在湖南省
长沙市马王堆一、二号汉墓（公元前 186～前 168 年）中出土的梨果实（湖南省
博物馆和中国科学院考古研究所，1974；陈文华，1994），应该是人类栽培的产物。
这些梨果表面皱缩，呈灰褐色，为圆形或倒卵圆形，直径 3～4 cm；种子黑褐色，
扁平倒卵形，长 8～9 mm，宽 5～6 mm（图 3-2）（陈文华，1990，1994），据考
证这些梨果实为砂梨（*P. pyrifolia*）（柳子明，1979）。在湖北随州的一处汉墓出土
的 61 粒梨种子的长度为 8.49 mm，宽度为 5.37 mm，平均厚度为 2.94 mm（秦博
等，2017），与马王堆出土的梨种子大小相似，应该为同一物种。现代白梨和砂梨
品种的种子长度为 8.60～10.00 mm，宽度为 4.71～5.20 mm（张绍铃等，2013）。
可见，这些古墓中出土的种子大小和现代栽培梨的种子大小相似。因此这些出土
的果实大概率来自栽培梨。在欧洲，罗马庞贝城遗址（公元前 600 年至公元 79
年左右）中发现有大量的碳化西洋梨果实（图 3-3）（Meyer，1980），公元前 1 世
纪至公元 3 世纪的意大利北部罗马火葬场的植物祭品中就有梨果实的遗物（Rottoli
and Castiglioni，2011）。这些事实说明罗马帝国时代梨果已经是人们的日常食品以
及人们对梨果实的珍爱。古罗马潘诺尼亚（Pannonia）南部（现克罗地亚 Ilok 和
Šćitarjevo 地区）公元 1 世纪和公元 2 世纪早期的古墓中发现了大量的梨种子，

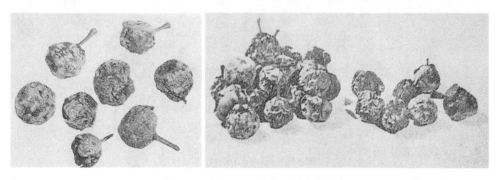

图 3-2　马王堆汉墓中出土的梨果（陈文华，1994）

图 3-3　庞贝城遗址中发现的碳化的西洋梨（*P. communis*）果实（Meyer，1980）
现存放于那不勒斯国家考古博物馆（Stanley A. Jashemski 摄影）

说明当地可能已经栽培梨树或者通过贸易从其他地方获得（Šoštarić et al.，2006）。距今 1460 年以上的新疆吐鲁番的阿斯塔那古墓群（73TAM524:9 号墓，公元 557年；72TAM186:10 号墓，公元 702～704 年）中出土的梨干保存完好，犹如新鲜梨干，果肉中的石细胞团清晰可见（图 3-4）。考虑到新疆并没有原生的野生梨属植物（Vavilov，1931），这些梨干应该是来自人工种植的梨果。

图 3-4　新疆阿斯塔那古墓群（公元 557 年）中出土的梨干
右图引自陈文华（1994）

（四）古代绘画中的梨

梨作为绘画对象，最早出现在庞贝城的壁画中（图 3-5），说明了罗马时代梨作为果品的受欢迎程度，进一步说明了罗马时代梨已经大量栽培作为当地的重要水果。宋末元初的画家钱选（公元 1239～1299）的梨花可能是中国最早的梨相关画作（图 3-6）。西亚的伊朗于 14～17 世纪的细密画中也有大量表现梨果实的场景（Abdollahi，2021）。这些画作反映了梨果是人们喜欢的水果，说明了栽培梨果实的品质已经达到了相当优良的程度。

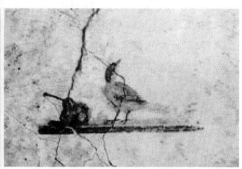

图 3-5　庞贝城壁画上的梨（Janick，2002）

图 3-6　钱选的梨花画作（局部）

第二节　梨 品 种 史

从人类利用梨果实到梨的驯化栽培及品种的出现应该经历了相当长的时间。梨栽培品种的产生和发展依赖于环境条件、变异、自然选择方向的改变、人工选择的开始和与野生形式的隔离。自然杂交和不同的初始栽培中心导致了梨栽培类型的巨大多态性，在古代就产生了代表所有现代主要栽培类型的品种（Rubtsov，

1940)。虽然无从考证人类历史上出现的第一个梨品种，但如果按照品种的定义标准，梨品种在人类掌握了将梨的性状固定下来的技术后才会出现。最初，人们可能是将采集到的野梨果实食用后无意识地丢弃种子，种子繁殖出的苗木分化出各种类型的梨，品质优良的类型更有机会受到人们的青睐和选择。在没有发明嫁接技术之前，这些优良类型的种子可能被人们开始有意识地播种，分化出更多的类型。直到发明嫁接技术后，通过嫁接繁殖将优良特性固定下来，逐步积累形成丰富多彩的地方品种。但即使在掌握了嫁接技术后，在我国利用种子繁殖梨树的习惯也一直延续到近代，这是我国品种多样性形成的重要原因（蒲富慎，1979）。

梨属植物按其地理起源和植物学性状等可以分为两大类：东方梨和西方梨（见第二章），对应的梨品种也分为两大类：西洋梨（欧洲梨）和亚洲梨（见本章第三节）。西洋梨品种主要起源于中亚、西亚和欧洲，而亚洲梨主要在东亚地区演化。因此本节将按照这两大类品种的起源地分别进行阐述，同时对中国和国外品种的交流史进行简单的回顾。

一、欧洲梨品种史

早在 2000 多年前的古希腊，人们就已经注意到了梨的多样性。Theophrastus 在其著作《植物探究》中记述"梨和苹果种类繁多，是最好的水果"（Hedrick，1921）。公元前 2 世纪，罗马的 Marcus Porcius Cato 对 6 个梨品种进行了命名和描述（Hedrick，1921）。公元 1 世纪，罗马博物学家和自然哲学家 Pliny the Elder（拉丁语名 Gaius Plinius Secundus）（公元 23～79）在其著作《自然史》（*Historia Naturalis*）中另外描述了 35 个梨品种，加上 Marcus Porcius Cato 描述过的 6 个品种，共计 41 个品种（Hedrick，1921；Meyer，1980）。这些品种的名称反映了梨的成熟期、香味、果实形状、来源等，和我们现在对梨命名的方式很相似。他甚至注意到了同物异名，主要是不同地区对同一个品种的不同称呼引起的。有果个小、成熟早的'Superba (proud)'，用来做梨酒的'Falernian'，果皮红色的'Favoniana'，以长果梗为特征的'Dolabelliana'，大麦收获季节成熟的'Hordearia'（大麦），在深秋成熟、有宜人酸味的'Aniciana'，最晚熟的'Amerian'，提比略（Tiberius）皇帝喜爱的'Tiberian'。'Coriolana'和'Bruttia'的名称分别来自姓氏 Coriolanus 和 Brutus，而'Amerina''Picentina''Numantina'和'Alexandria'等取自地名。另外，还有诸如'Ampullacea'（瓶）、'Onychina'（玛瑙）、'Purpurea'（紫色）、'Cucurbitina'（葫芦梨，具有苦味）、'Laurea'（月桂）、'Myrapia'（没药）和'Nardina'（甘松）等的名称反映了这些梨品种的形状、果色、味道和气味等特点。但这些梨品种的风味究竟怎样呢？老普林尼在其著作中写道"各种梨作为一种食物是不能被消化的，即使对身体强健的人也是如此；但对残疾人来说，它们就像酒一样是被严格禁止的"。这和中国传统上对梨的认知很相似。公元 3 世纪初期成书的《吴氏本草》有关梨的食用价值的记载："金创，乳妇女，不可食梨。梨多食则损人，非补益之物。产妇蓐中，及疾病未愈，食梨多者，无不致病。咳逆气上者，尤宜慎之。"老普林尼提倡煮熟后食用，而且与蜂蜜煮，对胃有益。说明在罗马时代梨作为鲜食水果的风味是不敢恭维的。在中国古代，不太好吃的梨也是煮食的。南北朝时期（公元 420～581 年）成书的《世说新语·轻诋》中记载："衡南郡每见人不快，辄嗔云：'君得哀家梨，当复不蒸食不？'"意指愚人不能辨别滋味，得好梨蒸熟了吃。从古罗马和古代中国文献中对梨的记载来看，人类最初种植的梨至少有一部分果实的酸涩味太重，不适合生吃，需要煮熟而食之。中国一些地方至今仍有煮食酸涩味强而且采收后果肉很硬的梨果实的习俗，如浙江省有些地方的人们通常将采后坚硬酸涩难以下咽的"霉梨"煮熟后食之。另外，罗马人认为梨具有解毒和驱散皮肤硬结的药用价值。中国人也对梨的药用价值深信不疑，民间至今仍保留冰糖梨水治疗咳嗽的传统。

公元 5 世纪，随着罗马帝国的灭亡，农业沦落为生产生活必需品，果树几乎灭绝。Hedrick（1921）在《纽约的梨》（*The Pears of New York*）中对这之后欧洲梨品种的发展进行了详细的总结。法国是对欧洲梨品种的发展做出重要贡献的国家之一。得益于在公元 9 世纪统治法兰克的查理曼（Charlemagne），梨在法国得到了很好的发展。他非常重视农业，在法国梨树栽培历史上树立了第一个显著的里程碑。他曾命令他的园丁为了不同目的种植不同类型的梨，如风味好用于鲜食的梨；烹饪专用的梨；成熟晚、可以贮藏到冬天食用的梨。查理曼去世后，梨的种植在 10～15 世纪退缩到了修道院，修士们培育了不少新的品种。1608 年，被誉为"法国农业之父"的 d'Olivier de Serres 在其著作《农场和田野管理》（*Le théâtre d'agriculture et mésnage des champs*）中对梨极尽赞美之词，从他的描述中可以看到当时法国梨品种的丰富。该书中描述梨成熟期从 5 月到 12 月；形状有圆形、长卵形、细颈葫芦形和粗颈葫芦形等；大小各异；有金、银、鲜红和绿色绸缎光泽等的果皮色；味道有糖、蜂蜜、肉桂、丁香等的加持；香味有麝香、琥珀和香葱味。另一个对法国的梨品种发展做出贡献的是奥尔良国王的律师勒李克特（Le Lectier），他从 1598 年开始收集各种水果品种，到 1628 年，他的水果目录中至少有 254 个梨品种，其中的一些品种至今仍在栽培。到 1867 年，加上从比利时等地的引种，法国的梨品种达到了 900 个。

欧洲梨育种的黄金时代是从 18 世纪中叶到 19 世纪中叶的 100 多年，当时为贵族和富裕家庭甚至宗教社区服务的业余博物学家开始从大量来自开放授粉的梨幼苗中进行选择（Dondini and Sansavini, 2012）。其中比利时是在这个黄金时代对欧洲梨品种的发展做出了重要贡献的国家。在比利时人改良梨品种以前，几乎所有的西洋梨都是脆的或肉质硬的，即法国人所说的"crevers"，而肉质柔软、易融化的梨，即法国人所说的"beurrés"，那时还少有人知。由于比利时人的努力，溶质的软肉梨占据了西洋梨的主导地位。1730 年左右，比利时蒙斯（Mons）的一名牧师 Nicolas Hardenpont（1705～1774）大量播种了梨种子，从 1758 年开始，他发布了一个又一个新品种，其中至少有 6 个品种现仍在欧洲种植。很快，比利时就出现了许多模仿者，这些人当中有牧师、医生、科学家、药剂师、律师、商人和绅士。这样在比较短的时间里比利时培育出了成百上千个新品种，其中的一些以现在的标准衡量仍是品质最好的梨。除了 Nicolas Hardenpont 外，对梨品种选育做出重大贡献的、最为人所知的是药剂师、物理学家和内科医生 Jean Baptiste Van Mons（1765～1842）。他从 18 世纪后期开始进行梨育种工作，曾一度在鲁汶的富达苗圃（Nursery of Fidelity）里种了 8 万棵梨苗，从中育成了 400 多个品种，其中大约 40 个品种现在仍在生产上使用，如著名的'博斯克'（Beurre Bosc）和'日面红'（Flemish Beauty）。

德国对欧洲梨品种的发展贡献不大，只有一个相对重要的品种'Forelle'，现在是南非的主栽品种之一。但德国人贡献了最好的果树学文献（Hedrick，1921）。德国的天才植物学家、药理学家和医生 Valerius Cordus（1515～1544）因发明了一种合成乙醚的方法而广受赞誉，在他的著作《植物史》（*Historia Plantarum*）中介绍了 50 个梨品种，精准描述了果实性状（Hedrick，1921），为我们今天描述梨品种树立了范例。仅举一例如下。

> Loewenbirn，狮梨，因其优秀而得名。在图林根和邻近地区被称为图林根黑森州梨（Hessiatica）。在所有的秋季水果中因为贮藏性、卓越的风味和多汁而至高无上，引人注目。果实基部膨大，形状不规则。果长 3 英寸，通常更大；宽小于 2 英寸。果皮灰绿色，略带红色。具有令人愉悦的涩味、酒味，气味香甜，非常爽口。汁液丰富，能迅速解渴。的确，梨本身的强烈芳香能使病人神奇地恢复健康。当太阳进入天秤座时（9 月 22 日开始），果实就成熟了，可以贮藏很长时间。它们在黑森州大量栽培，尤其是在马尔堡和马尔堡附近的弗兰肯贝格。因为该品种是由一个理发师引种过来的，所以也被称为"理发师的梨"。

从 Cordus 描述的那些德国梨品种来看，果实基本上都有酸涩味，肉质有分化，有软肉像黄油状的，也有脆肉坚硬的，有不少的红皮梨，成熟期大多比较晚。Hedrick（1921）认为这些品种与 2000 年前古希腊人和古罗马人种植的品种没有太大区别。由此推断，梨的大多性状并非源自栽培过程中产生的变异，而是存在于野生型中，只有与另一个物种杂交才能产生新的和独特的性状。

特别值得一提的是，现代遗传学之父——格雷戈尔·约翰·孟德尔（Gregor Johann Mendel，1822~1884）曾对梨品种的选育工作倾注了心血，是人类有意识进行梨品种性状评价从而进行亲本选配和杂交育种的第一人。Vavra 和 Orel（1971）在 *Euphytica* 杂志上发表论文详细介绍了孟德尔所开展的梨品种杂交选育工作。从保存下来的孟德尔的笔记和他在果树学书籍中的标注都说明了孟德尔对通过杂交培育梨新品种的浓厚兴趣。他相当用心地分析了梨品种特性，并试图培育出果实大、成熟晚的梨新品种。他用于杂交的亲本品种有'摄政王'（Regentin）、'昂古莱姆公爵夫人'（Herzogin von Angouleme）、'鳟鱼'（Forellenbirne，英文为 Forelle）、'Winter Dechantbirne'等。1883 年 9 月在布尔诺举行的由奥地利果树学家协会组织的全国水果展览会上，孟德尔育成的梨和苹果新品种因为形状漂亮、色泽美观而受到关注，被授予希钦园艺家协会（Hietzing Society of Gardeners）的珐琅奖章。他育成的一个品种叫作'柠檬黄油梨'（Citronenbutterbirne），可能是'昂古莱姆公爵夫人'和'摄政王'的后代。还有三个品种的果皮色泽和'鳟鱼'非常像，根据成熟期早晚分别叫作'Wintersalzburgerbirne''Herbstsalzburgerbirne'和'Sommersalzburgerbirne'，它们可能是'昂古莱姆公爵夫人'和'鳟鱼'的后代（Vavra and Orel，1971）。

英国梨的商业栽培早在公元 1200 年就开始了，品种可能来自法国。1826 年，伦敦园艺学会的目录上列出了 622 个梨品种，比利时的梨品种给这个目录做出了重大贡献。那个时代，包括梨种植在内的园艺在英国就是一个有闲阶层的消遣。英国人对欧洲梨品种的贡献主要体现在培育的品种的质量，而非数量。18 世纪末发现的实生品种'Williams' Bon Chrétien'，简称'Williams''，在美国称为'巴梨'（Bartlett），是美国的第一大栽培品种。19 世纪末育成的'康弗伦斯'（Conference），现在仍然是欧洲的第一大栽培品种。

欧洲和西亚等地的地方梨基本上都属于西洋梨品种，分布的范围广，具体有多少品种难以做到完整准确的统计。仅在位于美国俄勒冈州科瓦利斯市（Corvallis）的美国农业部梨种质资源圃就保存有近千份的西洋梨品种。西洋梨品种最主要的分化地——欧洲应该有更多的梨品种资源。在意大利保存在私人和国家种质圃的梨品种有 780 个左右（Kocsisné et al.，2020）。土耳其至少有 500 个地方梨品种（Ercisli，2004）。

二、东亚地区梨品种史

（一）中国梨品种史

在中国，文字记载梨品种的时间稍晚于欧洲。西汉刘歆所著（东晋葛洪辑抄）的《西京杂记》中描述了当时收集到皇家园林上林苑的多种果树："初修上林苑，群臣远方，各献名果异树，亦有制为美名，以标奇丽。"书中记载了 10 种梨：'紫梨'、'青梨'（实大）、'芳梨'（实小）、'大谷梨'、'细叶梨'、'缥叶梨'、'金叶梨'（出琅琊王野家，太守王唐所献）、'瀚海梨'（出瀚海北，耐寒不枯）、'东王梨'（出海中）、'紫条梨'。这些梨的命名依据来源、色泽、叶片形态等，同时也提及了一些品种的果实大小和耐寒性。东汉辛氏《三秦记》中记载："汉武帝园，一名樊川，一名御宿。有大梨，如五升，落地则破。其主取者，以布囊承之，名含消梨"，翻译成现代汉语就是"汉武帝的梨园，名为樊川，也叫御宿，种有大梨，600 g 以上，落地即破，主人将其装在布袋中，这种梨叫作含消梨"。反映了梨的大小和肉质。

200 多年后，晋代郭义恭所著、记述各地物产的《广志》（成书于公元 270 年前后），其中有关梨的记载如下："洛阳北邙张公夏梨，海内唯有一树。常山真定、山阳钜野、梁国睢阳、齐国临淄、钜鹿，并出梨。上党亭梨，小而加甘。广都梨，又云钜鹿豪梨，重六斤，数人分食之。新丰箭谷梨。弘农、京兆、右扶风郡界诸谷中梨，多供御。阳城秋梨、夏梨。"描述了现在的陕西、河南、河北和山东一带的梨。其中 6 斤的广都梨的大小引人注目，换算成现在的重量应在 1300 g 以上，说明大梨在古代就已经存在，那个时候的人似乎并不忌讳"分梨"食用。

成书于北魏末年（公元 533～544 年）的《齐民要术》中总结列举了《广志》《三秦记》《荆州土地记》《永嘉记》《西京杂记》中记载的 19 个梨品种：'张公夏梨'、'亭梨'、'广都梨'（钜鹿豪梨）、'箭谷梨'、'秋梨'、'夏梨'、'御宿'（含消梨）、'官梨'（御梨）、'紫梨'、'青梨'、'芳梨'、'大谷梨'、'细叶梨'、'缥叶梨'、'金叶梨'、'瀚海梨'、'东王梨'、'紫条梨'、'张公大谷梨'（糜雀梨）。其中《永嘉记》中记载了浙江青田的梨："青田村民家，有一梨树，名曰官梨；子大，一围五寸。常以供献，名曰御梨。实落地即融释。"这是有关南方砂梨品种名的首次文字记载。同时从描述看，此梨果的肉质松软，可能也较大，所以成熟落地即化。

到了宋代，梨的栽培更加普遍，宋代成书的《洛阳花木记》（1082 年）中记载了 27 个梨类型或品种：'水梨''红梨''雨梨''浊梨''鹅梨''穰梨''消梨''乳梨''袁家梨''车宝梨''红鹅梨''敷鹅梨''大浴梨''甘棠梨''红绡梨''秦王掐消梨''早接梨''凤西梨''蜜指梨''腌罗梨''细带腌罗''棒槌梨''清沙烂''棠梨''压沙梨''梅梨''榅桲梨'（中国农业科学院果树研究所，1963）。其中有些品种名称和现在的梨品种名完全相同，如'鹅梨'，有些和现在的梨品种名的发音很相似，如'消梨'和现在的'红肖（宵）梨'。但这些古今同名的品种是否为同一品种抑或是同名异物，未曾有人考证。

之后一直到明末清初，各种书籍记载的梨品种数量都没有超过《洛阳花木记》中记载的数量。明代王象晋（1561～1653 年）的《二如亭群芳谱》（一般简称《群芳谱》，成书于 1621 年）记载有'乳梨''鹅梨''水梨''赤梨''茅梨''御儿梨''紫糜梨''阳城夏梨''秋梨''紫梨''香水梨''张公夏梨''广都梨''钜鹿豪梨''钜野梨''新丰箭谷梨''关西谷中梨'等（中国农业科学院果树研究所，1963）。其中的一些名称毫无疑问是引自《广志》等古书。1688 年陈淏子所著《花镜》中有'紫花梨'、'御儿梨'、'韩梨'、'蜜梨'、'甘棠梨'、'鹅梨'、'秋白梨'、'红消梨'、'大师梨'、'乳梨'（产于宣城）、'香水梨'等记载。其中的'蜜梨''鹅梨''秋白梨''红消梨''香水梨'等和如今现存的地方品种名称相同，很可能就是从 17 世纪传下来的。如此，这几个品种有可能是最古老的东方梨品种。但现今多地都有名为'香水梨'的梨品种，存在异物同名问题。这些所谓的'香水梨'大多属于秋子梨品种，也有个别为白梨品种。

18 世纪之后，记载有梨品种的书籍较少，各地的品种多散列在地方志中（中国农业科学院果树研究所，1963）。20 世纪初，日本人对中国东北和华北地区的一些地方梨品种进行了实地调查和描述。1912 年日本农林省园艺试验场的恩田铁弥在考察了山东莱阳和辽宁熊岳等地的果树后，在其用日文出版的《实验和洋梨栽培法》一书中描述了 15 个中国梨品种：'鸭梨'、'慈梨'、'红梨'、'白梨'、'麻红'、'六楞'、'大青皮'、'小青皮'、'蜜梨'、'油红宵'、'猪嘴'、'尖把'（原文为尖地，应该是笔误）、'车古甜'、'秋酸梨'和'安梨'（恩田铁弥和草野計起，1914）。之后另一位日本人谷川利善于 1914 年调查了中国东北地区及北京、河北和山东一带的果树种质资源，于 1917 年由当时的"南满洲铁道株式会社地方部地方课"组织编写了《满洲之果树》和《满洲之果树（续编）》（谷川利善，1917），其中列举了 38 个地方梨品种：'莱阳慈梨'、'莱阳平梨'、'鸭梨'、'红梨'、'小红梨'、'秋白梨'（白梨）、'蜜梨 1'、'蜜梨 2'、'香水梨 1'、'香水梨 2'、'白梨'（北京白梨）、'小白梨'、'鸭广梨'、'满园香'（平梨）、'马蹄香梨'、'猿臀梨'（猿腚梨）、'官瓶梨'（猪嘴梨）、'麻梨'（马梨）、'虎皮香'、'波梨'、'六楞'、'猪咀梨'、'青皮'、'大头黄'、'安梨'、'尖把'、'麻红'、'油红宵'、'秋酸梨'、'车古甜'、'糖梨 1'、'热秋白梨'、'花盖梨'、'秋子梨'、'秋梨'、'水红萧梨'、'糖梨 2'和'温梨'。这些梨品种名大多和现在的品种名能一一对应。他从原产地、适应性、树性、果实性状、成熟期和市场销售情况等方面对这些品种进行了详细的描述，并配有果实绘图。现将'莱阳慈梨'的描述翻译如下。

　　莱阳梨又称莱阳慈梨，原产于中国山东省莱阳府，是品质最为优良的中国梨品种之一。据称，清代隆盛时期，莱阳梨每年都是为朝廷上贡的贡品。莱阳梨于莱阳府附近种植时，品质通常优良，但在移植到其他地区时，果实品质容易劣化。

　　树性：树性强健，树形稍开张，新梢细长而呈深褐色，枝节间隔较大。

　　果实：果实大或中（平均重量约为 260 g），形状不规整，多为歪尖圆形（倒卵形，整体呈球形，顶部稍尖，左右不对称）。果面凹凸不平，果皮稍粗，为黄绿色，常为褐色或深褐色锈斑所覆盖。果点褐色或深褐色，大而密，因而莱阳梨外表并不美观。果梗粗而长，颇为结实，呈深褐色或带深红色，附着在果实的那一方有凸起。萼洼浅而窄，梗洼大而深陷，周围有深褐色锈斑。果肉呈白色透明状，果肉细嫩致密而甜酸适宜，多汁，有独特的香味，是梨中的上品。采收期为 9 月中旬至 10 月上旬。

莱阳梨主产于莱阳府地区，采摘后以马车集中于芝罘地区（指今天的烟台地区——译者注），此后配送至大连等其他地区。因此，价格较高，大连市场的行情为 1 斤 15 钱。运输过程复杂，需花费多日，到达大连时果实外表通常已腐损，因而鲜存有其真实风味。

从中可以看出这种对品种的描述是基于实地调查基础上的总结，一改以往中文文献中对梨品种的道听途说式的记载方式，开创了中国梨品种科学描述的先河。但直到 20 世纪 30 年代，中国人出版的中文文献才有梨品种的介绍。1930 年许心芸的《种梨法》中介绍了 10 个有名的中国梨品种：'雅梨'（即'鸭梨'）、'慈梨'、'红梨'、'白梨'（即'北京白梨'）、'青梨'、'蜜梨'、'酸梨'、'安梨'、'麻红梨'和'扁圆梨'。1937 年 5 月金陵大学的胡昌炽用中文在《金陵大学农学院丛刊》第 49 号上发表了题为《中国栽培梨之品种与分布》的论文，详细介绍了他于 1928～1934 年在浙江、福建、广东、安徽（原文为江苏砀山县）、山东、山西、河北、辽宁等地收集调查到的梨品种的果实特征，并进行了果实的描绘。同年晚些时候，他又以日语题名"中華民国に於ける栽培梨の品種及其の分布"和英文题名"The variety and distribution of pears in China"在日本《园艺学会杂志》上用日语和英语撰文简要介绍了中文论文的主要内容（胡昌炽，1937b）。其中有 12 个秋子梨品种：'安梨''虎皮香''花盖梨''黄金嘴''梨丁子''面罐''热秋白梨''北京白梨''酸梨''沙果梨''尖把梨''油秋梨'；8 个中国砂梨品种：'箬包梨'、'黄章梨'、'雪梨'（安徽）、'柳州雪梨'、'砂梨Ⅰ'（广西昭平）、'砂梨Ⅱ'（广西南宁）、'淡水梨'（广东惠州市惠阳区淡水街道）和'紫苏'；43 个白梨品种，品种名见表 3-1。这些梨品种的大部分作为地方品种种质资源至今仍保留在相关种质资源圃或仍在栽培。尽管他对其中一些品种的归类存在历史局限性，但他第一次将中国梨品种按照种源不同分为不同的系统，特别是注意到了南方的砂梨品种。在这之后，由于战乱等原因，研究中国梨品种的文献几近绝迹。直到 20 世纪 50 年代，全国各地果树相关研究单位才开展了大规模的梨种质资源调查，首次明确了中国有 3500 个左右的梨地方品种。在此基础上，中国农业科学院果树研究所组织编写了《中国果树志·第三卷（梨）》，并于 1963 年由上海科学技术出版社出版。该果树志记载、描述了72个秋子梨品种、459个白梨品种、425个中国砂梨品种、29个新疆梨品种等中国原产的地方品种共计985个，以及引进的22个西洋梨品种和15个日本梨品种。之后，许多省份陆续出版了各自的果树志，记载、描述了梨的地方品种。2020年出版的《中国梨树志》重新调查了中国梨的地方品种，包括了新育成和引进的品种，记载、描述了秋子梨品种84个、砂梨系品种651个（其中白梨239个、砂梨412个）、新疆梨品种42个、川梨品种4个、引进品种214个、新育成的品种214个、砧木品种15个、其他类型29个（李秀根和张绍铃，2020）。和1963年版相比，秋子梨和新疆梨的品种数量略有增加，增加数量最多的是引进品种；砂梨品种数量略有减少，白梨品种数量只有1963年记载数量的52%。最大的变化是新增加了砧木品种和自主选育的品种。这些变化反映了我国种质资源的保护现状、我国梨引种交流和育种取得的成绩。

表 3-1　胡昌炽（1937a，1937b）调查描述的中国白梨品种

品种名	原产地	品种名	原产地
瓶梨	山东莱阳芦儿港	热梨	河北怀来
长香梨	山东青岛上臧	白梨	河北昌黎
匙梨	山东青岛李村	白瓢梨	山东莱阳芦儿港
金川雪梨	四川	白酥梨	安徽砀山郭庄
鸡爪黄	安徽砀山郭庄	平梨	辽宁营口市熊岳镇
青皮槟子梨	安徽砀山郭庄	坠梨	山东滕州
青酥梨	安徽砀山郭庄	小窝窝	山东青岛李村
猪嘴梨	辽宁营口市熊岳镇	小青皮	辽宁营口市熊岳镇
鹅梨	山东滕州	雪花梨	河北曲阳
汉源梨	四川汉源	大青皮	辽宁营口市熊岳镇
红梨	辽宁营口市熊岳镇	大窝窝梨	山东青岛李村
红消梨	河北怀来	东乡梨	四川雅安市名山区
香水梨	山东莱阳芦儿港	秋白瓶	山东青岛李村
罐梨	河北昌黎乔家庄	秋梨	河北怀来
拉打梨	山东莱阳芦儿港	秋白梨	山东莱阳芦儿港
六楞	辽宁营口市熊岳镇	苤梨（慈梨）	山东莱阳芦儿港
麻红宵	辽宁营口市熊岳镇	恩梨	山东青岛李村
马蹄黄	安徽砀山郭庄	窝梨	山东莱阳芦儿港
茂州梨	四川茂县	鸭梨	河北定州
蜜梨	辽宁营口市熊岳镇	鸭广梨	北京
棉梨	河北曲阳、定州	油酥梨	山东青岛李村
面梨	安徽砀山郭庄		

注：根据胡昌炽（1937a，1937b）中文和日文资料整理，地名按照目前的叫法进行了修正。

　　中国的梨杂交育种工作始于 20 世纪 50 年代。1950 年兴城园艺试验场（现中国农业科学院果树研究所）用'京白梨'与'Tyson'（西洋梨）进行了杂交，培育出了'兴城 1 号'（中国农业科学院果树研究所，1963）。1951 年该试验场又进行了'京白梨'×'秋白梨'的杂交，1959 年选育出了'橘蜜'（曹玉芬和张绍铃，2020）。这两个品种是中国梨杂交育种史上的第一批育成品种，但都没有得到推广种植。1956 年该所又进行了'苹果梨'×'身不知'和'苹果梨'×'慈梨'的杂交，分别选育出了'早酥'和'锦丰'，并于 1969 年定名。随后浙江大学于 1970 年选育出了'黄花'（浙江大学内部资料），湖北省农业科学院于 1972 年选育出了'金水 1 号'（曹玉芬，2013）。这些是中国于 20 世纪五六十年代进行杂交，70 年代及以前选育出的第一批梨品种的代表，其中的'黄花'和'早酥'等品种在中国梨产业中发挥了重要作用。之后，与梨研究相关的全国科研院所和大专院校进行了大规模的梨育种，截至 2020 年，共育成 327 个梨品种（李秀根和张绍铃，2020），其中的一些新品种在我国梨产业中发挥了主导作用，如'黄冠'和'翠冠'等。

（二）日本梨品种史

　　在日本，文献记载梨品种的出现时间很晚。据菊池秋雄（1948）的考证，虽然日本在 7 世纪就已经开始种植梨，但直到 10 世纪初才有甲斐国献贡青梨的记载。但这个青梨也可能是当地野生的日本青梨 *P. hondoensis*。确定的品种名出现的时期是在德川时代（1603～1868 年）。人见元德在《本朝食鉴》（1696 年）中记载了'青梨''水梨''观音寺梨''松尾梨''冬梨''空闲梨''石梨'等。'青梨'以外的果实都是锈褐色。在这之后相当长一段时间，有关书籍中记载梨品种的名录没有超过上述记载的数量，而且有些名称是直接从中国本草抄录过来的，如'甘棠''杜棠''消梨''红瓶子梨''圆梨'等充当日本梨，而无视日本农家栽培的品种。

　　1728 年，越后国蒲原郡萱场村有位叫阿部源太夫的梨种植者写了一本《梨荣造秘鉴》的书稿，作为传家宝在其家族代代相传。菊池秋雄（1948）将书稿中所述的品种一一列举在他的著作《果树园艺学》中，其中有早熟品种'祇园''冰山明''羽衣''淡雪''甘露''朝日丸''白泷''鹤的子''千羽鹤''近江'等 24 个；中熟品种'朝鲜''有名''八朔''十五夜''三笠''月影''三日月''玉垣''舞鹤''月出'等 19 个；晚熟品种'类产''鞠箱''大古河''青龙''初霜''樊哙''张良''白菊''罗生门''黑龙'等 56 个，总计 99 个品种，超过了同时代中国中文文献中记载的梨品种的数量。加上其他地方的品种，毫无疑问，在德川时代的后半期日本有 150 个以上的梨品种（菊池秋雄，1948）。

　　进入明治（1868～1912 年）后，日本梨产业得到了快速发展，在明治前期主要是以德川时代的品种为主。1893 年出版的藤井彻所著《果木栽培法》列举了 13

个主栽品种：'淡雪''太平''力弥''平四''赤龙''大古河''玉子''中屋'
'赤穗''江户屋''玉水''初霜''明月'，33 个次要品种，如'白雪''小雪''巾
着''真鍮''幸藏''朝鲜''晚六''青柳''早赤''金龙'等（菊池秋雄，1948）。
这个时代基本上是'淡雪'的天下，之后'太平'和'早生赤'也相继登场。1894～
1895 年前后，在神奈川县发现的偶然实生的'长十郎'（Chojuro）品种引领了日
本梨产业的'长十郎'时代，该品种在 19 世纪末至 20 世纪初开始在日本全国迅
速普及，一直到 20 世纪 30 年代基本处于"一统天下"的地位，1932 年该品种的
栽培面积占日本全国梨栽培面积的 60%（梶浦一郎和佐藤義彦，1990）。到 19 世
纪末日本的梨品种达到了 200 个以上（菊池秋雄，1948）。根据梶浦一郎和佐藤義
彦（1990）对 1025 篇日本文献的整理挖掘，发现在日本有文字记录的梨品种超过
1200 个，其中地方品种至少为 1100 个。

　　在'长十郎'开始普及的同时，日本也开始了有计划的梨杂交育种。日本梨
的杂交育种起始于 1909 年园艺试验场（农林水产省果树试验场的前身）的谷川技
师所进行的日本梨优良品种之间的杂交、日本梨与中国梨以及日本梨与西洋梨的
杂交，但他的工作没有育成实用的品种（梶浦一郎和佐藤義彦，1990）。所以从实
用主义的角度看，日本梨育种的重要起点应该是时任日本东京府立园艺学校教务
主任的菊池秋雄从 1915 年开始的杂交，他陆续从 2000 多株杂交苗中选育出了'菊
水'（Kikusui）、'八云'（Yakumo）和'新高'（Niitaka）等品种，前两者都是以
'二十世纪'（Nijisseiki）为亲本之一杂交而成的。菊池秋雄的梨育种工作是划时
代的，不仅为之后的日本梨产业的'二十世纪'时代提供了候选品种，也为日本
梨的进一步改良提供了优质的亲本。另外，他育成的'新高'至今仍是韩国的第
一大主栽品种。

　　'二十世纪'是 1888 年在日本千叶县松户市发现的实生苗（田邊賢二，2012）。
比'长十郎'发现的时间还早，而且该品种为绿皮品种，外观较'长十郎'美观。
但由于该品种不抗黑斑病，所以直到 1930 年由于栽培技术的进步，'二十世纪'
逐渐在鸟取县、奈良县和冈山县得到了推广（菊池秋雄，1948），从此进入了日本
梨产业的'二十世纪'时代，一直延续到现在，20 世纪 50～80 年代其栽培面积
一直占据第一位。这一时期日本梨产业的特征是主栽品种为'二十世纪'及以其
为亲本育成的第一代、第二代和第三代新品种，如'菊水'（Kikusui）、'新世纪'
（Shinseiki）、'新水'（Shinsui）、'幸水'（Kosui）、'丰水'（Hosui）和'秋月'（Akizuki）
（图 3-7）等，传统品种逐渐被新育成的品种替代。这些新品种的育成主要是日本
农林水产省果树试验场（现日本国立果树茶叶研究所）、相关大学、地方农业试验
场或园艺试验场、私人育种家共同努力的结果，特别是日本农林水产省果树试验
场育成的品种对日本梨产业做出了重要贡献（Kajiura，2002；Saito，2016）。

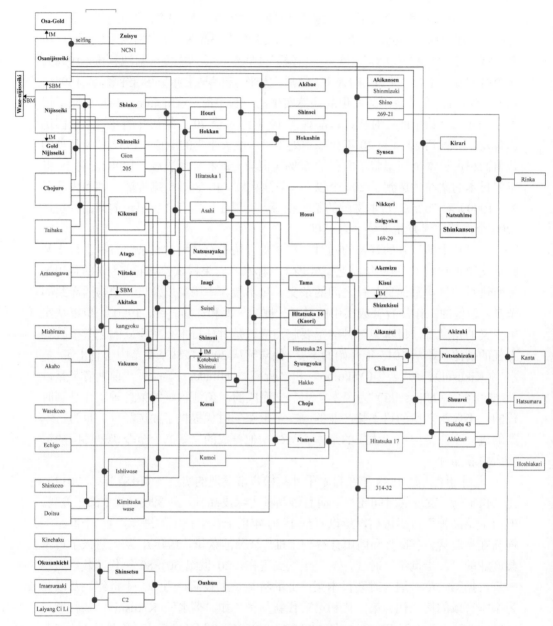

图 3-7　日本梨品种的系谱图（Saito，2016）

黑体字表示的品种为现在栽培的品种。IM（induced mutant）：诱发突变体；SBM（spontaneous bud mutant）：自发芽变。图中重要品种名对应的中文如下：Aikansui. 爱甘水；Akibae. 秋荣；Akitaka. 秋高；Akizuki. 秋月；Atago. 爱宕；Chikusui. 筑水；Choju. 长寿；Chojuro. 长十郎；Gold Nijisseiki. 金二十世纪；Hosui. 丰水；Ishiiwase. 石井早生；Kikusui. 菊水；Kosui. 幸水；Nansui. 南水；Niitaka. 新高；Nijisseiki. 二十世纪；Okusankichi. 晚三吉；Osanijisseiki. 奥萨二十世纪（或长二十世纪）；Oushuu. 王秋；Shinkansen. 新甘泉；Shinko. 新兴；Shinseiki. 新世纪；Shinsetsu. 新雪；Shinsui. 新水；Tama. 多摩；Yakumo. 八云

（三）朝鲜半岛梨品种史

由于朝鲜半岛相关文献的稀少，本书著者也缺乏对其的解读能力，因此对朝鲜半岛的梨品种史无法做出全面的综述。只能根据一些日语和英文资料简要概述。

据考证，中国的《齐民要术》中记载了朝鲜半岛在"三韩（SamHan）"时代（公元前2世纪末至公元4世纪）栽培梨的事迹（Kang et al.，2002）。其后直到12世纪初，记载宋代使者在高丽国都开城见闻的《高丽图经》中有"高丽的苹果、李、桃和梨等不怎么好吃，果个也小"的文字描述（米山宽一，2001），这是时隔1000多年后有关朝鲜半岛的"梨事"再次出现在中国的文献中。之后，朝鲜人李奎报的《东国梨相国集》中记载了高丽的第十九代王·明宗（12世纪末）鼓励百姓种植梨和其他果树。进入李氏朝鲜王朝（Joseon Dynasty）（1392～1910年）后，朝鲜半岛的农业得到了进一步发展。根据米山宽一（2001）的考证，1481年出版的反映朝鲜半岛地理志的《东国兴高地胜览》一书中，带有"梨"字的地名有31个（表3-2），此时咸镜道的释王寺和庆尚道的龙宫县（现尚州）已经是梨的名产地了。朝鲜半岛梨品种的确切记载出现在17世纪初的一本介绍各地美食的书籍《屠门大嚼》（Domundaejak）[朝·许筠（Heo Gyun）著]中。书中记载了5种梨。'天赐梨'：成化年间，江原道江陵金瑛家的一株梨的突然变异，果实大如碗，现在已经很多，味甘甜，肉质脆。'金色梨'：主产于江原道旌善郡。'玄梨'：产于平安道的山村，色绀而津，甘如蜜。'红梨'：产于咸镜道安边的释王寺，果色红，果实大，味极上。'大熟梨'：俗称腐梨，多产于山村地带，以谷山和伊川产的果实为大，味极佳，难以言表。李氏朝鲜王朝后期有一些品质好的梨品种，如'黄实梨'（Hwangsilbae）、'青实梨'（Cheongsilbae）、'Hamheunbae'、'Bonghwabae'和'青堂露梨'（Cheongdangrori）；在19世纪，朝鲜半岛栽培有59个地方梨品种（Kang et al.，2002）。日本的植木秀干（1921）以秋子梨（P. ussuriensis）的变种或变型描述了十几个原产于朝鲜半岛的梨，并附有果实和叶片的绘图，如半黄梨

表3-2　15世纪朝鲜半岛带有梨字的地名（米山宽一，2001）

道	地名
咸镜道	梨洞川、梨洞、梨德小堡
平安道	梨岭、梨岳乡、梨岘烽台
黄海道	梨豆等院
京畿道	梨岘、梨岭、梨浦、梨串浦、梨浦津、梨树川、梨川、通梨院、梨川院、梨院
江原道	梨岭、梨岘、梨岭院、梨木所
忠清道	梨山串、梨岘院
庆尚道	梨川山、梨旨浦、梨谷院、梨亭院、梨树院、梨旨废县
全罗道	梨岘、梨生院

（*P. ussuriensis* var. *maliformis* f. *pangan-li* Ueki）、瓶梨（*P. ussuriensis* var. *pyon-be* Ueki）、黄梨（扁平）、黄梨（卵形）、黄梨（无香）、长肥梨、青过冬梨等。但以现在的标准看，这些所谓的变种或变型其实就是秋子梨系的地方品种。20 世纪 20 年代前后日本殖民时代的朝鲜总督府劝业模范场从朝鲜半岛的咸镜南北道、平安南北道、京畿道、江原道、庆尚南道等地收集了 20 多个梨品种，如'过冬梨''林檎梨''青贯梨''天雪梨''青堂梨''文钱梨''青砂梨''水香梨''古砂梨''马粪梨''奉化梨''青梨''青棠露梨''石褐''枣梨'等（内山義雄，1923）。在朝鲜半岛，虽然有野生的砂梨存在，但其并没有得到改良，只是以一种半野生状态存在（菊池秋雄，1924），所以上述地方品种可能是秋子梨系统或秋子梨系的杂种。在日本国立果树茶叶研究所种质资源圃也保存了一些朝鲜半岛原产的地方梨品种，如'咸兴梨-甲''咸兴梨-乙''Cheongdangnobae''Hoeryongbae''Happsilne'等（图 3-8）。在中国延边等地栽培的'苹果梨'是 1921 年从朝鲜引进的，与'咸兴梨-甲'和'Hoeryongbae'等的亲缘关系很近（图 3-8）（Teng et al.，2002）。

图 3-8　朝鲜半岛的地方梨品种的果实
从左到右：'Happsilne''Hoeryongbae'和'咸兴梨-甲'

　　1906 年从日本引进的'长十郎''今村秋''晚三吉'以及 20 世纪 30 年代引进的'新高'带动了朝鲜半岛的梨商业化栽培。1954 年，韩国国立园艺研究所（NHRI）以日本梨品种'长十郎'为母本，以朝鲜半岛地方品种'青实梨'为父本开始了梨育种，并于 1969 年选育出了'甜梨'（Danbae）（杨健等，2011），截至 2002 年韩国 NHRI 已经培育了 17 个梨新品种（Kang et al.，2002），这些新品种大都是从日本梨品种的杂交组合中选育出的，严格来说是日本梨系统的外延。著名的新品种有'黄金梨'（Whangkeumbae）（'新高'×'二十世纪'）、'秋黄'（Chuwhangbae）（'今村秋'×'二十世纪'）、'Gamcheonbae'（'晚三吉'×'甜梨'）、'华山'（Whasan）（'丰水'×'晚三吉'）和'圆黄'（Wonwhang）（'早生赤'×'晚三吉'）（Kang et al.，2002）。

三、中外梨品种交流史

　　有案可查的文字记载的果树品种的交流史可能远远晚于实际发生过的交流。

现在的考古学证据表明中国和西域的交流史远在张骞出使西域之前。但一般会将张骞出使西域作为东、西方交流的一个重要节点。广为接受的观点是距今 2000 年前后中国的桃就传到了伊朗，而伊朗的石榴、西域的葡萄也由张骞通过丝绸之路传到中国。但西洋梨和中国梨是否也通过丝绸之路进行了交换没有明确的记载，学术界对此也没有达成共识。

（一）中国梨品种的对外交流史

据美国 Hedrick（1921）的考证，中国梨或砂梨经由欧洲传入美国。而欧洲的砂梨是 1820 年由伦敦皇家园艺学会引进的。砂梨是何时到达美国的没有明确的记录。但这些中国梨早在 1840 年就在美国王子苗圃（Prince Nursery）以中国梨（Chinese pear）和砂梨（Sha Lea）的名字种植了。1846 年东方梨或砂梨与西洋梨自然杂交产生的第一个品种 'Le Conte'（康德）引起了人们的注意，其是记录在案的第一个中国梨和西洋梨的杂交品种。后来费城附近的 Peter Kieffer 从中国砂梨和西洋梨 '巴梨' 自然杂交后代的偶然实生苗中选育出了 'Kieffer'（贵妃），其于 1863 年首次结果。大约在 1880 年宾夕法尼亚州的 J. B. Garber 从众多的中国砂梨实生苗中选出了 'Garber'（嘉宝）。之后又有其他的品种陆续被选出。但总体来说这些品种的品质达不到纯正的西洋梨的品质，一些品种如 'Kieffer' 虽然曾一度在美国普遍种植，但终究因为品质较差，现在已经退出了美国市场。美国后来又从不同的渠道陆续引进了中国的 '鸭梨' '慈梨' '酥梨' 等品种，但具体的引进途径由于缺乏文献佐证，无从考证。

日本对中国梨的引种历史可能很早，但有记载的梨品种的引种发生在 19 世纪末，似乎比欧洲人引入中国梨的历史还要晚。根据《实验和洋梨栽培法》一书记载，'鸭梨' 是明治初年（1868 年）引进的，最初误称为 '白梨'（恩田鉄弥和草野計起，1914）。之后，时任日本农商务省兴津园艺试验场场长的恩田铁弥于 1912 年又从中国山东莱阳引进了 '慈梨' 等品种。在 20 世纪最初的 10 年，日本先后引进了 15 个中国梨品种：'鸭梨' '慈梨' '六楞' '蜜梨' '麻红' '大青皮' '小青皮' '猪咀梨' '尖把' '车古甜' '秋酸梨' '安梨' '白梨' '红梨' '油红宵'。其中的 '鸭梨' 和 '慈梨' 曾在日本少量栽培。日本利用 '鸭梨' 和 '慈梨' 与日本梨杂交，培育出了 '二宫白'（'鸭梨' × '真鍮'）、'八达'（'鸭梨' × '二十世纪'）和 '王秋' [（'慈梨' × '二十世纪'）× '新雪']等品种。

（二）西洋梨品种的引种史

西洋梨原产于西亚和欧洲，中国栽培的西洋梨的源头都可以追溯到国外。20 世纪 70 年代在距今 1460 年以上的新疆吐鲁番的阿斯塔那古墓群发掘出的梨干，其形状为坛形，梗曲细，长于果径两倍，石细胞多，无萼洼，萼片宿存（图 3-4）。

被认为与今日吐鲁番用作砧木的句句梨相似，属于新疆梨系统（杜澍，1978）。而新疆梨系统属于西洋梨和亚洲砂梨系品种的杂交（Teng et al., 2001）。因此，新疆的西洋梨栽培历史应该在1400年以上。在甘肃的临夏等穆斯林居住区，也发现了西洋梨的地方品种（杜澍，1978；甘肃省农业科学院果树研究所，1995），这些品种应该是从西域带来的，栽培历史也应相当久远。云南省的西洋梨品种最早是于1936年从法国传入的（张文炳等，1998）。这些早期的引种因为没有文字记录可查，所以无从考证具体的细节。但在甘肃和新疆存在的西洋梨地方品种以及当地人称为"二转子"的西洋梨和亚洲梨种间杂交品种的事实，充分说明了西洋梨伴随着民间交流早就进入甘肃和新疆并长期栽培。但中国其他地区西洋梨的现代商业栽培基本上源自150多年前引自美国的品种。根据日本人谷川利善（1917）所著《满洲之果树》中的记载，我国内地最早种植的西洋梨品种是由美国传教士约翰·L.倪维思（John L. Nevius）（1829～1893）引进的。他和妻子于1854年经宁波港首次来到中国传教，1871年搬到山东芝罘（烟台），在毓璜顶东南坡建立示范农场种植从美国引进的苹果、西洋梨、欧洲李、欧洲甜樱桃、葡萄和桃，其中包括18个西洋梨品种（表3-3）。他同时培育优良品种的苗木并赠给附近各地的农民，推动了烟台及其周边的果树产业的发展。其后，由金陵大学引进并出售的西洋梨品种计21种（表3-4），其中有5个与最初倪维思自美国引入中国烟台者相同。先后有记录的两次自国外引入的西洋梨品种共34种（吴耕民，1982，1993）。

表3-3 倪维思从美国引进的西洋梨品种

原名	倪维思翻译的中文名	现中文名	原名	倪维思翻译的中文名	现中文名
Bartlett	巴梨	巴梨	Large Pear[①]	博梨	
Bergamotte Esperen	大冬梨		Le Lectier de Savol	春见儿	李克特
Beurre Rance	白儿兰		Madeleine	玛特连	小伏洋梨
Beurre d'Anjou	倪梨	安久	Marie Louise	马丽路梨	
Clapp's Favoite	苛拉梨	茄梨	Monarch	君梨	
Duchesse Pitmastire	比麦参		Pound Pear	磅梨	
Easter Beurre	冬见梨		Seckel	小香梨	
Early Butter	早香梨		Spring Beurre[②]	春酪	
Jargonelle	嘉革那		Winter Nelis	冬香梨	冬香梨

注：本表根据谷川利善（1917）整理。有些品种引入试栽后，表现良好，栽培至现在，但名称发生了变化。而有些现在不再栽培，文献中也很少能看到这些梨品种名。

①吴耕民（1982，1993）书中的中文名是'硕梨'，本书采用《满洲之果树》中的原名'博梨'。

②《满洲之果树》中的中文名是'博梨'，和Large Pear同名，显然是笔误或印刷错误。本书采用吴耕民（1993）的翻译名'春酪'。

根据《南满洲铁道株式会社农事试验场要览》中的记载，1917 年日本人在辽宁熊岳进行梨品种比较试验的西洋梨有'三季梨'、'巴梨'、'法兰西'、'日面红'、'贵妃'、'白玉'（White Doyenne）、'Beurre d'Amanlis'、'Souvenir du Congres'等近 20 个品种，其中'三季梨''贵妃''巴梨'的树龄都在 6～7 年，并已经结果（南满洲铁道株式会社，1918）。这些西洋梨品种中的至少一部分是日本人于 1910年左右从日本引进的，因为这些西洋梨品种不在倪维思引进品种名单中。日本人在明治（1868～1912 年）初年引进了 100 多个西洋梨品种在日本各地试种。

表 3-4　金陵大学农场出售的部分西洋梨品种（1932 年）

原名	当时的中文名	现中文名	原名	当时的中文名	现中文名
Brandy	白兰地		La France	法兰西	法兰西
Beurre Diel	菩提		Lawrence	罗兰	
Bufum	白芬		Le Conte	雷康	康德
Doyenne du Comice	杜康	考密斯	Kieffer	秋福	贵妃
Flemish Beauty	日面红	日面红	Onondaga	翁农	
Garber	佳白	嘉宝	Passe Crassane	客赏	
Glout Morceau	马西		P. Barry	玻兰	
Gray Doyenne	亚白玉		White Doyenne	白玉	

注：根据吴耕民（1982，1993）整理，原文将'Passe Crassane'误写为'Passe Crassance'。

1964 年大连市农业科学研究院建立西洋梨种质资源圃时，从全国各地收集了64 份西洋梨品种（大连市农业科学研究院内部资料）。1963 年出版的《中国果树志·第三卷（梨）》中共描述了 22 个在中国种植的西洋梨品种。之后，从不同国家和不同渠道引进了西洋梨品种，分散在全国各地。20 世纪 50～70 年代，中国农业科学院果树研究所引进了'康弗伦斯'（Conference）、'考密斯'（Doyenne du Comice）、'红茄梨'（Starkrimson）等品种；1997 年中国农业科学院果树研究所从意大利引进了'罗沙达'（Rosada）、'阿巴特'（Abate Fetel）；90 年代以后，山东、辽宁、北京等省(市)陆续引入'红巴梨'（Red Bartlett）、'红安久'（Red D'Anjou）等红色品种（方成泉等，2005）。1997 年，山东省果树研究所从美国农业部国家梨种质圃引入'红考密斯'（刘庆忠等，2000）。2020 年出版的《中国梨树志》中描述了 60 多个西洋梨品种。

（三）日本梨品种的引种史

我国从 20 世纪早期就开始引种日本梨的品种。据吴耕民（1982）的考证，中国首次引进日本梨品种是在 1914 年即约在第一次世界大战期间随日本接替德国继续侵占青岛的时候，自日本引至我国推广，但引进了什么品种已经无从考证了。但如果算上日本人在中国东北地区进行的果树引种试验的话，那么中国引进日本梨品种的时间就要提早几年了。1918 年南满洲铁道株式会社出版的《南满洲铁道株式会社农事试验场要览》中记载了 1917 年该试验场的研究业绩，其中中国梨、日本梨和西洋梨的品种比较试验在辽宁熊岳城进行，日本梨品种有'长十郎''明月''太平''赤龙''独逸''二十世纪''太白''早生赤''真鍮''赤穗''今村秋''晚三吉'等，其中'长十郎'在 1917 年的树龄为 7 年生，如果引进的是 1年生苗木，说明在 1910 年前后'长十郎'就已经被引进到中国了。但由中国人第一次引进日本梨品种之事发生在 1919 年，当年吴耕民在结束日本兴津园艺试验场学习之际，从日本引进了'长十郎'、'二十世纪'、'太白'、'晚三吉'、'明月'、'今村夏'（引进国内后称作'黄蜜'）、'早生幸藏'、'早生赤'和'真鍮'等品种至杭州炮台山五云农场即后来的杭州市钱江果园试种，为我国南方最初所引入的日本梨（吴耕民，1982）。之后又陆续引进了'菊水'和'八云'（Shen et al., 2002）。1966 年上海市农业科学院引进了'新世纪'（许苏梅等，1981），一年后又引进了'幸水'（李世诚等，1981）。1967 年冬，中国农业科学院种质资源研究所从日本引进"三水"梨，即'幸水''丰水''新水'，交上海市农业科学院园艺研究所试种（李世诚等，1981）。1981 年日本德岛县技术顾问前田知博士访问上海市农业科学院时带来了'长寿''早玉''多摩' 3 个品种；1982 年，上海市农业科学院引进了'八幸'（许苏梅等，1991）。2002 年北京景峰顺日林果种植有限公司引进了'秋月'梨（张汉东，2004）。

引进的日本梨品种中的大部分的品质优于我国传统的地方品种，所以很快在一些地方种植形成产业规模，改变了我国梨品种的结构。同时，我国梨科技工作者利用其中的一些品种如'新世纪''幸水''今村夏'等与我国的地方品种进行杂交，培育出了品质好同时适应性良好的梨品种，如'黄花''翠冠''黄冠''中梨 1 号'等，这些品种成为我国梨产业的主栽品种。

第三节　梨的栽培系统

尽管梨属植物有数十个种，但数千个梨品种只是从驯化的几个梨属栽培种发展而来的。根据品种起源的祖先种，可以将梨品种划归为几大系统，同一系统下可以进一步根据地理分布和品种本身具有的共同特性等进一步划分为栽培群或品种群（cultivar group）。正如梨属植物自然演化形成东方梨和西方梨两大类一样，梨的品种也分别在东亚和东亚以外的欧亚大陆演化。但梨的品种究竟起源于哪些祖先种有一个认识和完善的过程。

最早西方学者将所有东亚原产的梨品种统归在中国梨 *Pyrus sinensis* 的名下。Rehder（1915）研究发现，当初 Lindley 命名 *P. sinensis* 的标本只是一个栽培品种，并不能代表东亚的栽培梨，在进一步研究的基础上，他命名了几个新的中国梨种。

之后，东方的学者们开始探讨东亚梨品种的起源。1924 年，菊池秋雄撰文指出，日本的梨品种和中国中南部的梨品种源自中国野生的 *P. serotina*（现用 *P. pyrifolia*）；而中国华北和东北地区的梨品种、朝鲜半岛的地方梨品种驯化自野生的 *P. ussuriensis* 或 *P. sinensis* var. *ovoidea* 或两者的杂交；同时他也指出，中国华北、东北地区也有相当一部分梨品种如'红梨''猪嘴梨''园把'等起源于 *P. ×bretschneidri*，但后来菊池秋雄在中国实地考察后，对中国和日本梨的起源的认识又发生了变化。中国学者胡昌炽（1933）在菊池秋雄提出的三个系统的基础上，又加了一个川梨（*P. pashia*）系统，认为中国梨品种由 4 个种演化而来。后来的中国学者基本上接受了上述观点。之后，俞德浚命名了新疆梨（*P. ×sinkiangensis* T. T. Yü）（俞德浚和关克俭，1963），该种被认为是白梨和西洋梨的杂交后代，主要栽培于新疆，在甘肃也有零星栽植。由于其独特的植物学特征、一定的分布区域和较多的品种，被认为可以作为一个独立的系统（张鹏，1991）。近年来，基于分子标记等的研究证明中国和日本栽培的大果脆肉型品种的主要祖先种皆为砂梨（*P. pyrifolia*），砂梨进一步演化为三个栽培群：中国南方的砂梨品种、中国北方的白梨品种和日本的日本梨品种（滕元文，2017；Teng，2021）。秋子梨（*P. ussuriensis*）系统的品种主要分布于东北地区，在华北和西北地区也有栽培。在中国北方还有少量的栽培品种起源于褐梨 *P. ×phaeocarpa*。另外，在浙江省还有一种与当地砂梨在果实性状上特别是肉质方面差异明显的栽培类型，被称为霉梨（中国农业科学院果树研究所，1963；吴耕民，1984），其起源仍有待进一步研究。在日本的东北地区则有少量的品种源自 *P. aromatica* 或 *P. ussuriensis* var. *aromatica*（菊池秋雄，1948）。所有这些起源于东方梨种的栽培类型统称为亚洲梨（Asian pear）。

西方梨种中演化出的品种主要属于西洋梨（*P. communis*）系统，也有少量源自雪梨（*P. ×nivalis*）的品种。*P. communis* 是当初林奈根据欧洲栽培梨命名的，所以其本身作为一个栽培系统是没有争议的。但对西洋梨的确切起源至今仍有待深入研究。

本书著者基于历史考证和最新研究结果，将梨属植物主要栽培系统总结于表 3-5，并分段进行详细论述。

一、砂梨系统

（一）砂梨品种的扩散及分化

传统上，砂梨系统只包含中国南方地区的地方品种和日本梨品种。近年来利用分子标记进行的研究表明，白梨品种也属此系统（Teng et al.，2002；Bao et al.，2008）。因此砂梨系统包括了北方的白梨栽培群（品种群）、南方的砂梨栽培群和日本的日本梨栽培群。但砂梨系统起源于何地、如何扩散到中国各地及日本从而

表 3-5 梨属（*Pyrus* L.）植物的主要栽培系统及栽培群（品种群）

梨属地理群	栽培系统	栽培群（品种群）	分布区域	备注
东方梨	砂梨 （*P. pyrifolia*）	白梨	中国黄淮流域及其以北地区	浙江一带的霉梨可能属于砂梨[①]
		砂梨	中国长江流域及其以南地区	
		日本梨	日本	
	秋子梨 （*P. ussuriensis*）	秋子梨	中国东北、华北、西北	朝鲜半岛的地方品种多属此类
		岩手梨	日本岩手县	也被视作独立种[②]
	新疆梨 （*P. ×sinkiangensis*）		中国新疆、甘肃、青海	作为独立系统有争议
	川梨 （*P. pashia*）		中国四川、云南	有少量品种，可能是杂种起源
	褐梨 （*P. ×phaeocarpa*）		中国华北、西北	有少量品种
西方梨	西洋梨 （*P. communis*）		西亚、欧洲	
	雪梨 （*P. ×nivalis*）		欧洲	有少量品种

注：表中的栽培系统和栽培群（品种群）的划分主要基于近年来的研究结果。
①郑小艳和滕元文（2014）。
②Challice 和 Westwood（1973）。

形成三大栽培群或地方品种群的？Yue 等（2018）的研究结果为上述问题的解答提供了新的见解。这项研究的样品数量多，包含了 346 个砂梨和白梨地方品种、55 个日本梨地方品种，采集范围覆盖了各栽培群的主要分布区域，还包括了部分野生秋子梨和秋子梨品种的样品做参考，利用两个变异速率较高的叶绿体 DNA（cpDNA）片段（*accD-psaI* 和 *trnL-trnF*）研究了东亚栽培砂梨的起源中心和传播路径。分子方差分析（analysis of molecular variance，AMOVA）的结果表明，砂梨系统品种的变异，有 84.31% 来自各栽培群的地理群体之内，其次为砂梨栽培群之内的地理群体之间，为 12.06%，仅有 3.64% 的变异来自各栽培群之间，也从一个侧面证实了砂梨系统的三个栽培群白梨、砂梨和日本梨之间的亲缘关系很近。鉴定出的 23 个 cpDNA 单倍型（H1～H23）中，19 个（H1～H19）仅在栽培梨中检测到，另外 4 个（H20～H23）为野生秋子梨独有（图 3-9，图 3-10）。其中砂梨栽培群中检测到 16 个单倍型，白梨栽培群中检测到 9 个单倍型，而日本梨栽培群中只检测到 5 个单倍型（图 3-9，图 3-10）。砂梨栽培群的地理群体较白梨和日本梨栽培群的地理群体有更高的单倍型多样性指数，特别是西南地区如四川和云南等地的地理群体具有最多的 cpDNA 单倍型类型（表 3-6，图 3-11），可能是东亚栽培砂梨的起源中心。而日本梨可能是砂梨的外围地理群体。单倍型 H13 处在

TCS 单倍型网络图的中心位置（图 3-9），在 cpDNA 单倍型的邻接网络（neighbor-net）系统发育图中（Yue et al.，2018），与作为外类群的苹果的 cpDNA 单倍型相连，可能是梨属植物中最古老的单倍型，在砂梨的两个地理群中检出，而由它缺失突变的 H11 和 H15 只在砂梨栽培群中检出（图 3-9，图 3-10），而这两个单倍型进一步突变形成广布单倍型 H6、H14，它们分布最广而且在所有栽培类型中被发现。这些结果从一个侧面说明南方的砂梨栽培群的单倍型较北方的白梨栽培群和日本的日本梨栽培群更加古老，后两者是由砂梨演化而来的。

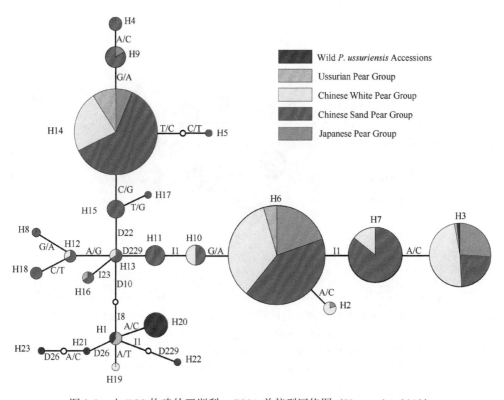

图 3-9　由 TCS 构建的亚洲梨 cpDNA 单倍型网络图（Yue et al.，2018）

实线圆的面积代表携带该种 cpDNA 单倍型的梨样品数量。图中不同颜色代表不同的梨栽培类型或梨种：野生秋子梨种质（Wild *P. ussuriensis* Accessions）、秋子梨品种群（Ussurian Pear Group）、中国白梨品种群（Chinese White Pear Group）、中国砂梨品种群（Chinese Sand Pear Group）、日本梨品种群（Japanese Pear Group）。单倍型之间连接线上的字母表示核苷酸替换（如 A/G）、插入缺失（indel）突变[插入（I）和缺失（D）]，I 和 D 后面跟着的数字是插入缺失的长度

为了研究栽培砂梨在东亚地区的传播路径，Yue 等（2018）根据砂梨系统的 14 个地理群体（表 3-6）的地理分布和单倍型组成将其划分为 10 个组：SC 和 YN（Pop 1）、GQ（Pop 2）、GZ（Pop 3）、HHJ（Pop 4）、AJ（Pop 5）、ZJ（Pop 6）、JPa 和 JPb（Pop 7）、FJ 和 GG（Pop 8）、SS（Pop 9）、SHH 和 JL（Pop 10），利用

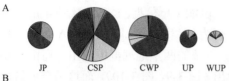

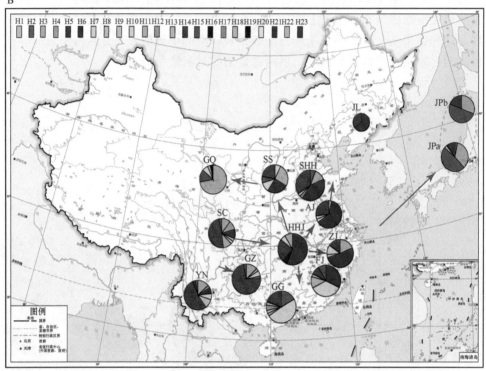

图 3-10 砂梨系统各地理群体的叶绿体 DNA 单倍型组成（A）及砂梨系统品种在东亚的传播
路径图（B）（Yue et al.，2018）

图中包括了秋子梨的特有单倍型 H1、H20、H21、H22 和 H23。JP：日本梨，CSP：中国砂梨，CWP：中国白梨，
UP：栽培秋子梨，WUP：野生秋子梨。B 图中的地理群体编号对应的名称见表 3-6

贝叶斯算法计算砂梨传播路径，提出了三种可能的模型（图 3-11）。第一种模型是
栽培砂梨最早在中国西南部的四川和云南一带（Pop 1）形成，一部分传播到其邻
近的贵州（Pop 3）后，可能是贵州特殊的地形缘故，不再继续扩散；另一部分传
播到中南部的湖北、湖南和江西（Pop 4），并以此为中心随后又逐渐传播到中国
的各个地方（图 3-11）。栽培砂梨到达中南部后继续向东，到达浙江（Pop 6），再
从浙江出发传到日本（Pop 7）；向东北方向扩散到江苏、安徽（Pop 5），继续北
上扩散到山东、河北（河南）一带，再到东北（Pop 10）；向西北方向传播到陕西、
山西（河南）（Pop 9），再到甘肃、青海（Pop 2）；向南扩散到广西、广东和福建
（Pop 8）。需要说明的是，由于河南地区的样本很少，方便起见，将其归到 Pop 9

中了，但河南也可能是梨从湖北传播到陕西、山西的必经之地。与第一种模型不同的是，第二种模型假定西北部（Pop 2）和最南部（Pop 8）等地区的砂梨是由西南地区（SC 和 YN）直接传播过去的。与前述两种模型不同的是，第三种模型假定我国北部及东北部等地区（Pop 9 和 Pop 10）的地方品种是通过西南地区（Pop 1）传播到西北地区（Pop 2）后逐渐传播过去的。结果证实，第一种模型在贝叶斯计算中得到了最高的支持率（Yue et al.，2018），两个后验概率估计值均支持第一种模型为最优模型，说明来自中南部地区的地方品种在砂梨向南、向东和向北传播过程中扮演着重要的角色，可能与长江中下游平原与东南沿海及华北地区长时间频繁的经济文化交流等人为活动有关（图 3-10）。

表 3-6　砂梨系统三个栽培群的 cpDNA 单倍型多样性（Yue et al.，2018）

栽培群	地理群体编号	样品数量	H	Hd	S	π ($\times 10^{-3}$)	K
日本梨	JPa（西日本）	29	5	0.663	7	1.36	2.423
	JPb（东日本）	26	3	0.698	7	1.27	2.255
中国砂梨	ZJ（浙江）	27	5	0.681	6	1.31	2.336
	FJ（福建）	34	6	0.771	6	1.20	2.138
	GG（广西、广东）	35	7	0.734	7	1.44	2.556
	GZ（贵州）	32	6	0.523	6	1.33	2.357
	YN（云南）	30	8	0.722	8	1.59	2.818
	SC（四川）	29	8	0.778	7	1.66	2.946
	HHJ（湖北、湖南、江西）	34	5	0.574	9	1.59	2.827
中国白梨	AJ（安徽、江苏）	26	5	0.576	7	1.56	2.767
	GQ（甘肃、青海）	29	5	0.515	10	1.24	2.202
	SS（陕西、山西）	27	6	0.809	9	1.76	3.122
	SHH（山东、河北、河南）	32	6	0.719	9	1.87	3.327
	JL（吉林、辽宁）	11	2	0.509	6	1.72	3.055
栽培秋子梨	UP	22	5	0.613	10	1.70	3.028
野生秋子梨	WUP	18	6	0.562	11	1.70	1.634

注：H. 单倍型个数；Hd. 单倍型多样性指数；π. 核苷酸多样性；S. 分离位点数目；K. 平均核苷酸差异。

砂梨传播到东亚各地后，能够留存下来的个体肯定是适应当地生态环境的基因型，长此以往逐渐形成了具有空间分布差异的生态群，对应于我们提出的三大栽培群，就会在群体的遗传结构上有所反映。为了研究砂梨系统的不同生态群的群体遗传结构，我们以秋子梨为参照，基于 SSR 标记进行的 STRUCTURE 遗传结构分析揭示了东亚栽培梨 4 个同源基因库，其中 3 个来自砂梨栽培群，一个来自秋子梨（图 3-12A）。砂梨各栽培群的遗传结构呈现出明显的地理特征。在所有分析的 441 个东亚梨中，有 195 个"纯合型"（non-admixed）样本和 246 个"杂合型"（admixed）样本，其中"杂合型"样本所占的比例为55.78%。从图3-12B可以看出，不同地理群体中"纯合型"样本和"杂合型"样本所占的比例差异很大。位于北部和东北部的白梨栽培群的地理群体（如SS、SHH和JL）以及日本梨群体（如JPa和JPb）中的"纯合型"样本较"杂合型"样本的比例高，而在西南部（贵州除外）和南部的地理群体中的"杂合型"样本的比例明显高于"纯合型"样本。贵州（GZ）地处西南，但"纯合型"样本远高于"杂合型"样本，可能是贵州环境封闭、与外界交流不畅造成的。地处西北的甘肃、青海一带的砂梨栽培群品种虽然是从陕西传过来的，但"杂合型"比例与四川的相近，其原因可能是甘肃本地的砂梨系品种受到其他梨属种的基因渐渗（Teng et al.，2021）。

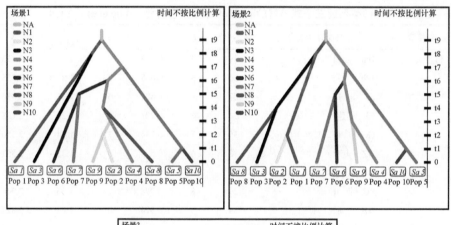

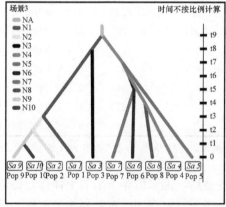

图3-11　贝叶斯算法推导出的栽培砂梨在东亚地区的三种可能传播路径（Yue et al.，2018）

从左到右分别代表传播路径的三种场景（场景1、场景2和场景3）。N1、N2、N3、N4、N5、N6、N7、N8、N9、N10分别代表Pop 1、Pop 2、Pop 3、Pop 4、Pop 5、Pop 6、Pop 7、Pop 8、Pop 9和Pop 10的有效群体大小。NA对应于有效群体大小的离散变化。时间设置为t9 > t8 > t7 > t6 > t5 > t4 > t3 > t2 > t1

根据不同地理群体中的"纯合型"样本的同源基因库的组成，可以将砂梨栽培群分成三大组（图3-12B）：第一组主要由日本梨品种和个别的浙江、福建品种组成；第二组主要来自贵州、广东、广西和福建的品种；第三组主要包含了来自中国中南部、安徽、江苏和北方大部分地区的样本。这三大组正好对应了日本梨、砂梨和白梨栽培群。但四川和中南部地区（湖北、湖南和江西）的"杂合型"比例远远高于"纯合型"，是现代砂梨系品种最重要的遗传多样性来源。秋子梨品种和野生秋子梨组成了第四组（图 3-12）。

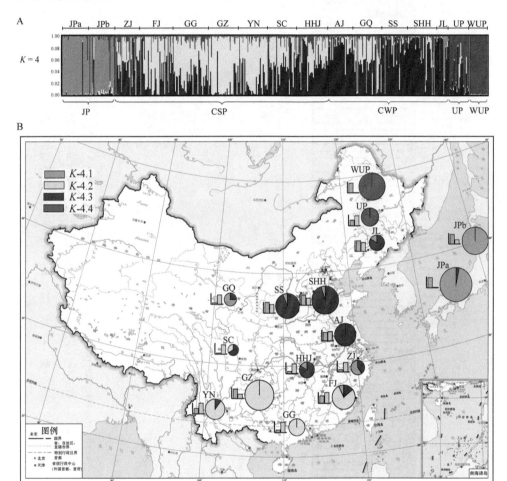

图 3-12 （A）基于 SSR 标记和贝叶斯模型计算的东亚梨的遗传结构；（B）东亚栽培梨[包含了砂梨系统和秋子梨（秋子梨品种 UP 和野生秋子梨 WUP）]各地理群体的遗传组成

不同颜色分别表示东亚梨的 4 个同源基因库。柱形图代表不同地理群体中"纯合型"（non-admixed）样本（橙色）与"杂合型"（admixed）样本（粉色）的比例。实线圆的面积代表各地理群体中的"纯合型"样本个体数量

上述研究的样品主要集中在砂梨系统内部，可以看出三大栽培群的遗传结构的差异。如果将砂梨系统放在整个梨属植物中去分析，则会发现砂梨系统的三大栽培群的遗传结构相同，基因库组成相似（图 3-13）（Jiang et al.，2016）。考虑到

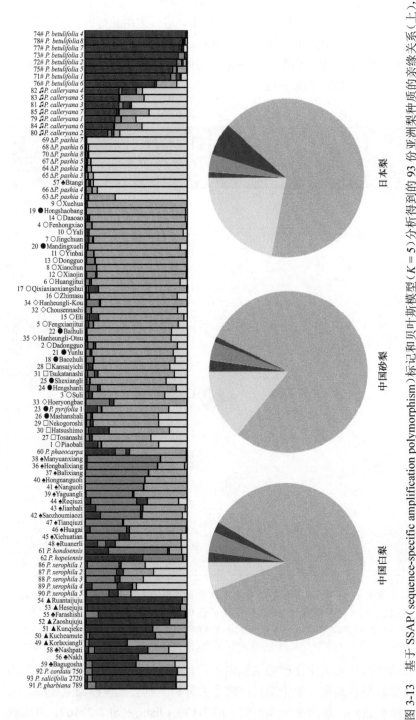

图 3-13 基于 SSAP（sequence-specific amplification polymorphism）标记和贝叶斯模型（$K = 5$）分析得到的 93 份亚洲梨种质的亲缘关系（上），白梨、砂梨和日本梨品种基因库组成（下）（Jiang et al., 2016）

○: 白梨; ●: 砂梨; □: 日本梨; ◇: 韩国产梨; ♠: 秋子梨; ▲: 新疆梨; ☙: 巴基斯坦产梨; △: P. pashia; ♫: P. calleryana; #: P. betulifolia

三大栽培群长期栽培形成的不同生态适宜性、明显区别的地理分布，我们在前期基于《国际栽培植物命名法规》（*International Code of Nomenclature for Cultivated Plants*）中"栽培群或品种群"（cultivar group）的概念，提出白梨栽培群的名称 *Pyrus pyrifolia* White Pear Group（Bao et al.，2008）的基础上，进一步提出日本梨栽培群的名称 *Pyrus pyrifolia* Japanese Pear Group 和中国砂梨栽培群的名称 *Pyrus pyrifolia* Sand Pear Group（滕元文，2017）。最近出版的 *The Pear Genome* 一书第三章"Genetic diversity and domestication history in *Pyrus*"介绍了我们提出的砂梨系的三个栽培群的概念（Volk and Cornille，2019）。

（二）白梨栽培群

1. 白梨品种与 *Pyrus ×bretschneideri*

白梨栽培群主要由分布于中国黄淮流域的脆肉大果型品种组成。'鸭梨'和'慈梨'等品种最具代表性，是最早被引种到国外的中国梨品种，经常作为中国梨的代表品种广泛用作试验材料或育种亲本。很长时间以来在中国出版的书籍或由中国人撰写的论文中都将白梨品种归在 *Pyrus×bretschneideri* 的学名下。*P. × bretschneideri* 是 Rehder（1915）命名的，其命名的依据是 1882 年 Emil Bretschneider 博士（1833~1901）从北京寄到美国哈佛大学阿诺德植物园（Arnold Arboretum）的"白梨"（pai-li，white pear）种子长出的实生树，也就是说，这个种并不是根据野外采集的标本进行命名的。在北京及其周边一带并没有称作白梨的野生种，但有数个包含"白梨"字样的品种如'白梨''京白梨''小白梨''雪白梨''秋白梨'等（谷川利善，1917；胡昌炽，1937a，1937b）。'京白梨'和'秋白梨'在当地也直接称作"白梨"（谷川利善，1917）。这些品种中的哪一个是 Bretschneider 博士提及的"白梨"就不可知了。Rehder（1915）认为"白梨"这个名字也可能适用于 *P. ussuriensis*。无论如何，河北一带将某些梨称作"白梨"倒是件很有趣的事情。有可能是这些梨成熟后果实外观由深绿变成浅绿，色泽变浅明亮而显"白"。犹如人们习惯将绿色葡萄称为白葡萄，对应于有色泽的葡萄。胡昌炽（1937a）调查认为河北昌黎乔家庄附近栽培的"罐梨"与 *P. ×bretschneideri* 的记载符合。需要注意的是，"罐梨"是栽培类型而非野生种。菊池秋雄在 20 世纪 30 年代在昌黎考察后认为，"罐梨"是一类梨的统称，其果实长圆形，脱萼，果径 2.5~3 cm，心室 3~4，果梗长 4.0~4.5 cm，叶片卵形或长卵形，叶缘针状锯齿，刺毛发育不完全，不是原生种，而是当地的大果栽培类型如'红梨''秋白梨'和'蜜梨'等主栽品种与杜梨的杂交类型（菊池秋雄，1946，1948）。欧美学者，如 Bell 和 Hough（1986）、Challice 和 Westwood（1973）等大都接受了菊池秋雄关于 *P. ×bretschneideri* 为北方大果型梨品种和杜梨的杂种的这一观点，但他们错误地将白梨品种归属于

P. ×bretschneideri。菊池秋雄用杜梨与日本梨或中国梨的大果型品种杂交，得到的后代性状与罐梨相似。Rehder（1915）命名的 *P. ×bretschneideri* 的果实近球形或卵圆形，纵径 2.5～3 cm，横径 2.5 cm，心室 4～5，萼片脱落；叶缘锐锯齿，带刺毛（Rehder，1915）。与菊池秋雄调查的白梨（罐梨）的最大区别在于果实的心室数的差异。因此从命名的过程及前人的实地调查可以推断，并不存在原生的 *P. ×bretschneideri* 这个梨属种。相反，先有'红梨''秋白梨'和'蜜梨'等品种，后有罐梨或白梨（*P. ×bretschneideri*）。因此，我国北方的大果型脆肉品种不可能是由 *P. ×bretschneideri* 演化而来的，而把这些品种归在 *P. ×bretschneideri* 的名下显然是错误的。

那么白梨品种是如何和 *P. ×bretschneideri* 发生关联的呢？即使在 Rehder（1915）命名 *P. ×bretschneideri* 之后的一段时间内，也没有学者认为 *P. ×bretschneideri* 是一个和北方的白梨品种有关的栽培种。例如，1921 年美国的 Hedrick 在 *The Pears of New York* 一书中认为梨属的三个栽培种是西洋梨（*P. communis*）、雪梨（*P. ×nivalis*）和砂梨（*P. serotina*）。而 *P. serotina*（现为 *P. pyrifolia*）和 *P. ×bretschneideri* 一样正是 Rehder（1915）同时命名的新种。1933 年，金陵大学园艺系的胡昌炽在日本的《园艺学会杂志》上发表了论文《中国莱阳茌梨栽培的调查》，指出中国的栽培梨品种由秋子梨（*P. ussuriensis*）、白梨（*P. ×bretschneideri*）、砂梨（*P. serotina*）和川梨（*P. pashia*）4 个种演化而来。而对于包括'莱阳茌梨'（'慈梨'）在内的莱阳地区的梨的归属，他并没有给出明确的答案。只是推测，这些地方品种可能由 *P. ussuriensis* 或 *P. ×bretschneideri* 演化或两者杂交而来。他的这个观点显然受到了菊池秋雄（1924）观点的影响。但到了 1937 年，他首先在《金陵大学农学院丛刊》，而后又在日本《园艺学会杂志》上发表了题为"中国栽培梨之品种与分布"的论文，明确地将河北、山东和辽宁一带的大果型品种如'鸭梨''慈梨''秋白梨'等以及四川的'金川雪梨''汉源梨'等 43 个品种归属在 *P. ×bretschneideri* 名下，将华北地区的大果型脆肉品种与 *P. ×bretschneideri* 相关联。同一年出版的由陈嵘撰写的《中国树木分类学》中也列举了'鸭梨''慈梨'等 10 个品种属于 *P. ×bretschneideri*。此后，在中国人执笔的有关梨树分类的论著中，大都将 *P. ×bretschneideri* 作为白梨品种的起源种。中国园艺学家李曙轩（1948 年）和沈隽（1980 年）分别在美国的 *Proceedings of the American Society for Horticultural Science* 和 *HortScience* 上撰文介绍中国梨时，也都将白梨品种归属于 *P. ×bretschneideri*。将白梨品种归属于 *P. ×bretschneideri* 的著作主要有：由中国农业科学院果树研究所主编，于 1963 年出版的第一本全面介绍中国梨的著作《中国果树志·第三卷（梨）》，俞德浚（1979）的著作《中国果树分类学》，王宇霖的英文著作 *Chinese Pears*（Wang，1996），曹玉芬和张绍铃（2020）主编的《中国梨遗传资源》。

吴耕民（1984）所编著的《中国温带果树分类学》中没有采用大多数中国学者的上述观点。该书采用了日本园艺学家菊池秋雄对白梨品种起源的建议，即白梨品种是以秋子梨为基本种或者基本种之一演化而形成的，并命名为 *P. ussuriensis* var. *sinensis* (Lindley) Kikuchi。菊池秋雄的这一观点不仅对日本的园艺学家，而且对欧美的园艺学家也产生了很大的影响。日本出版的权威工具书，如 1972 年养贤堂发行的《果树园艺大事典》、1988 年平凡社出版的《世界大百科事典》，均采用了菊池秋雄所建议的学名。甚至在 20 世纪末 21 世纪初日本人的论著中，仍然将白梨品种归在 *P. ussuriensis* var. *sinensis* 名下（Ning et al.，1997；Moriguchi et al.，1998；Okubo et al.，2000）。在 2001 年由国际园艺学会主办的亚洲梨学术讨论会的论文集中，一些作者也将白梨品种记在 *P. ussuriensis* 名下（Iwahori et al.，2002）。

2. 白梨品种与砂梨

在 Rehder（1915）发表 "Synopsis of the Chinese Species of *Pyrus*" 之前，欧美学界将中国北方的梨栽培类型视为与日本梨同样的类型，统置于 Lindley 于 1816 年命名的 *Pyrus sinensis* 名下，称为中国梨或砂梨。1914 年日本的谷川利善系统考察了中国东北地区、山东和河北一带的包括梨在内的果树后于 1917 年编辑出版了《满洲之果树》。在这本书中，他将中国的梨地方品种根据果实肉质的特征分为两大类，他是第一个注意到东北和华北有脆肉和软肉果实两大类梨品种的研究者。他将其中一类称为砂梨或中国梨，其肉质粗硬有沙粒感，可储藏较久不易变质，性状和日本梨相似，'鸭梨''红梨'等属于此类，即 *Pyrus chinensis*（应该为 *Pyrus sinensis* 的笔误）。另一类的果实需要后熟软化（谷川利善，1917），就是本节后面将要讨论的秋子梨系统品种。之后日本的菊池秋雄对中国华北地区和东北地区一些地方进行考察后，认为'鸭梨'和'慈梨'的品质与日本梨和西洋梨品种可以媲美。鉴于白梨的生态适应性和大果型特点，他认为白梨品种可能是 *P. ussuriensis* 和砂梨杂交演化而来（菊池秋雄，1944，1946，1948）。显然他忽略了秋子梨和白梨的果实性状的巨大差距，因此他对白梨品种起源的推测也一直没有得到我国大多数学者的认可。但他认为白梨品种有砂梨系统的血缘的观点值得肯定。

正如前文所述，中国学者起初就将白梨和砂梨作为两个种来对待，但在处理一个品种的归属时可能遇到困惑。早在 1937 年，胡昌炽就将四川的地方品种'汉源梨''金川雪梨''茂州梨''东乡梨'归为 *P. ×bretschneideri*，即白梨系。1963 年出版的《中国果树志·第三卷（梨）》中不仅继承了这一划分，而且进一步增加了四川的白梨品种数量，达 26 个。在该书中 17 个湖北地方品种、7 个江西地方品种也被划归为白梨系；江苏的所有地方品种均被归为白梨系；安徽的'酥梨'等 17 个品种被划归为白梨系，而'砀山紫酥梨'等 36 个品种被划归为砂梨系。

也有一些北方产的品种被当作砂梨，如吉林的'苹果梨'等 8 个品种、辽宁的 2 个品种、河北的 8 个品种、山东的 5 个品种、河南的 3 个品种、陕西的 11 个品种（中国农业科学院果树研究所，1963）。划分的主要依据之一可能是果皮的色泽，南方产的绿皮梨为白梨，而北方产的褐皮梨为砂梨。这种划分的彷徨性也反映了白梨品种和砂梨品种难以区分的事实。另外，从现实情况看，砂梨品种中锈褐色、绿色和中间色的果皮皆有之，主要受遗传因素的控制，同时受到环境条件的调控。菊池秋雄（1924）的研究表明，锈褐色对绿色为显性遗传，但中间色和绿色果皮的品种因为生育期的气候因素特别是降雨或湿度的变化而果实呈现不同的变化。因此改变果实周边微气候的栽培措施对果皮色泽的最终呈现也会产生影响，如合适的套袋技术可以使中间色的'翠冠'果实的色泽变为绿色（黄春辉等，2007）。另外，一些白梨品种的绿色果皮在降雨多的年份也可能产生锈斑变为褐色或中间色。一些绿色的品种也会产生全锈褐色芽变，如'酥梨'的褐色芽变'锈酥'（暂名）（衡伟等，2011）。同样，一些褐色果皮的品种也可以产生绿皮芽变，如'黄花'的绿色芽变'绿黄花'（暂名）（李浩男等，2015）。显然，这种根据有限的形态学特征对品种进行归类需要丰富的经验，而且具有明显的局限性。另外，同一品种因著者不同而被划分成白梨或者砂梨。

从 20 世纪 80 年代开始，研究者利用一些试验手段对白梨和砂梨进行比较研究。林伯年和沈德绪（1983）利用过氧化物酶同工酶的研究发现，白梨和砂梨品种间谱带交错，因此推测白梨和砂梨为一个种。但该研究所用材料数量少，缺乏足够的代表性。梨属植物花粉形态的研究结果也表明白梨和砂梨的花粉形态相似，亲缘关系最近（邹乐敏等，1986；姚宜轩和许方，1990；李秀根和杨健，2002）。

本书著者采集了中国白梨和砂梨代表性品种，利用 RAPD 标记对其亲缘关系进行了分析（Teng et al.，2002），结果发现，在建立的系统发育树中，白梨品种和砂梨品种不是分别单独聚类，而是聚类成为一个大组（Group IV），在这个大组中，起源于相同地方的品种一般聚在一起（图 3-14）。在这之前，我们利用 RAPD 标记研究新疆原产梨遗传多样性时也发现，白梨、中国砂梨和日本梨在系统发育树中聚合在一起形成一个组（Teng et al.，2001）。之后，本书著者的研究小组在采集更广泛的样品的基础上，又利用 SSR 和 AFLP 标记进行亚洲梨亲缘关系研究，得出了相似的结果（Bao et al.，2007，2008）。从这些研究结果可以看出，白梨品种和砂梨品种并不是起源于不同的野生种，而是来自相同的祖先种，也就是说白梨品种也属于砂梨系。根据《国际栽培植物命名法规》，我们将白梨视为砂梨的一个栽培群或生态群，提出了新的名称：*Pyrus pyrifolia* White Pear Group（Bao et al.，2008）。

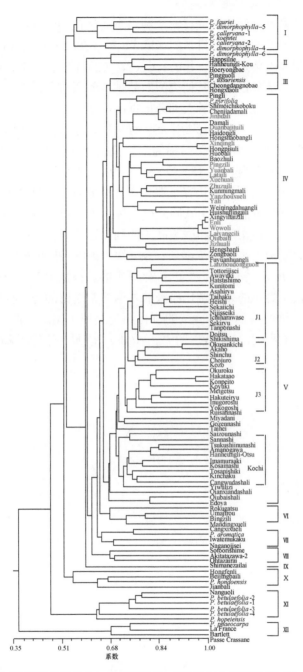

图 3-14 118 个梨属种和梨品种的非加权组平均法（UPGMA）聚类分析（Teng et al.，2002）。

分析基于 Dice 相似系数。蓝色为砂梨品种，绿色为白梨品种，红色为日本梨品种，黑色为上述类型以外的梨属种和品种其他研究者采集不同的研究材料，利用不同标记的研究结果也支持白梨和砂梨品种亲缘关系很近的结论。日本的 Kimura 等（2002）利用 SSR 标记建立的系统发育树中白梨和砂梨是聚在一起的。Cao 等（2011）基于 SSR 标记研究了中国砂梨品种（包含了部分白梨和其他类型的品种）的遗传多样性，结果发现，在系统发育树中白梨和砂梨地方品种大部分依据起源地聚合在一起，白梨品种分散在不同的砂梨组中。他们的另一项利用 SSR 标记以白梨地方品种为主的遗传多样性研究结果也表明白梨品种与砂梨品种的亲缘关系比其他品种更近（Tian et al.，2012）。Liu 等（2015）利用了 134 对 SSR 引物，对包括 127 个砂梨品种和 90 个白梨品种在内的 385 份梨种质进行了遗传多样性分析，结果表明白梨品种和砂梨品种亲缘关系最近，可能起源于共同的祖先种（图 3-15）。Wu 等（2018）的基因组重测序研究也支持白梨品种和砂梨品种的同一起源。但这些研究仍然坚持将白梨看作独立的梨属种 *P. ×bretschneideri*。Wu 等（2018）推测 *P. ×bretschneideri*（白梨）是从栽培的 *P. pyrifolia*（砂梨）分化而来的。根据现有的证据，栽培的砂梨毫无疑问是直接从野生的砂梨驯化而来的，但非常遗憾的是，我们现在找不到野生的砂梨居群，这给我们研究砂梨的驯化历史造成了困扰。但一个栽培种 *P. ×bretschneideri*（白梨）如何从栽培的 *P. pyrifolia*（砂梨）分化而来呢？一条可能的

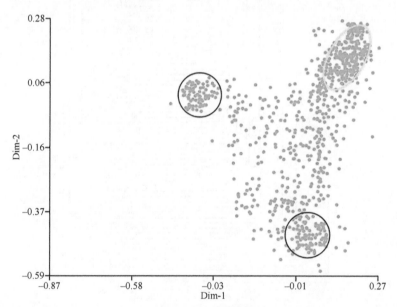

图 3-15　利用 134 个 SSR 标记对 385 份梨种质进行的主成分分析（Liu et al.，2015）
黄圈代表大部分砂梨和白梨品种，红圈代表 *P. ussuriensis* 的大部分品种，蓝圈代表 *P. communis* 的大部分品种

途径就是栽培砂梨和另一个种杂交，产生新种，类似于新疆梨的产生过程。如果是这样的话，白梨品种和砂梨品种的遗传结构或基因库应该差异很大，它们在系

统发育树上也不可能聚在一起。利用我们自行开发的基于反转录转座子的 SSAP 标记的研究发现，白梨品种、砂梨品种和日本梨品种的亲缘关系很近，遗传结构或基因库的组成很相似（Jiang et al.，2016）（图 3-13），因此不支持上述假说。另外一个可能的途径类似于水稻的起源，在两个不同的地域由野生种起源分化为两个栽培亚种，但都是在一个种内的变异。亚种间由于地域、生态或季节上的隔离而形成的形态特征上有明显区别。但白梨和砂梨并没有明显的形态特征差异，砂梨品种内部不同品种间的性状差异甚至大于砂梨与整个白梨类群的差异，也就是说白梨也没有上升到 *P. pyrifolia* 的亚种的地位。因此考虑到白梨栽培的历史、白梨品种分布区域的生态独特性，将白梨地方品种作为砂梨系统的一个栽培群（品种群）具有合理性。

Teng 和 Tanabe（2004）在第四届国际栽培植物分类学术会议（Ⅳ International Symposium on Taxonomy of Cultivated Plants）上，对白梨品种的归属或起源的新观点做了介绍。同时期发表在《果树学报》上的论文《梨属植物分类的历史回顾及新进展》也介绍了白梨研究的新进展（滕元文等，2004）。2013 年由张绍铃主编的《梨学》中本书著者撰写了第二章 "梨属植物的起源与演化"，其中简要介绍了白梨品种和 *P. ×bretschneideri* 的关联历史，国内外对白梨起源研究的历史和进展，明确提出了白梨品种为砂梨的一个生态型的观点（滕元文，2013）。但《梨学》一书由不同的作者编写，所以全书对白梨品种的起源或归属的认识并不统一。2017 年本书著者参考了国内外最新的研究结果，在《果树学报》发表了文章《梨属植物系统发育及东方梨品种起源研究进展》，介绍了 2008 年提出的白梨栽培群的名称：*Pyrus pyrifolia* White Pear Group（滕元文，2017）。2020 年出版的《中国梨树志》中不再将白梨作为独立的一个种或系统，而视作砂梨系统的一个栽培群（品种群）：*Pyrus pyrifolia* White Pear Group，即不再用 *P. ×bretschneideri* 表示白梨（李秀根和张绍铃，2020）。

（三）砂梨栽培群

一般认为，砂梨栽培群起源于我国长江流域及其以南地区野生的 *Pyrus pyrifolia*（Rehder，1915；菊池秋雄，1924；陈嵘，1937；胡昌炽，1937a）。因此长江流域及其以南的大果脆肉型地方品种归属砂梨栽培群。野生砂梨居群的缺失给研究砂梨栽培群的确切起源带来了很大的挑战。但砂梨栽培群的遗传多样性高于白梨和日本梨栽培群的事实（Yue et al.，2018）可能反映了砂梨栽培群的原始性，其中的一些品种特别是云南、四川一带的砂梨地方品种可能更接近于野生砂梨的特征。砂梨栽培群果实不论在大小、形状、色泽和肉质等形态上，还是在贮藏等性能上，其多样性在亚洲栽培梨中都最为丰富，其丰富度反映在 2020 年出版的《中国梨树志》和《中国梨遗传资源》的品种描述中。在过去的教科书或相关著作中，大都有砂梨不耐贮藏的记述（中国农业科学院果树研究所，1963；俞德浚，1984）。这可能主要是一些贮藏性较差的早熟砂梨品种给人们造成的错觉。另外，南方砂梨成熟期的环境温度高，自然条件下的确不耐贮藏，但一些晚熟品种贮藏性能优越，加上此时环境温度已经下降，贮藏期并不比白梨栽培群的品种时间短。

在浙江一带有一类称为"霉梨"的地方品种，和普通砂梨果实肉质脆、采收后即可食用的特性不同，这类梨果实采收时酸涩不堪食用，需要后熟变软或煮熟后才可以食用。当地方言中"霉"字与形容"水而软"的字发音相似，加上霉字本身的字义，因此得名（郑小艳和滕元文，2014）。霉梨果实大小变异较大，大果品种较多，通常为5心室；小果品种较少，通常为3～4心室；大多数果皮为锈褐色，也有个别为绿色（吴耕民，1993）。因为其果实肉质与砂梨的差距较大，推测为豆梨和砂梨的杂种（中国农业科学院果树研究所，1963；吴耕民，1993）。但最近的分子系统学的研究表明，霉梨可能为多起源，5心室的霉梨与栽培砂梨具有较近的亲缘关系，并非种间杂种，豆梨没有直接参与这类霉梨的起源；4心室霉梨可能为杂交起源，但不明确；3心室霉梨保持了较原始的性状，与其他霉梨的起源明显不同（郑小艳和滕元文，2014）。因此我们推测大果5心室的霉梨可能是砂梨的一种原始类型。

（四）日本梨栽培群

原产于日本的梨品种的绝大部分都可归为此类。一般认为，这些品种都源自 *P. pyrifolia*，和中国的砂梨属于同一种，习惯上称为日本梨，对应的英文为 Japanese pear，在欧美有时直接用梨的日语发音 Nashi 指代日本梨甚至整个亚洲栽培梨。在早期日本国内也曾将日本梨的英语翻译为 Japanese sand pear（Iwasaki，1925），也就是日本砂梨。有关日本梨的起源一直存在争议，有两种不同的学说：渡来说和改良说（梶浦一郎，1983；梶浦一郎等，1979；小林章，1990）。坚持渡来说的学者认为，日本现在栽培的梨品种的祖先是从古代中国大陆和朝鲜半岛传到日本的（白井光太郎，1929）。根据小林章（1990）的考证总结，日本绳文时代（公元前12 000～前300年）出土过板栗、橡子类（*Quercus* spp.）、树莓、葡萄（著者注：估计是日本原产的葡萄属亚洲种群植物）和杨梅等果实的遗迹，这些果树都是日本原产的。但这个时期没有梨果的遗迹出土。弥生时代（公元前300年至公元250年）前期到古坟时代（公元250～592年）前期，出土有柿子、胡颓子、葡萄类、枇杷、梅、桃、李子、树莓和梨果实遗迹（小林章，1990）。从中可以看到，从绳文时代到弥生时代果树的种类发生了很大变化。史学界的普遍看法是绳文时代到弥生时代的转换是一个质的飞跃，日本开始普遍种植水稻，青铜器和铁器工具普及，与中国、朝鲜半岛交往频繁。甚至有人认为弥生人与弥生文化来自中国的吴与越。伴随这些人的到来或与中国的交往，一并带来了或引进了包括稻作文化在内的其他先进的文化，包括各种果树的引入。现在公认的或普遍接受的观点是葡萄（欧亚种葡萄）、枇杷、梅、杏、桃等是从中国传到日本的。那么梨也会一起带过来的想法应该理所当然（梶浦一郎，1983）。弥生时代及之后的日本古代遗迹中梨的出土为上述观点提供了佐证。日本著名的园艺学家菊池秋雄在其学术生涯的早期是渡来说的坚定支持者。菊池秋雄（1924）在日本《遗传学杂志》上发文认为日本栽培的'长十郎'等品种的祖先在日本找不到野生种，日本梨的原种是与日本气候相近的中国中南部原产的 *P. serotina*（现为 *P. pyrifolia*），现在日本栽培的梨品种最初可能和柑橘、枇杷等一同从中国被带到日本的。但是到了 20 世纪 40 年代，菊池秋雄的观点发生了根本的改变，从渡来说的倡导者变成了改良说的支持者。发生这种大转变的确切原因很难考证。他在那个时候的观点是，日本梨品种是从日本的袭速纪地带（南九州、南四国、南纪伊）野生的 *P. pyrifolia* 中改良而来的，但在改良过程中有可能受到从古代中国传来的梨的影响（菊池秋雄，1944，1946，1948）。然而，迄今为止在日本还没有发现过野生的 *P. pyrifolia* 居群，也没有任何文献记载过（梶浦一郎，1983）。反映日本自然的《风土记》（成书于公元 733 年）中内容最完整的一部《出云风土记》*中记载了当时的自然植被中的植物种类，其中的果树只有李、杨梅和板栗，而没有梨的记载（小林章，1990）。当然没有记载并不意味着不存在，但可能说明那个地方起码没有将其作为果树利用。有学者认为，在日本并不存在真正的野生 *P. pyrifolia*，当今在日本发现的所谓野生的植株大多在海拔 500 m 以下的次生林带边缘，很可能是栽培种的逃逸（Iketani et al.，2010）。这个观点其实最早出自菊池秋雄（1924）。

各种试验研究手段的介入为解开日本梨的起源开辟了新的路径。植物中具有一定的种类特异性的化合物或一些物质的组成可以用于区分植物类别、追溯栽培植物的起源或历史。从梨品种果实的糖组分来看，九州、日本海沿岸的品种和中国的梨品种很相似（梶浦一郎等，1979）。另外，从梨叶中提取的黄酮类化合物的比较分析表明，日本梨品种'二十世纪'的起源可能受到日本东北地区的野生岩手山梨（*P. ussuriensis* var. *aromatica*）的影响（Kajiura et al.，1983）。以上研究说明日本梨品种的起源可能受到多个梨属种的基因渐渗的影响。

日本学者張浚澤等（1992）利用叶片过氧化物酶同工酶分析了亚洲梨的亲缘关系，发现日本江户时代的梨品种与一些中国梨和朝鲜半岛梨的亲缘关系较近。利用 DNA 标记进行的多项亚洲梨遗传多样性研究的结果表明，日本梨在系统发育树中相对于中国砂梨而独立聚在一起，但如果按照一定的相似系数划分组别的话，则和中国砂梨聚在一个大组，即使相对独立，但仍与个别来自中国的砂梨品种聚在一起（Kimura et al.，2002；Teng et al.，2002；Bao et al.，2007，2008；Jiang

---

* 出云现为岛根县一带。

et al.，2015，2016），显示了日本梨与中国砂梨具有一定的亲缘关系。特别是来自浙江和福建的砂梨品种可能对日本梨的形成起了重要作用（Teng et al.，2002；Liu et al.，2015；Yue et al.，2018）。而日本梨与中国砂梨的遗传结构和基因库组成的相似进一步证明了日本梨属于砂梨栽培群（Jiang et al.，2015，2016）。

二、秋子梨系统

在中国东北地区和北方其他一些地区，有一类栽培梨与中国北方白梨、中国南方的砂梨和日本梨的大型脆肉果实不同，其果实小，一般需要后熟变软才能食用，而且总体来说酸度高、石细胞多，品质较差，但其耐寒性远高于白梨、砂梨和日本梨品种。这类梨品种现在统称为秋子梨（*P. ussuriensis*）系统，长期以来被认为是直接从野生的 *P. ussuriensis* 驯化而来（菊池秋雄，1948；中国农业科学院果树研究所，1963）。*P. ussuriensis* 主要野生分布于中国东北地区和内蒙古、朝鲜半岛北部和俄罗斯远东地区，是 Maximowicz 于 1857 年命名的（Stapf，1891；Rehder，1915）。如果根据拉丁语直译的话，应该是"乌苏里梨"（Ussurian pear）。"秋子梨"之称谓可能最早出现在胡昌炽（1933）在日本《园艺学会杂志》上撰写的《中国莱阳茌梨栽培的调查》一文中。1937 年出版的《中国树木分类学》中，*P. ussuriensis* 对应的汉语俗名为"花盖梨"，语义来自秋子梨果实萼端的萼片留存形成花盖；其别称有秋子梨（辽宁）、酸梨（河北）、沙果梨（河北定州市）和野梨（陈嵘，1937）。说明在 20 世纪 30 年代秋子梨的称谓并不是普遍接受的。

虽然秋子梨品种在民间的栽培有一定的历史，但对这些品种的起源归属的正确认识经历了一个比较长的过程。日本人谷川利善可能是最早从果实性状上注意到秋子梨品种的园艺学家。他在 1917 年出版的《满洲之果树》中记载了两类梨品种，一类是脆肉的砂梨系统品种，另外一类是软肉类型，像'尖把''鸭广梨''北京白梨'和'满园香'等果实的肉质和食用方法与西洋梨相似，储藏一段时期后肉质变得柔软丝滑，入口即化，将其归属于与西洋梨品种同系的 *P. communis*。他认为原产于中亚的 *P. communis* 一方面传向欧洲，并在此地长期栽培，经自然淘汰和人为驯化改良，最终演变为"西洋梨"；另一方面，中国和中亚地区相接壤，自古就有交换和传播果树苗的传统，所以这种梨也传向中国，但并没有在中国进行品种改良，至今仍保持其原始性状（谷川利善，1917）。当然从现在来看，他对东北地区这些需要后熟、肉质变软的梨品种起源的认识是错误的，其主要原因正如他自己所讲的他只注意到了果实性状，并没有对树体、枝叶等其他性状进行调查。虽然当时秋子梨已经得到了命名，但可能没有人注意到秋子梨的栽培类型，所以我们不能对此苛求。但从科学的角度探讨这类梨的特征是非常值得肯定的。另外，谷川利善（1917）还描述了其他一些现在被归为秋子梨系统的品种：'香水梨''安梨'‘麻梨（马梨）'‘大头黄'‘热秋白'‘小白梨'‘虎皮香'‘马蹄香'‘秋酸梨'‘秋子梨'‘秋梨'等。其中的一些品种从 20 世纪最初 10 年中后期开始陆续在日本人建立的位于我国熊岳城的南满洲铁道株式会社农事试验场（现在的辽宁省果树科学研究所所在地）进行栽培和品种试验（满鉄農事試験場，1935）。之后，胡昌炽（1937a，1937b）将其在 1928～1935 年调查到的中国地方梨品种按照果实的萼片是否脱落分为两大类：冠萼类（现在惯称为宿萼类）和脱萼类。属于前者的为秋子梨（P. ussuriensis）系统，属于后者的有白梨（P. ×bretschneideri）系统和砂梨（P. serotina）系统。他列举了分布于辽宁、河北一带的 12 个秋子梨品种：‘安梨'、‘虎皮香'、‘华盖梨'、‘黄金嘴'、‘梨丁丁'、‘面梨'、‘热秋白'、‘北京白梨'（日文原文为‘北东白梨'，但原文中的英文为 Peking Pei Li，可能为笔误）、‘酸梨'、‘沙果梨'、‘尖把'和‘油秋梨'，第一次明确了这些品种驯化自野生的 P. ussuriensis。日本的菊池秋雄于 20 世纪 30 年代多次调查中国梨后认为这些品种是纯系的 P. ussuriensis，命名为"中国小梨"：Pyrus ussuriensis var. culta，以‘北京白梨'为代表，有‘华盖'（平梨）、‘满园香'（八里香）、‘尖把'、‘大头黄'、‘马蹄黄'、‘面酸梨'、‘甜酸梨'和‘安梨'等品种（菊池秋雄，1946，1948）。

与砂梨系（包括白梨、中国砂梨和日本梨）有丰富的地方品种资源不同，秋子梨品种的数量较少。1963 年出版的《中国果树志·第三卷（梨）》中声称中国东北地区有 150 个秋子梨品种，但只描述了 72 个。最新出版的《中国梨树志》描述了 84 个秋子梨品种（李秀根和张绍铃，2020）。菊池秋雄（1946，1948）认为从世界范围看，秋子梨品种比较原始，与亚洲西部的柳叶梨（P. salicifolia）的栽培品种的品质相当。虽然国内学者不同意菊池氏的看法（中国农业科学院果树研究所，1963），但从大部分秋子梨品种的果实保留了高酸度和涩味这种原始属性看，秋子梨的驯化和栽培历史并不长是无可争辩的事实。近几年来利用 DNA 标记进行的研究逐渐揭示了秋子梨系统品种的起源。

在最初利用 DNA 标记进行的亚洲梨品种亲缘关系研究中，秋子梨品种有时候会在系统发育树中单独聚类（图 3-14）（Teng et al.，2002；Bao et al.，2007），但有时与砂梨品种等不能截然分开（Kimura，2002；Bao et al.，2008；Bassil and Postman，2010；Jiang et al.，2015）。这些研究虽然没有包含野生秋子梨，但结果暗示了秋子梨品种复杂的遗传背景。研究表明中国原产的野生秋子梨的遗传多样性低于秋子梨品种，基于 SSR 标记的分析表明，反映遗传多样性的观察等位基因数、有效等位基因数和等位基因的丰富度等指标，秋子梨品种均高于野生秋子梨（Wuyun et al.，2015；Yue et al.，2018）。同样，秋子梨品种的 cpDNA 单倍型多样性也高于野生秋子梨（表 3-6）（Yue et al.，2018）。野生秋子梨和秋子梨品种的遗传结构也不同，在系统发育树上距离较远，只有来自黑龙江牡丹江的一个野生秋子梨居群和秋子梨品种关系较近（图3-16）（Wuyun et al.，2015）。另一项独立研究也发现中国的野生秋子梨特别是起源于黑龙江的野生类型和秋子梨品种在系统发育树上被明显分成两大类，但起源于辽宁的部分野生秋子梨和秋子梨品种聚在一个大组内（Cao et al.，2012）。这些研究结果从一个侧面反映了大部分的野生秋子梨居群可能没有参与秋子梨品种的起源，秋子梨品种可能不是直接从野生秋子梨演化而来的，而是其中的一部分半野生的类型和砂梨品种杂交而成。对日本野生秋子梨和秋子梨品种的遗传结构的对比研究发现，两者的基因库构成不同（Iketani et al.，2012）。

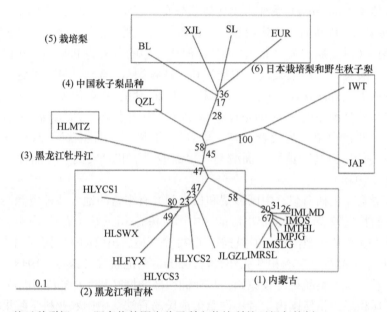

图 3-16　基于种群间 Nei 距离值的野生秋子梨和栽培梨的无根邻接树（Wuyun et al.，2015）
图中分叉出的数字为自展值。(1) 来自内蒙古的 6 个野生秋子梨居群；(2) 黑龙江和吉林的 6 个野生秋子梨居群；(3) 黑龙江牡丹江的野生秋子梨居群；(4) 中国秋子梨品种；(5) 栽培梨：白梨品种（BL）、新疆梨（XJL）、砂梨（SL）、西洋梨（EUR）；(6) 日本栽培梨（JAP）和日本野生秋子梨（IWT）

　　Jiang 等（2016）在利用基于梨基因组反转录转座子开发的 SSAP 标记研究亚洲梨遗传多样性时，发现秋子梨品种的基因库主要有两个来源（图3-13），一个来自砂梨，另一个为秋子梨品种独有，推测可能来自野生秋子梨。但这项研究没有包含野生秋子梨。Yu 等（2016）在此基础上采集了野生秋子梨样品，利用同样的 DNA 标记，研究结果发现秋子梨品种的其中一个基因库确实来自野生秋子梨（图 3-17），从而证实了秋子梨品种或者至少一部分秋子梨起源于野生秋子梨和砂梨系品种的杂交。

　　在日本东北部也有一些源自岩手山梨 *P. ussuriensis* var. *aromatica*（或 *P. aromatica*）的品种（菊池秋雄，1948），和中国的秋子梨品种相似，果实小，有

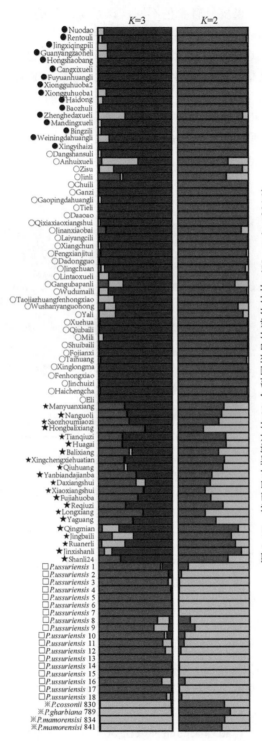

图 3-17 基于贝叶斯算法的 92 个梨属样品的遗传结构（Yu et al., 2016）

●: 砂梨品种; ○: 白梨品种; ★: 秋子梨品种; □: 野生 *P. ussuriensis*; ※: 西方梨种

香气，宿萼，和秋子梨果皮只有绿色不同，该系统品种的果皮为绿色或锈褐色（图 3-18），主要分布在日本的岩手县、青森县和秋田县等。这些地方栽培留存下来的老梨树大都属于这个种，零星栽植的类型大多没有品种名称，'衣通姬'（Sotoorihime）、'无核梨'（Iwatetanenashi）和'金光寺'（Kinkouji）等是为数不多的有名称的老品种。目前在日本已经没有商业化栽培的岩手梨了。岩手县现在散在分布的梨树个体超过 500 株，但真正属于 *P. aromatica* 的个体少于 100 株，其作为种质保存在日本神户大学（Kobe University），其余大多是和日本梨杂交的后代（Katayama et al.，2007）。

图 3-18 *P. aromatica* 的几种典型果实（Katayama and Uematsu，2006）

上行显示水果的侧视图，中间行显示从上方的俯视图，下行显示果实的横切面。（a）和（b）锈褐色果皮，有 5 个心室；（c）锈褐色果皮，有 3 个心室且无种子；（d）光滑皮型，有 5 个小房室；（e）光滑皮型，果面色素沉着红色

三、新疆梨系统

新疆梨（*P. ×sinkiangensis* T. T. Yü）是俞德浚于 1963 年命名的，顾名思义是原产新疆的梨，从形态上推测可能是西洋梨和白梨的杂交后代（俞德浚和关克俭，1963）。新疆梨是否有资格上升到种的问题在第二章中已经讨论，此处不再赘述。但在新疆和邻近的甘肃、青海一带，长久以来有大量所谓"二转子"梨品种栽培，就是指的西洋梨和东方梨的杂交后代。这些品种在果实的形状、萼片宿存或脱落、果肉质地、叶片锯齿的尖锐程度、果梗的长度等方面都介于白梨和西洋梨之间（张鹏，1991）。在新疆，文献中记载的新疆梨品种有 19 个（新疆农业科学院农科所和陕西省果树研究所，1978）至 30 多个（张鹏，1991），加上《甘肃果树志》中记载的 20 个新疆梨品种，新疆梨的品种数在 50 个左右。根据果实性状分为两个

品种群：绿梨品种群和长把梨品种群（俞德浚，1984；张鹏，1991）。前者果实倒卵圆形或卵圆形，肉质脆，一般不需要后熟即可食用，萼片宿存或脱落；后一类果实和西洋梨很相似，一般需要后熟才能食用，味香，果梗长。

　　本书著者早在 2001 年就利用随机扩增多态性 DNA（random amplified polymorphic DNA，RAPD）标记研究了新疆原产梨品种的亲缘关系，发现新疆原产的一些梨品种中的确有白梨和西洋梨的血统，这些品种大多数是原来根据形态学划归到新疆梨中的，但也有一些原来根据形态学认为属于白梨品种如 '库尔勒香梨' 等与新疆梨品种在系统发育树中聚在一起（图 3-19），因此建议将这些品种划归到新疆梨系统中（Teng et al.，2001）。20 世纪出版的教科书和相关著作中均将该品种列在白梨系统中。在本书著者建立的系统发育树中，已知的西洋梨和砂

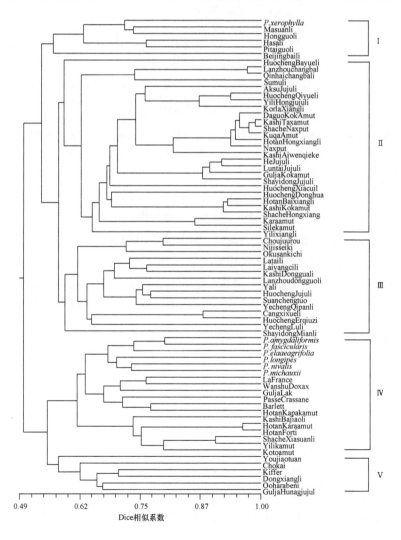

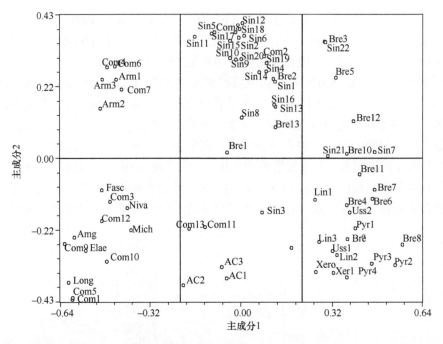

图 3-19　梨属种和梨品种（主要是新疆的地方梨品种）基于 RAPD 数据的 UPGMA 聚类分析树状图（上）和主成分分析二维图（下）（Teng et al.，2001）

AC. *P. communis* × *P. pyrifolia*；Amg. *P. amygdaliformis*；Arm. *P. armeniacifolia*；Bre. *P. bretschneideri*（注：本书中对应的砂梨系统的白梨栽培群）；Elae. *P. elaeagrifolia*；Fasc. *P. fascicularis*；Com. *P. communis*；Lin. 原产于甘肃临洮的地方品种；Long. *P. longipes*；Mich. *P. michauxii*；Niva. *P. nivalis*；Pyr. *P. pyrifolia*；Sin. *P. sinkiangensis*；Uss. *P. ussuriensis*；Xer. *P. xerophilla*

梨的人工杂交品种单独聚类（图 3-19 上图中的 V 组和下图中间下方格中的 AC 标号的品种），没有与绝大部分新疆梨系统的品种（图 3-19 上图中的 II 组和下图中间上方格中的 Sin 标号的品种）聚在一起，可能是人工杂交品种是现代栽培品种间杂交而成，而新疆梨系统的品种可能是古老的品种间的反复杂交而来。

四、其他亚洲梨系统

（一）川梨系统

　　中国南方地区的大部分地方梨品种可以归属为砂梨系统，但也有一些地方梨品种不属于砂梨，如在四川、云南一带也有起源于川梨（*P. pashia*）的地方品种（中国农业科学院果树研究所，1963）。川梨系统最早由胡昌炽（1933）提出，当时他认为四川、云南和陕西等地的一些梨品种起源于 *P. pashia*。这类果实的共同特点是果实初采时，果肉坚硬酸涩不能食用，需要后熟变软（或发面）发黑后涩味消失才能食用，这和野生川梨的果实自然成熟后果肉变软发黑很相似。单果重

100～250 g，果皮褐色或绿黄色，萼片多脱落。当地大多将这类梨称为"乌梨"。1963 年出版的《中国果树志·第三卷（梨）》记载了 10 个川梨品种。野生川梨的叶缘为钝锯齿，果皮为锈褐色，但上述著作中记载的一些品种的叶片边缘有锯齿、果皮绿色，因此推测可能为川梨和砂梨的杂交后代，也不排除是砂梨的一种类型，需要做进一步的研究。

（二）褐梨系统

褐梨（*P. ×phaeocarpa*）主要零星分布于北方一些地区，现在几乎没有规模化栽植的品种。野生褐梨属于杜梨和秋子梨的杂种，褐梨的突出特征是叶片形状和边缘锯齿都偏向杜梨，心室一般为 3～5。褐梨品种的果实褐色，单果重 50 g 以内，也有较大者；果梗长，果实倒卵圆形、长圆形或椭圆形。《甘肃果树志》中记载了17 个褐梨品种（甘肃省农业科学院果树研究所，1995）。但从品种描述看，有些品种的叶缘为钝锯齿，和褐梨差距较大。《陕西果树志》中记载有 7 个所谓的褐梨品种（陕西省果树研究所，1978），分布在陕西南部，其中的一些果实较大，果梗不长，是否为褐梨需要进一步考证。

五、西洋梨系统

Pyrus communis（西洋梨、普通梨、欧洲梨）是林奈命名的第一个梨属种，用于指欧洲栽培的梨。在中国习惯将 European pear（*P. communis*）翻译为西洋梨。西洋梨栽培历史悠久，原产于欧洲南部、西亚、中亚，远至克什米尔地区，栽培地域跨度大。尽管西洋梨的原生分布区域很广，但现在世界范围内广为栽培的品种大多产于欧洲国家。西洋梨品种甚多，根据 Ragan（1908）的记载，1804～1907年在美国出版物中出现的梨品种有 2696 个。

西洋梨品种肯定也是从野生梨属种中驯化而来的，那么西洋梨的野生祖先是什么？分布区域在哪里？Vavilov（1931）提出高加索、小亚细亚、伊朗和土库曼斯坦是 *P. communis* 野生祖先的多样性中心。西洋梨最有可能的祖先是 *P. communis* var. *pyraster* 和 *P. communis* var. *caucasica*（注：这两个类型现在多被处理为 *P. communis* 的两个亚种；前者有时直接升格为种 *P. pyraster*）。西洋梨品种的起源发展过程中，上述野生种可能与胡颓子梨（*P. elaeagrifolia*）、柳叶梨（*P. salicifolia*）、叙利亚梨（*P. syriaca*）和 *P. korshinskyi* 等发生了杂交，因为有些西洋梨品种的形态特征，特别是叶片的特征具有上述种的特征（Rubtsov，1944）。也有人认为西洋梨品种是西洋梨的野生类型和 *P. ×nivalis* 杂交产生的（Zhukovsky，1965；Challice and Westwood，1973）。但 *P. ×nivalis* 可能并不是原生种，而是栽培的 *P. communis* 和其他梨属种杂交产生的栽培类型（Dostalek，1997）。*P. communis* ssp. *caucasica*

原生分布于高加索山脉及其周边，包括俄罗斯南部、克里米亚半岛、格鲁吉亚、亚美尼亚和阿塞拜疆，而 P. communis ssp. pyraster 原生分布于黑海以西和以南的中欧和东欧地区（Volk et al.，2006）。从花和果实形态上很难区分 P. communis ssp. pyraster 和 P. communis ssp. caucasica，但利用 SSR 标记可以将它们以及西洋梨品种区分开来，而且大部分的西洋梨品种聚在一起，与一个少数西洋梨品种和部分 P. communis ssp. caucasica 组成的混合组亲缘关系较近，而混合组位于两个野生亚种组的中间（Volk et al.，2006），说明了西洋梨品种和上述两个亚种具有较近的亲缘关系。对格鲁吉亚原产的野生 P. communis ssp. caucasica 和当地的地方梨品种的比较结果表明，两者在遗传上很相似，遗传分化系数只有 0.002，说明当地的地方梨品种起源于野生的 P. communis ssp. caucasica（Asanidze et al.，2014）。Wu 等（2018）基于梨基因组重测序的研究表明西洋梨品种可能起源于野生的 P. pyraster。上述研究表明，P. communis ssp. pyraster 和 P. communis ssp. caucasica 均参与了西洋梨品种的起源，但由于这两个亚种分别分布在黑海以东和以西，需要多个国家科研人员的协作、采集更广范围的野生种样品和当地的地方品种进行研究，才能最终解开西洋梨品种的起源之谜。

六、雪梨系统

雪梨（Pyrus ×nivalis）树体矮小，主要在欧洲南部栽培，尤其是奥地利和意大利北部。雪梨从这些地区扩散到邻国是近代发生的事情（Hedrick，1921）。之所以称为雪梨（snow pear），是因为其果实直到下雪之后才适合吃。法国人称其为"鼠尾草叶梨"（Poirier sauger），原因是叶子的背面被绒毛覆盖，看上去类似于庭院中的鼠尾草。根据德国学者 Dostalek（1997）的介绍，Jacquin 于 1774 年在奥地利发现和描述了 P. nivalis，但他没有明确指出它是一个栽培种还是一个野生种。根据 Dostalek 的观察和考证，P. ×nivalis 可能是 P. communis 和 P. elaeagrifolia 杂交产生的，作为栽培类型传播到中南欧。由于 P. ×nivalis 的亲本之一是西洋梨品种，有可能产生适合栽培的类型，从而变得很普遍。作为一种栽培植物，它被引入中欧和西欧的一些地区，也被引入其他地区（希腊、西班牙西北部、匈牙利、南斯拉夫、奥地利、捷克、斯洛伐克、瑞士西部和法国）。在一些地方，P. ×nivalis 可能野化，又与 P. pyraster，甚至 P. spinosa 杂交，形成复杂的混合体。

雪梨在法国和英国主要用于制作梨酒（perry）（Challice and Westwood，1973）。而 perry 一词就是来自于法语的 poire，意思是梨。早在古希腊和古罗马时代就有制作梨酒的记载，所以有可能从很早的时代起人们就开始栽培这种梨了（Hedrick，1921）。有关 P. ×nivalis 和梨酒梨（perry pear）的研究较少。英国国家梨酒梨品种保存中心（https://www.nationalperrypearcentre. org.uk/），截至 2015 年保存了 105

个品种。虽然不是所有梨酒梨品种都源自 *P.* × *nivalis*，但一些古老的品种如'Oldfield'和'Butt'等的果实形状似乎和 *P.* ×*nivalis* 很接近。在斯洛文尼亚，被称作梨酒梨的品种有 50~60 个，根据形态指标特别是嫩枝上的茸毛等可以大体上将这些品种归属到 *P.* ×*nivalis* 和 *P. communis*，少数可能属于 *P. pyraster*。因为没有确切的纯粹的 *P.* ×*nivalis* 作参考，即使利用 SSR 和扩增片段长度多态性（amplified fragment length polymorphism，AFLP）数据建立系统发育树，要确定这些品种的确切起源也仍比较困难，这些品种很可能是 *P.* ×*nivalis* 和 *P. communis* 的复杂杂交产生的，甚至 *P. pyraster* 也可能参与了梨酒梨的起源（Sisko et al., 2009）。

第四节　梨属与近缘属的属间杂交

梨属种间没有生殖隔离，因此自然界中梨属种间的杂交很普遍。有证据表明梨属的一些种就是种间杂交的产物，如褐梨、麻梨、白罐梨、新疆梨等。正如前节所述，在砂梨品种和西洋梨品种的产生与改良过程中，种间杂交导致的基因渐渗很普遍；中国的秋子梨品种也是秋子梨野生种和砂梨品种杂交的结果（Jiang et al., 2016；Yu et al., 2016）。

不仅如此，梨属植物和近缘属之间可以产生属间杂种，从而为特色梨新品种的培育开辟了新的途径。英国的 Crane 和 Marks（1952）曾经成功进行了栽培苹果和西洋梨的杂交并获得了幼苗，但后续情况不明。日本的志村勳等（1980）成功得到了一些日本梨和栽培苹果的杂交种子，其中的一些可以发芽，但所有的幼苗在 6 个月后全部死亡。因此苹果和梨的属间杂交培育出新品种的可能性较低。相对来说，梨属与榅桲属的属间杂交最为成功。最早明确记载的梨和榅桲的人为属间杂交可能发生在 19 世纪末至 20 世纪初。1913 年伦敦植物学家 Veitch 将称为×*Pyronia*（梨榅桲）的西洋梨和榅桲杂交后代接穗寄给了阿尔及利亚植物学家 Luis Trabut（Trabut, 1916）。Trabut 将这些接穗嫁接到摩洛哥梨（*Pyrus gharbiana*）上，1915 年大量结果，Trabut 得以观察描述，并将其命名为×*Cydonia veitchii* 以纪念 Veitch 先生。现在被广为接受的名称为×*Pyronia veitchii* (Trabut) Guillaum.。这种属间杂种的果实具有如下特征：果实无籽，形状为圆柱形，长略大于宽，梗洼浅，果梗短；萼洼深，开放，萼片宿存（图 3-20）。果皮厚，粗糙，绿色或黄绿色，上面有大量的红点，像梨一样。果肉白色，颗粒状，肉质结实，多汁，甜，略带酸味，有一种令人愉快的榅桲的香味。成熟期 10 月和 11 月。它对常见的仁果病毒特别敏感，如今被广泛用作检测病毒的嫁接种的指示植物（Postman，2011）。

图 3-20 ×*Pyronia* 的果实（左图）和叶片、花（右图）（Trabut，1916）

　　另外一个梨和榅桲杂交的例子是日本科学家于 1972 年用日本梨品种‘八幸’和‘Ri-14’作母本，用榅桲作父本进行杂交选育，并于 1983 年将试验结果发表在日本《园艺学会杂志》上（志村勲他，1983）。两个杂交组合共得到 97 粒种子，发芽 47 粒，大部分幼苗在达到 8~10 片叶子时死亡，只有 7 株长大，其中编号为 PQ-5 的 10 年生植株开花结果（图 3-21）。叶片的大小、形态介于父母本之间。每个花芽开花数为 1~3 朵，而梨的为 4~10 朵，榅桲的为 1 朵。花蕾时花瓣淡红色，开花时白色，花冠直径大于梨，花粉粒大小不均一，很多没有育性。

图 3-21 日本梨与榅桲的杂交后代叶片和果实

左：叶片（A：日本梨，B：榅桲，C：杂交后代）（志村勲他，1983）。右：杂交后代的果实（Postman，2009）

参 考 文 献

曹玉芬. 2013. 梨主要栽培品种//张绍铃. 梨学. 北京: 中国农业出版社: 69-116.

曹玉芬, 张绍铃. 2020. 中国梨遗传资源. 北京: 中国农业出版社.

陈建立, 毛瑞林, 王辉, 等. 2012. 甘肃临潭磨沟寺洼文化墓葬出土铁器与中国冶铁技术起源. 文物, (8): 45-53, 2.

陈嵘. 1937. 中国树木分类学. 北京: 科学技术出版社.

陈文华. 1990. 漫谈出土文物中的古代农作物. 农业考古, (2): 127-137.

陈文华. 1994. 中国农业考古图录. 南昌: 江西科学技术出版社.

杜澍. 1978. 西北梨有关问题的讨论. 山东果树, (3): 26-29.

方成泉, 林盛华, 李连文, 等. 2005. 9 个西洋梨优良品种. 中国果树, (1): 13-14, 65.

甘肃省农业科学院果树研究所. 1995. 甘肃果树志. 北京: 中国农业出版社.

衡伟, 贾兵, 叶振风, 等. 2011. 砀山酥梨褐皮芽变品系锈酥果皮结构分析. 中国果树, (3):
　　20-22,79.

胡昌炽. 1937a. 中国栽培梨之品种与分布. 金陵大学农学院丛刊, (49): 1-91.

湖南省博物馆, 中国科学院考古研究所. 1974. 长沙马王堆二、三号汉墓发掘简报. 文物, (7):
　　39-48.

黄春辉, 柴明良, 潘芝梅, 等. 2007. 套袋对翠冠梨果皮特征及品质的影响. 果树学报, 24:
　　747-751.

李浩男, 王宏, 贾晓东, 等. 2015. '黄花'及其芽变'绿黄花'梨成熟期果皮代谢物鉴定与比较
　　分析. 果树学报, 32: 1118-1127.

李世诚, 许苏梅, 练雪兴. 1981. 三水梨引种观察报告. 上海农业科技, (1): 5-7, 32.

李秀根, 杨健. 2002. 花粉形态数量化分析在中国梨属植物起源、演化和分类中的应用. 果树学
　　报, 19: 145-148.

李秀根, 张绍铃. 2020. 中国梨树志. 北京: 中国农业出版社.

林伯年, 沈德绪. 1983. 利用过氧化物酶同工酶分析梨属种质特性及亲缘关系. 浙江农业大学学
　　报, 9: 235-242.

刘庆忠, 赵红军, 王茂生, 等. 2000. 红色西洋梨品种红考蜜斯引种试验. 中国果树, (2): 20.

柳子明. 1979. 长沙马王堆汉墓出土的栽培植物历史考证. 湖南农学院学报, (2): 1-10.

蒲富慎. 1979. 我国梨的种质资源和梨的育种. 园艺学报, 6(2): 69-76.

秦博, 高博, 李怡, 等. 2017. 随州周家寨汉墓 M8 出土植物遗存的研究. 南方文物, (3): 160-164.

陕西省果树研究所. 1978. 陕西果树志. 西安: 陕西人民出版社.

孙云蔚, 杜澍, 姚昆德. 1983. 中国果树史与果树资源. 上海: 上海科学技术出版社.

滕元文. 2013. 梨属植物的起源与演化//张绍铃. 梨学. 北京: 中国农业出版社: 16-20.

滕元文. 2017. 梨属植物系统发育及东方梨品种起源研究进展. 果树学报, 34(3): 370-378.

滕元文, 柴明良, 李秀根. 2004. 梨属植物分类的历史回顾及新进展. 果树学报, 21(3): 252-257.

俞德浚. 1979. 中国果树分类学. 北京: 中国农业出版社.

俞德浚. 1984. 落叶果树分类学. 上海: 上海科学技术出版社.

俞德浚, 关克俭. 1963. 中国蔷薇科植物分类之研究（一）. 植物分类学报, 8: 202-236.

吴耕民. 1982. 解放前我国果树园艺发展概略. 浙江农业科学, (6): 285-290.

吴耕民. 1984. 中国温带果树分类学. 北京: 中国农业出版社.

吴耕民. 1993. 中国温带落叶果树栽培学. 杭州: 浙江科学技术出版社.

新疆农业科学院农科所, 陕西省果树研究所. 1978. 新疆的梨. 乌鲁木齐: 新疆人民出版社.

许苏梅, 李世诚, 练雪兴. 1981. 新世纪梨引种观察报告. 上海农业科技, (4): 28-29.

许苏梅, 练雪兴, 庄恩及. 1991. 日本早熟梨品种的观察报告. 上海农业科技, (1): 7-9.

杨健, 王龙, 王苏珂, 等. 2011. 韩国梨新品种选育及系谱分析. 中国南方果树, 40(6): 48-50.

姚宜轩, 许方. 1990. 我国梨属植物花粉形态观察. 莱阳农学院学报, 7: 1-8.

张汉东. 2004. 褐色砂梨新品种秋月梨. 北京农业, (3): 23.

张鹏. 1991. 我国梨树植物种和品种分类进展. 山西果树, (2): 22-25.

张绍铃. 2013. 梨学. 北京: 中国农业出版社.

张绍铃, 朱立武, 吴少华, 等. 2013. 梨植物学形态特征与结实生理//张绍铃. 梨学. 北京: 中国农业出版社: 224-367.

张文炳, 张俊如, 胡绪岚, 等. 1998. 云南省的梨品种资源及利用. 果树科学, 15: 188-192.

郑小艳, 滕元文. 2014. 基于多种 DNA 序列的霉梨起源初探. 园艺学报, 41(10): 2107-2114.

中国农业科学院果树研究所. 1963. 中国果树志·第三卷（梨）. 上海: 上海科学技术出版社.

邹乐敏, 张西民, 张志德, 等. 1986. 根据花粉形态探讨梨属植物的亲缘关系. 园艺学报, 13: 119-223.

小林章. 1990. 文化と果物-果树果樹園藝の源流探る. 東京: 養賢堂.

内山義雄. 1923. 朝鮮在来梨の冬期に於ける枝梢の肉眼的觀察. 日本園芸雑誌, 35(4): 18-19.

白井光太郎. 1929. 植物渡来考. 东京: 岡書院.

田邊賢二. 2012. 日本ナシの品種:来歴·特性よもやま話. 日本鸟取: 鳥取二十世紀梨記念館/今井書店鳥取出版企画室.

米山寛一. 2001. 梨の来た道. 日本倉吉: 鳥取二十世紀梨記念館.

谷川利善. 1917. 满洲之果樹. 大连: 株式會社满洲日日新聞社.

志村勲, 清家金嗣, 宍倉豊光. 1980. ニホンナシ(*Pyrus serotion* Rehd.)とリンゴ(*Malus pumila* Mill.)の属間交雑. 育種学雑誌, 30: 170-180.

志村勲, 伊藤祐司, 清家金嗣. 1983. ニホンナシ(*Pyrus serotina* Rehd.)とマルメロ(*Cydonia oblonga* Mill.)との属間雑種. 園芸学会雑誌, 52: 243-249.

南满州鉄道株式会社. 1918. 南満洲鉄道株式会社農事試験場要覧. 大连.

胡昌炽. 1933. 中国莱陽荏梨の栽培に関する調査. 園芸学会雑誌, 4: 144-153.

胡昌炽. 1937b. 中華民国に於ける栽培梨の品種及其の分布. 園芸学会雑誌, 8: 235-251.

恩田鉄弥, 草野計起. 1914. 実験和洋梨栽培法. 東京: 博文館.

張浚澤, 田辺賢二, 田村文男, 他. 1992. 葉のペルオキシダーゼアイソザイム分析によるナシ属種の類別. 園芸学雑誌, 61: 273-286.

梶浦一郎. 1983. ニホンナシ的起源と品種の地理的分化. 育種学最近進歩, 25: 3-13.

梶浦一郎. 2013. ナシ: 品種改良の日本史//鵜飼保雄, 大澤良. 作物と日本人の歴史物語. 東京: 悠書館: 413-440.

梶浦一郎, 山木昭平, 大村三男, 他. 1979. 東アジア産ナシ類果実中に含まれる糖成分の歴史的変化と糖組成についての主成分分析による品種分類. 育種学雑誌, 29: 1-12.

梶浦一郎, 佐藤義彦. 1990. ニホンナシの育種及びその基礎研究と栽培品種の来歴及び特性. 果樹試験場報告(特別報告第 1 号): 1-36.

菊池秋雄. 1924. 日本梨の系統と果皮の色の遺傳に就て. 遺伝学雑誌, 3: 1-21.

菊池秋雄. 1944. 北支果樹園藝. 東京: 養賢堂.

菊池秋雄. 1946. 支那梨の系統と品種の類別. 園研集録, 3: 1-11.

菊池秋雄. 1948. 果樹園藝学（上巻）-果樹種類各論. 東京: 養賢堂.

植木秀幹. 1921. 朝鮮の梨につきて. 朝鮮農会報, 16(1): 1-16.

満鉄農事試験場. 1935. 農事試験場業績: 創立二十周年記念-熊岳城分場篇.

Abdollahi H. 2021. An illustrated review on manifestation of pome fruit germplasm in the historic miniatures of ancient Persia. Genetic Resources and Crop Evolution, 68: 2775-2791.

An CB, Li H, Dong W, et al. 2014. How prehistoric humans use plant resources to adapt to environmental change: a case study in the western Chinese Loess Plateau during Qijia Period. Holocene, 24: 512-517.

Antolín F, Jacomet S. 2015. Wild fruit use among early farmers in the Neolithic (5400–2300 cal BC) in the north-east of the Iberian Peninsula: an intensive practice? Vegetation History and Archaeobotany, 24: 19-33.

Asanidze Z, Akhalkatsi M, Henk AD, et al. 2014. Genetic relationships between wild progenitor pear (*Pyrus* L.) species and local cultivars native to Georgia, South Caucasus. Flora-Morphology, Distribution, Functional Ecology of Plants, 209: 504-512.

Aura JE, Carrión Y, Estrelles E, et al. 2005. Plant economy of hunter-gatherer groups at the end of the last ice age: plant macroremains from the cave of Santa Maira (Alacant, Spain) ca. 12000-9000 B.P. Vegetation History and Archaeobotany, 14(4): 542-550.

Bao L, Chen K, Zhang D, et al. 2007. Genetic diversity and similarity of pear cultivars native to East Asia revealed by SSR (simple sequence repeat) markers. Genetic Resources and Crop Evolution, 54: 959-971.

Bao L, Chen K, Zhang D, et al. 2008. An assessment of genetic variability and relationships within Asian pears based on AFLP (amplified fragment length polymorphism) markers. Scientia Horticulturae, 116:374-380.

Bassil N, Postman JD. 2010. Identification of European and Asian pears using EST-SSRs from *Pyrus*. Genetic Resources and Crop Evolution, 57: 357-370.

Bell RL, Hough LF. 1986. Interspecific and intergeneric hybridization of *Pyrus*. HortScience, 21: 62-64.

Bobokashvilia Z, Maghlakelidze E, Mdinaradze I. 2014. Overview of fruit culture in Georgia. Acta Horticulturae, 1032: 85-90.

Cao Y, Tian L, Gao Y, et al. 2011. Evaluation of genetic identity and variation in cultivars of *Pyrus pyrifolia* (Burm. f.) Nakai from China using microsatellite markers. The Journal of Horticultural Science and Biotechnology, 86: 4, 331-336.

Cao Y, Tian L, Gao Y, et al. 2012. Genetic diversity of cultivated and wild Ussurian Pear (*Pyrus ussuriensis* Maxim.) in China evaluated with M13-tailed SSR markers. Genetic Resources and Crop Evolution, 59: 9-17.

Challice JS, Westwood MN. 1973. Numerical taxonomic studies of the genus *Pyrus* using both chemical and botanical characters. Botanical Journal of the Linnean Society, 67: 121-148.

Crane MB, Marks E. 1952. Pear-apple hybrids. Nature, 170: 1017.

Deforce K, Bastiaens J, Van Neer W, et al. 2013. Wood charcoal and seeds as indicators for animal husbandry in a wetland site during the late mesolithic-early neolithic transition period (Swifterbant culture, ca. 4600–4000 B.C.) in NW Belgium. Vegetation History and Archaeobotany, 22: 51-60.

Dondini L, Sansavini S. 2012. European Pear//Badenes M, Byrne D. Fruit Breeding, Handbook of Plant Breeding. Vol 8. New York: Springer: 369-413.

Dostalek J. 1997. *Pyrus elaeagrifolia* und ihre Hybriden. Feddes Repertorium, 108(5-6): 345-360.

Ercisli S. 2004. A short review of the fruit germplasm resources of Turkey. Genetic Resources and Crop Evolution, 51: 419-435.

Fairbairn AS, Wright NJ, Weeden M, et al. 2019. Ceremonial plant consumption at Middle Bronze Age Büklükale, Kırıkkale Province, central Turkey. Vegetation History and Archaeobotany, 28: 327-346.

Hedrick UP. 1921. The pears of New York//29th Annual Report, New York Department of Agriculture. New York: JB Lyon Co.

Iketani H, Katayama H, Uematsu C, et al. 2012. Genetic structure of East Asian cultivated pears (*Pyrus* spp.) and their reclassification in accordance with the nomenclature of cultivated plants. Plant Systematics and Evolution, 298(9): 1689-1700.

Iketani H, Yamamoto T, Katayama H, et al. 2010. Introgression between native and prehistorically naturalized (archaeophytic) wild pear (*Pyrus* spp.) populations in Northern Tohoku, Northeast Japan. Conservation Genetics, 11: 115-126.

Iwahori S, Gemma H, Tanabe K, et al. 2002. Proceedings of the international symposium on Asian pears commemorating the 100th anniversary of 'Nijisseiki' pear. Acta Horticulturae, No.587. ISHS.

Iwasaki Y. 1925. On vitamine C in Japanese sand pear (*Pyrus serotina* Rehder) and kaki-fruits (*Diospyros kaki* L.). Bulletin of the Agricultural Chemical Society of Japan, 1(7): 80.

Janick J. 2002. The pear in history, literature, popular culture, and art. Acta Horticulturae, 596: 41-52.

Janick J. 2005. The origins of fruits, fruit growing, and fruit breeding. Plant Breeding Reviews, 25: 255-320.

Jiang S, Zheng X, Yu P, et al. 2016. Primitive genepools of Asian pears and their complex hybrid origins inferred from fluorescent sequence-specific amplification polymorphism (SSAP) markers based on LTR retrotransposons. PLoS One, 11(2): e0149192.

Jiang S, Zong Y, Yue X, et al. 2015. Prediction of retrotransposons and assessment of genetic variability based on developed retrotransposon-based insertion polymorphism markers in *Pyrus* L. Molecular Genetics and Genome, 290: 225-237.

Kajiura I. 2002. Studies on the recent advances and future trends of Asian pear in Japan. Acta Horticulturae, 587: 113-124.

Kajiura I, Nakajima M, Sakai Y, et al. 1983. A species-specific flavonoid from *Pyrus ussuriensis* Max. and *Pyrus aromatica* Nakai et Kikuchi, and its geographical distribution in Japan. Japanese Journal of Breeding, 33: 1-14.

Kang SS, Son DS, Cho KS, et al. 2002. Characteristics of new Asian pear varieties released over the last few years in Korea. Acta Horticulturae, 587: 179-185.

Katayama H, Adachi S, Yamamoto T, et al. 2007. A wide range of genetic diversity in pear (*Pyrus ussuriensis* var. *aromatica*) genetic resources from Iwate, Japan revealed by SSR and chloroplast DNA markers. Genetic Resources and Crop Evolution, 54: 1573-1585.

Katayama H, Uematsu C. 2006. Pear (*Pyrus* species) genetic resources in Iwate, Japan. Genetic Resources and Crop Evolution, 53: 483-498.

Kimura T, Shi Y, Shoda M, et al. 2002. Identification of Asian pear varieties by SSR analysis. Breeding Science, 52(2): 115-121.

Kislev ME, Hartmann A, Bar-Yosef O. 2006. Early domesticated fig in the Jordan Valley. Science, 312: 1372-1374.

Kocsisné GM, Bolla D, Anhalt-Brüderl UCM, et al. 2020. Genetic diversity and similarity of pear (*Pyrus communis* L.) cultivars in Central Europe revealed by SSR markers. Genetic Resources and Crop Evolution, 67: 1755-1763.

Lee JC, Hwang YS. 2002. Prospects for the oriental pear industry and research trends in Korea. Acta Horticulturae, 587: 81-88.

Liu Q, Song Y, Liu L, et al. 2015. Genetic diversity and population structure of pear (*Pyrus* spp.) collections revealed by a set of core genome-wide SSR markers. Tree Genetics and Genomes, 11: 128.

Marinova E, Ntinou M. 2018. Neolithic woodland management and land-use in south-eastern Europe: the anthracological evidence from Northern Greece and Bulgaria. Quaternary International, 496: 51-67.

Milisauskas S, Kruk J, Ford R, et al. 2012. Neolithic plant exploitation at Bronocice. Sprawozdania

Archeologiczne, 64: 77-112.

McGovern PE, Glusker DL, Exner LJ. 1996. Neolithic resinated wine. Nature, 381: 480-481.

McGovern P, Jalabadze M, Batiuk S, et al. 2017. Early Neolithic wine of Georgia in the South Caucasus. PNAS, 114(48): E10309-E10318.

Meyer FG. 1980. Carbonized food plants of Pompeii, Herculaneum, and the Villa at Torre Annunziata. Economic Botany, 34: 401-437.

Moriguchi T, Abe K, Tanaka K, et al. 1998. Polyuronides changes in Japanese and Chinese pear fruits during ripening on the tree. Journal of the Japanese Society for Horticultural Science, 67: 375-377.

Mudge K, Janick J, Scofield S, et al. 2009. A history of grafting. Horticultural Reviews, 35: 437-493.

Ning B, Kubo Y, Inaba A, et al. 1997. Physiological responses of Chinese pear 'Yali' fruit to CO_2-enriched and/or O_2-reduced atmospheres. Journal of the Japanese Society for Horticultural Science, 66: 613-620.

Okubo M, Furukawa Y, Sakuratani T. 2000. Growth, flowering and leaf properties of pear cultivars grafted on two Asian pear rootstock seedlings under NaCl irrigation. Scientia Horticulturae, 85: 91-101.

Postman J. 2009. Cydonia oblonga: the unappreciated quince. Arnoldia, 67(1): 2-9.

Postman J. 2011. Intergeneric hybrids in Pyrinae (=Maloideae) subtribe of Pyreae in family Rosaceae at USDA Genebank. Acta Horticulturae, 918: 937-944.

Ragan WH. 1908. Nomenclature of the pear: a catalogue-index of the known varieties referred to in American publications from 1804 to 1907. USDA Bureau of Plant Industry Bulletin: 126.

Rehder A. 1915. Synopsis of the Chinese species of Pyrus. Proceedings of the American Academy of Arts and Sciences, 50: 225-241.

Rottoli M, Castiglioni E. 2009. Prehistory of plant growing and collecting in northern Italy, based on seed remains from the early Neolithic to the Chalcolithic (c. 5600–2100 cal B.C.). Vegetation History and Archaeobotany, 18: 91-103.

Rottoli M, Castiglioni E. 2011. Plant offerings from Roman cremations in northern Italy: a review. Vegetation History and Archaeobotany, 20: 495-506.

Rubtsov GA. 1940. Origin and evolution of the cultivated pear. Doklady Akademii Nauk SSSR, 28: 350-353.

Rubtsov GA. 1944. Geographical distribution of the genus Pyrus and trends and factors in its evolution. American Naturalist, 78: 358-366.

Saito T. 2016. Advances in Japanese pear breeding in Japan. Breeding Science, 66(1): 46-59.

Shen D, Chai M, Fang J. 2002. Influence of 'Twentieth Century' (Nijisseiki) pear and its progenies on pear breeding in China. Acta Horticulturae, 587: 151-155.

Shen H, Li X. 2021. From extensive collection to intensive cultivation, the role of fruits and nuts in subsistence economy on Chinese Loess Plateau. Archaeological and Anthropological Sciences, 13(4): 61.

Shen H, Zhou X, Betts A, et al. 2019. Fruit collection and early evidence for horticulture in the Hexi Corridor, NW China, based on charcoal evidence. Vegetation History and Archaeobotany, 28: 187-197.

Sisko M, Javornik B, Siftar A, et al. 2009. Genetic relationships among Slovenian pears assessed by molecular markers. Journal of the American Society for Horticultural Science, 134: 97-108.

Šoštarić R, Dizdar M, Kušan D, et al. 2006. Comparative analysis of plant finds from Early Roman graves in Ilok (Cuccium) and Ščitarjevo (Andautonia), Croatia-A Contribution to understanding burial rites in Southern Pannonia. Collegium Anthropologicum, 30: 429-436.

Stapf O. 1891. Carl Johann Maximowicz. Nature, 43: 449.

Teng Y. 2021. Advances in phylogeny of the genus *Pyrus* and genetic relationships of Asian pear cultivars. Acta Horticulturae, 1303: 1-8.

Teng Y, Bai S, Li H, et al. 2021. Interspecific hybridization contributes greatly to the origin of Asian pear cultivars—a case study of pears from Gansu province of China. Acta Horticulturae, 1307: 1-6.

Teng Y, Tanabe K. 2004. Reconsideration on the origin of cultivated pears native to East Asia. Acta Horticulturae, 634: 175-182.

Teng Y, Tanabe K, Tamura F, et al. 2001. Genetic relationships of pear cultivars in Xinjiang, China as measured by RAPD markers. Journal of Horticultural Science & Biotechnology, 76: 771-779.

Teng Y, Tanabe K, Tamura F, et al. 2002. Genetic relationships of *Pyrus* species and cultivars native to East Asia revealed by randomly amplified polymorphic DNA markers. Journal of the American Society for Horticultural Science, 127: 262-270.

Tian L, Gao Y, Cao Y, et al. 2012. Identification of Chinese white pear cultivars using SSR markers. Genetic Resources and Crop Evolution, 59: 317-326.

Trabut L. 1916. *Pyronia*-a hybird between the pear and quince-produces abundance of seedless fruit of some value-many new combinations might be made among the relatives of the pear. Journal of Heredity, 7: 416-419.

Valamoti SM. 2015. Harvesting the 'wild'? Exploring the context of fruit and nut exploitation at Neolithic Dikili Tash, with special reference to wine. Vegetation History and Archaeobotany, 24: 35-46.

Vavilov NI. 1931. The Origin of Cultivated Plants. (Japanese edition translated by E. Nakamura, 1980). Tokyo: Yasaka Shobou.

Vavra M, Orel V. 1971. Hybridization of pear varieties by Gregor Mendel. Euphytica, 20: 60-67

Volk GM, Cornille A. 2019. Genetic diversity and domestication history in *Pyrus*//Korban SS. The Pear Genome. Berlin: Springer: 51-62.

Volk GM, Richards CM, Henk AD, et al. 2006. Diversity of wild *Pyrus communis* based on microsatellite analyses. Journal of the American Society for Horticultural Science, 131: 408-417.

Wang Y. 1996. Chinese Pears. Beijing: China Agricultural Scientech Press.

Weiss E. 2015. "Beginnings of Fruit Growing in the Old World" two generations later. Israel Journal of Plant Sciences, 62: 75-85.

Willcox G. 1996. Evidence for plant exploitation and vegetation history from three Early Neolithic pre-pottery sites on the Euphrates (Syria). Vegetation History and Archaeobotany, 5: 143-152.

Wu J, Wang Y, Xu J, et al. 2018. Diversification and independent domestication of Asian and European pears. Genome Biology, 19: 77.

Wuyun T, Amo H, Xu J, et al. 2015. Population structure of and conservation strategies for wild *Pyrus ussuriensis* Maxim, in China. PLoS One, 10(8): e0133686.

Yu P, Jiang S, Wang X, et al. 2016. Retrotransposon-based sequence-specific amplification polymorphism markers reveal that cultivated *Pyrus ussuriensis* originated from an interspecific hybridization. European Journal of Horticultural Science, 81(5): 264-272.

Yue X, Zheng X, Zong Y, et al. 2018. Combined analyses of chloroplast DNA haplotypes and microsatellite markers reveal new insights into the origin and dissemination route of cultivated pears native to East Asia. Frontiers in Plant Science, 9: 591.

Zhukovsky PM. 1965. Main gene centres of cultivated plants and their wild relatives within the territory of the U.S.S.R. Euphytica, 4: 177-188.

Zohary D, Spiegel-Roy P. 1975. Beginnings of fruit growing in the Old World. Science, 187: 319-327.

第四章　梨品种介绍

第一节　亚洲梨品种

一、砂梨系统

长时间以来，国内出版的书籍中都将 *Pyrus ×bretschneideri* 作为白梨品种的起源种，因此将白梨品种和砂梨品种（包括日本梨品种）杂交育成的品种视作种间杂种。本书前章已述，传统上的白梨地方品种、砂梨地方品种和日本梨品种都源自 *Pyrus pyrifolia*，皆为砂梨系统，但由于砂梨系统各生态区域的初始种质的遗传结构的差异、品种分化和发展过程中其他种可能的基因渐渗及适应不同的环境而形成了不同的栽培群或品种群，为了避免混乱，本书将不再对砂梨系统内部不同栽培群品种杂交育成的新品种进行栽培群的分类，而是统归到砂梨系统下的新育成品种栏目中。对我国传统的地方品种仍然按照白梨栽培群和砂梨栽培群进行介绍；而日本梨栽培群则包括日本地方品种、在日本育成的品种以及利用日本梨品种在韩国育成的品种。

（一）白梨栽培群

1. 慈梨（Cili）

原产山东聊城茌平区，故又称'茌梨'。因在山东莱阳一带栽培最多，也称'莱阳慈梨'。该品种最早以'莱阳慈梨'之名出现在 1914 年的日语文献中（恩田铁弥和草野計起，1914）。谷川利善（1917）在《满洲之果树》中也以'莱阳慈梨'或'莱阳梨'称之。1930 年出版的《种梨法》中也称其为'慈梨'（许心芸，1930）。胡昌炽于 1933 年和 1937 年在日本《园艺学会杂志》撰文介绍中国梨时，将该品种标记为'茌梨（慈梨）'。1937 年胡昌炽在其中文论文《中国栽培梨之品种与分布》中用'慈梨'之名，而非'茌梨'。1963 年版的《中国果树志·第三卷（梨）》中该品种的名称为'慈梨'。但近年来越来越多的文献开始用'茌梨'。从命名的优先原则考虑，本书采用'慈梨'之名。'慈梨'是我国古老梨品种之一，在莱阳当地至今仍有 300 年以上的老树结果（图 4-1），被许多国家引种栽培或作为种质资源保存、研究和育种利用。该品种引种到国外的时间较早，1912 年由日本农林省园艺试验场场长恩田铁弥以'莱阳慈梨'之名从我国山东莱阳引入日本（恩田鉄弥和草野計起，1914；農林省園芸試験場，1926）。在国外该品种的拉丁字母写法为'Tsu Li'或'Tse Li'，这个发音可能来自于胡昌炽（1937a，1937b）。在日本早期的文献中该品种也常被称为 Tsuri（Kobayashi，1937）。

图 4-1 山东莱阳 300 年以上的'慈梨'老树（马春晖博士惠赠）

单果重 225 g，大者可达 300 g 以上。果形多不正，近似纺锤形，果梗粗，萼片脱落或宿存。在莱阳地区常于花后一周摘去萼片连带部分萼端，果实萼端部受刺激肥大而且变平，成熟果即呈倒卵形（图 4-2）。采收时果皮黄绿色，贮藏后变为黄色略带绿色彩晕，表面凹凸不平，粗糙，果点密布、甚大、锈褐色。果心小或中大，果肉淡黄白色，石细胞少，肉质甚细；汁多，味浓甜，有淡香气；可溶性固形物含量（主要是可溶性糖含量，俗称糖度）12～14 °Brix。品质上。山东莱阳于 9 月下旬至 10 月上旬成熟，耐贮藏。

图 4-2 '慈梨'结果状（左：自然果；右：去萼果）及果实形态（中）

树势强，萌芽力和成枝力中等。以短果枝结果为主，腋花芽易形成。抗寒性弱，易感黑星病。

该品种用作亲本培育出的著名品种有：中国农业科学院果树研究所的'锦丰'（'苹果梨'דּ慈梨'）、浙江大学的'杭青'（'慈梨'的实生）和陕西省果树研究所的'秦丰'（'慈梨'ד象牙梨'）等。国外也用此品种培育出了新品种，如日本农林水产省原果树试验场选育出的'王秋'[（'慈梨'ד二十世纪'）ד新雪']，罗马尼亚果树研究所选育出的抗火疫病的'Isadora'（'Haydeea'ד慈梨'）和'Pandora'（'Euras'ד慈梨'）。

2. 冬果（Dongguo）

又称'兰州冬果'或'大冬果'，原产黄河沿岸的甘肃兰州、白银的靖远一带，甘肃其他地方也有栽培，是甘肃栽培面积最大的地方梨品种。根据明代的《皋兰县志》记载："兰州冬果梨春花如雪，霜叶如丹"，不仅说明'冬果'梨栽培历史至少为 500 年，而且也说明了'冬果'梨具有极高的观赏价值（甘肃省农业科学院果树研究所，1995）。20 世纪 50 年代，甘肃兰州广武门外仍有 150 多年生的'冬果'梨老树（孙云蔚等，1983）。兰州市皋兰县什川镇现仍存有 300 多年生的大树，结果良好（图 4-3）。'小冬果''红冬果''靖远哈思''武威川口''武都美梨'

图 4-3　甘肃省皋兰县什川镇树龄 300 年以上的'冬果'梨老树（李红旭研究员惠赠）

等品系被认为是该品种的变异（甘肃省农业科学院果树研究所，1995），但是否确实为'冬果'梨的芽变还需要研究。

单果重 250 g 左右。果实倒卵圆形，常歪斜不正，宿萼果多。果皮黄绿色，完熟后黄色，果面光滑无锈，果点小而密生（图 4-4）。果心中大，果肉白色，石细胞多，肉质较粗；味酸甜而浓；可溶性固形物含量 13 °Brix 左右。品质中上。在兰州地区 10 月上旬成熟。果实耐贮藏，在当地土窑窖中可贮藏至翌年 5～6 月。

图 4-4 '冬果'梨结果状及果实形态

树势强，树姿半开张，萌芽力强，成枝力中等。寿命长。以短果枝结果为主。该品种用作亲本培育出的品种有黑龙江省农业科学院园艺分院的'晚香'（'乔玛'ב冬果'）。

3. 高平大黄梨（Gaoping Dahuangli）

又名'黄梨'、'铁炉梨'（高平）、'秋梨'（晋城）、'大梨'（长子）。原产山西高平、武乡、长子一带。曾经为当地主栽梨品种之一，现在高平等地发展较多。栽培历史悠久（张宏平等，2016）。

单果重 400 g 左右，最大可达 1850 g（张宏平等，2016）。果实长圆形或圆形，萼片脱落。果皮黄色或黄绿色，有蜡质，果皮厚而粗，果点大而明显，分布不均（图 4-5）。果心小，果肉白色，石细胞较多，中粗；汁多，味甜，有微香；可溶性固形物含量 12 °Brix 左右。品质中上。在原产地 9 月底至 10 月上旬成熟。果实较耐贮藏，可冷藏 4 个月左右（贾晓辉等，2018）。

树冠多为自然圆锥形，也有些呈圆形或半圆形。对土壤适应性强，但抗黑星病能力弱。

图4-5　'高平大黄梨'结果状及果实形态

4. 黄县长把（Huangxian Changba）

别名'天生梨''大把梨''长腿子梨'。原产山东龙口市（原黄县），是150多年前从该市泉水区崔家口子附近发现的一株自然实生苗（中国农业科学院果树研究所，1963）。

单果重165～210 g。果实长圆形，萼片脱落，果梗细长是其特点（图4-6），也是其名称的由来。果皮绿黄色，贮后变黄，果皮薄，果点中大而密生。果心中大，果肉稍粗，松脆；汁多，甜酸，贮后酸味减少，有香气；可溶性固形物含量11～14 °Brix。品质中上。原产地9月中下旬成熟。果实耐贮藏。

图4-6　'黄县长把'梨结果状及果实形态

树势强，枝条半开张，萌芽力和成枝力均属中等。成年树以短果枝及短果枝群结果为主。适应性强，丰产。

5. 金梨（Jinli）

原产山西万荣县、隰县等地，曾经为万荣县的主栽品种。栽培历史在500年左右（中国农业科学院果树研究所，1963）。

单果重 300 g，最大可达 1500 g。果实长圆形或卵圆形，萼片多脱落，宿萼果实顶部往往变细。果皮黄色，果面粗糙，果点大而密（图 4-7）。果心小，果肉粗，石细胞较多；汁多，甜酸，贮后酸甜适口，贮后有香气；可溶性固形物含量 12 °Brix。品质中上。原产地 9 月中下旬成熟。果实耐贮藏。

图 4-7 '金梨'结果状及果实形态

树势强，枝条开张，细长下垂，萌芽力和成枝力均弱。成年树以短果枝为主。对土壤适应性强。不抗黑星病，易受食心虫危害。

6. 秋白梨（Qiubaili）

原产河北东北部，1688 年陈淏子所著《花镜》中就有'秋白梨'的记载，是否为同一品种很难确定，但毫无疑问'秋白梨'为我国最古老的梨品种之一。

单果重 150 g。果实近圆形或类似纺锤形（图 4-8）。果皮黄色，有蜡质光泽，果点中大而密生。果心小，果肉白色，果肉细而脆；汁多，味甜，可溶性固形物含量 12 °Brix 左右。品质上。在河北昌黎 9 月下旬成熟。果实耐贮藏。

图 4-8 '秋白梨'结果状及果实形态

另外，在山东的菏泽、诸城等地也有称为'秋白梨'的品种（胡昌炽，1937a）。但果实较大，单果重 266 g，大者可达 400 g，果实为广倒卵形，品质中上，耐贮藏，在山东莱阳地区 9 月中下旬成熟（吴耕民，1993）。是否与河北原产的'秋白梨'为同一品种需要进一步考证。

树势中庸，枝条直立性强。萌芽力强，成枝力中等。以短果枝结果为主，短果枝连续结果能力强，寿命长。不抗黑星病。

7. 酥梨（Suli）

原产安徽省砀山县一带，所以又称'砀山酥梨'。该品种在不同地域也有'砀山梨''雪花酥''金顶酥''金顶梨''平顶酥'等称谓（中国农业科学院果树研究所，1963）。'酥梨'是我国古老梨品种之一，在安徽砀山 100 年生以上的树有1 万余株，200 年生以上的'酥梨'仍然结果（图 4-9）。'酥梨'也是我国栽培面积最大的梨品种之一，在我国很多梨产区曾经作为主栽品种进行栽培，在黄土高原和新疆等地的果实品质优于原产地。'酥梨'是梨属植物中首个完成了基因组测序的品种（Wu et al.，2013）。

图 4-9 安徽砀山 200 年以上的'酥梨'树

单果重 300 g 左右，大者可达 500 g 以上。果实广倒卵圆形或近圆形，萼片多脱落（图 4-10）。成熟时果皮为淡绿色，贮藏后呈黄色，果面粗糙，果点粗大而密。果心小，果肉白，石细胞较多，酥脆；汁液多，味甜，无酸，可溶性固形物含量12 °Brix 左右。品质中上。在安徽砀山 9 月上中旬成熟，果实耐贮藏。

图 4-10 '酥梨'结果状及果实形态

树势旺盛，树冠稍开张。腋花芽易形成，短果枝结果能力强。

该品种用作亲本培育出的品种有陕西省果树研究所的'秦酥'（'砀山酥梨'×'黄县长把'）、山西农业大学（山西省农业科学院）果树研究所的'晋蜜'（'砀山酥梨'דへ猪嘴梨'）、山东农业大学的'山农酥'和新疆生产建设兵团农二师的'新梨1号'（'库尔勒香梨'ד砀山酥梨'）等。

8. 雪花梨（Xuehuali）

原产河北定州一带。该品种在河北栽培面积较大，曾经为农业农村部单独统计产量的两个梨品种之一，另一个为'鸭梨'。

单果重 300 g 左右。果实长圆形或卵圆形，果梗长，萼片脱落（图 4-11）。果皮绿黄色，多雨时有锈斑，贮藏后呈鲜黄色，有蜡质，果点褐色，圆形或略带星形，中大，密生。果心小，5（4）心室，果肉呈微黄白色，肉质松脆；甜而带酸，采收时酸味较多，贮藏后甜酸适口；可溶性固形物含量 11～12 °Brix。品质中上。

图 4-11 '雪花梨'结果状及果实形态

在河北定州 9 月上中旬成熟。果实耐贮藏。

树势中庸，树姿开张，萌芽力和成枝力中等，短果枝和腋花芽结果能力均强。抗黑星病。

该品种用作亲本培育出的品种有河北省农林科学院石家庄果树研究所的'黄冠'（'雪花梨'ד99新世纪'）和'冀蜜'（'雪花梨'ד黄花'）、浙江农业大学（现已并入浙江大学）的'雪青'（'雪花梨'ד新世纪'）、山西农业大学（山西省农业科学院）果树研究所的'玉露香'（'库尔勒香梨'ד雪花梨'）等。

9. 鸭梨（Yali）

原产河北，别称'芽梨'（《定县志》）或'雅梨'（《皮县志》）（吴耕民，1984）。许心芸于 1930 年出版的《种梨法》一书中介绍的第一个品种就是'雅梨'，即'鸭梨'。从中可以看出，在 20 世纪早期'鸭梨'和'雅梨'是并用的。'鸭梨'名称的由来，一说是该品种果梗一侧的果肉常有突起，使得果梗向一方曲为弓形，形似鸭嘴，故称鸭梨。'鸭梨'是我国古老的梨品种之一，目前仍然是河北的主栽品种，百年左右的'鸭梨'树随处可见（图 4-12）。'鸭梨'也是世界上最有名和最有代表性的中国梨品种，被许多国家引种保存用于研究或用作杂交亲本。早在1871 年日本就引进了'鸭梨'（恩田铁弥和草野计起，1914），其曾经在日本一些地方少量种植。在欧美'鸭梨'常常被称为'Ya Pear'。该品种因为从天津港口运往其他地方，所以在日本习惯上也称为"天津鸭梨"（谷川利善，1917）。

图 4-12 河北藁城百年'鸭梨'树

单果重 150～250 g，大者可达 300 g 以上。果实倒卵形，萼片脱落；果梗长，果梗一侧的果肉常有突起，并具有锈斑（图 4-13）。初采时果皮为黄绿色，贮藏后变为浅黄色，且有油脂分泌，果实表面光滑，果点细小。果心中到大，5 心室，果肉纯白色，肉质细而脆，石细胞极少；汁多，味甘美，贮后有香味；可溶性固形物含量 11～12 °Brix。品质上。河北定州于 9 月中下旬成熟，较耐贮藏。

树势强，以短果枝结果为主，连续结果能力强。适应性广，但易感黑星病。

图 4-13 '鸭梨'结果状及果实形态

该品种用作亲本培育出的著名品种有中国农业科学院果树研究所的'五九香'（'鸭梨'דׂ巴梨'）、山西农业大学（山西省农业科学院）果树研究所的'晋酥'（'鸭梨ׂ×金梨'）、浙江大学的'雅青'（'杭青'דׂ鸭梨'）和'新雅'（'新世纪'דׂ鸭梨'）等。在日本育成的有'二宫白'（'鸭梨'דׂ真鍮'）和'八达'（'鸭梨'דׂ二十世纪'）等。由于栽培面积大，栽培时间长，'鸭梨'的自然芽变很多，各地先后发现了十多种类型的芽变。除了河北省农林科学院石家庄果树研究所发现的自交亲和芽变'金坠梨'外，还有果点更稀少、梗洼端锈斑面更小的'光鸭梨'，可溶性固形物含量更高的'甜鸭梨'，平均单果重高达500 g 的'巨鸭梨'（原名'特大鸭梨'），平均单果重为 358 g 的'魏县大鸭梨'，以及在河北魏县闫庄村发现的自交亲和芽变（王彦敏等，1998）。

10. 油梨（Youli）

又名'香水'或'原平油梨'，原产山西原平市、五台县、晋中市榆次区、寿阳县、平定县等地。'油梨'之名的来由是该品种贮藏后果实表面分泌油脂的特性。曾经为当地主栽梨品种之一，栽培历史在 500 年以上（中国农业科学院果树研究所，1963）。

单果重 200 g 左右。果实扁圆形，果梗长，萼片多数脱落（图 4-14）。果皮黄绿色，表面有一层很厚的蜡质，有时阳面微有红晕，果皮较薄，果点细而密生，分布均匀。果心小，果肉白色，肉质细而脆，石细胞少；汁多，味酸甜，有香气，可溶性固形物含量 11～12 °Brix。品质中上。在原产地 9 月下旬成熟。果实耐贮藏。

树势中庸，枝条开张，萌芽力强，成枝力中等。抗黑星病。

（二）砂梨栽培群

1. 半男女（Bannannü）

又名'六月雪'，原产福建省屏南县，为福建省最优良的地方品种之一。

图 4-14 '油梨'结果状及果实形态

果实大小不一，单果重 300～400 g。果实扁圆形，果梗短而粗，与果肉相连处有时呈肉质，萼片脱落或残存（图 4-15）。果皮黄褐色，果点小而密、浅黄色。果心极小，果肉乳白色，肉质脆嫩细致，无渣；汁多，味酸甜适中，可溶性固形物含量 11 °Brix 左右。品质上。福建省建宁县 9 月中下旬成熟。果实较耐贮藏。

图 4-15 '半男女'梨结果状及果实形态

树势中等，枝条半开张，树冠呈圆锥形。以短果枝结果为主。抗病性弱。

2. 宝珠梨（Baozhuli）

原产云南省昆明市呈贡区、晋宁区一带，在云南省其他地方及四川省会理市也有栽培。据传呈贡'宝珠梨'由云南大理传入。'宝珠梨'之名的来历：一说是该品种的老树种于宝珠寺内而得名（中国农业科学院果树研究所，1963），但云南的宝珠寺在楚雄和昆明，不在大理；另外一种说法是宋代高僧宝珠从大理来昆明讲经时带来了'大理雪梨'，后世为纪念宝珠和尚的善举将其命名为'宝珠梨'（张兴旺，2010）。另据研究，'宝珠梨'和'大理雪梨'为同物异名（张文炳和桑林，

1994），这为'宝珠梨'来自大理提供了佐证。'宝珠梨'栽培历史悠久。20世纪60年代在呈贡横冲乡发现了150多年生的老树。最近调查发现在呈贡万溪冲村'宝珠梨'古树群落中，至今仍有200～300年，甚至400年以上的古树（柏斌，2013）。

单果重200 g左右，大者达300 g以上。果实近圆形或扁圆形，果梗肉质、粗短（1.5 cm），萼片残存（图4-16）。果皮浅黄绿色，有锈斑，果面粗糙，果点大而密集。果心中大，果肉白，肉质松脆，略粗；汁多，味浓甜，微香；可溶性固形物含量11～13 °Brix。品质中上。云南呈贡地区9月上中旬成熟，但可留树上至10月下旬。较耐贮藏。另外据《云南作物种质资源》"果树篇"介绍，在云南呈贡当地还有另外两种类型的'宝珠梨'，与前述介绍的短粗肉质果梗不同，一种是细长（2.5～3.5 cm）非肉质果梗，另一种是细长（2.5～3.5 cm）基部肉质果梗。这两种和前述'宝珠梨'是否为同一品种需要进一步鉴定。

图4-16 '宝珠梨'结果状及果实形态

树势强，萌芽力和成枝力均强。以短果枝结果为主。易感黑星病。适宜在冷凉地区栽培。

3. 苍溪雪梨（Cangxi Xueli）

原产四川省苍溪县。又名'苍溪梨'和'施家梨'。主要种植于四川省内。其来源不甚清楚，一说是有人在清咸丰年间从山东莱阳一带带来，故名'莅家梨'，也有说是明末苍溪一位姓施的农民在当地梨中发现的，故又名'施家梨'（宋俊和吴伯乐，1984）。

单果重450 g左右，最大可达1850 g，属于大果类型。果实倒卵圆形或葫芦形，萼片脱落（图4-17）。果皮黄褐色，果皮表面有凹凸，果点大，分布密而明显。果心小，果肉白色，肉质脆嫩，石细胞少；汁多，味甜；可溶性固形物含量13 °Brix左右。品质中上。原产地8月底至9月上旬成熟，耐贮藏。

图 4-17 '苍溪雪梨'结果状及果实形态

树势中庸，树冠较小、开张。萌芽力和成枝力中等。以短果枝结果为主，腋花芽不易形成。开花特早。对土壤适应性广，但易感病虫害，采前易落果。

4. 火把梨（Huobali）

原产云南。'火把梨'的出名可能源于 1989 年王宇霖用'火把梨'作父本与'幸水'杂交培育成'美人酥'和'满天红'等红梨新品种（王宇霖等，1997）。'火把梨'的取名与当地的火把节（7 月下旬至 8 月上旬）有关。一种说法是火把节前后成熟的梨，称为'火把梨'。因此严格来说，'火把梨'是一类梨的总称。从果实特征可以分为'牟定火把梨''晋宁火把梨''巍山火把梨''富民火把梨''丽江火把梨''祥云火把梨''武定火把梨'（张文炳等，2007）。据本书著者课题组研究，云南各地的'火把梨'之间亲缘关系较远，但'武定火把梨'和保存在国家砂梨种质资源圃的'大理火把梨'应该是同物异名（张东等，2007）。和云南接壤的四川会理有'长把火把梨'和'瓢形火把梨'，也可能引自云南。

1963 年出版的《中国果树志·第三卷（梨）》中只有'晋宁火把梨'的记载，该品种果实为倒卵圆形，8 月上旬成熟（中国农业科学院果树研究所，1963），和火把节的时间比较吻合。最新出版的《中国梨树志》中除了'晋宁火把梨'外，还记载了'云南火把梨'（果实椭圆形）、'祥云火把梨'（果实倒卵圆形）、'弥渡火把梨'（果实倒卵圆形）、'丽江火把梨'（果实长圆形或倒卵圆形）、'南涧火把梨'（果实纺锤形或倒卵圆形）、'禄丰火把梨'（果实纺锤形或倒卵圆形），这些梨的成熟期都在 9 月（李秀根和张绍铃，2020）。同年出版的《中国梨遗传资源》中记载了'火把梨'（果实纺锤形，9 月下旬成熟）和'红火把梨'（果实倒卵形，9 月底成熟）（曹玉芬和张绍铃，2020）。火把梨类品种的一个共同特点是果实皆为非圆形（图 4-18），单果重 150～200 g。肉质粗，有酸涩味，品质中或下。

图 4-18 '漾濞火把梨'和'祥云火把梨'

用'火把梨'作父本、'幸水'作母本培育出的品种有中国农业科学院果树研究所的'美人酥''满天红''早白蜜'等。但当年杂交时究竟使用的哪种'火把梨',由于当年采集花粉的当事人已经离世,无从考证。

5. 金川雪梨(Jinchuan Xueli)

原产四川省金川县,沿大金川两岸分布较多。因果形似鸡腿,且产自大金,故又名'大金鸡腿'。栽培历史悠久,在金川地区 100 多年生的树随处可见,也有个别树龄在 300 年以上的(中国农业科学院果树研究所,1963)。该品种有多个芽变或品系,如'早鸡腿',比'大金鸡腿'早两个月成熟。该品种在多个书籍中被归为白梨系统(即本书的白梨栽培群)。

单果重 350 g 左右,最大可达 500 g,属于大果类型。果实纺锤形或葫芦形,萼片脱落或残存(图 4-19)。果皮黄色,果皮薄而光滑,具蜡质,果点小而密。果

图 4-19 '金川雪梨'结果状及果实形态

心中大，果肉白色，肉质脆嫩，石细胞少；汁多，味浓甜，可溶性固形物含量 11～13 °Brix。品质上。原产地 9 月下旬至 10 月上旬成熟，耐贮藏。

树势强，树冠开张。萌芽力和成枝力强。以短果枝结果为主。适应冷凉气候，在高温多湿的四川盆地东部品质下降。抗性强。

6. 威宁大黄梨（Weining Dahuangli）

原产贵州威宁，又名'昭通黄梨'。为贵州古老的优良品种，在贵州威宁和云南昭通一带栽培较多。有近 300 年的栽培历史（董恩省，2002）。

单果重 400 g 左右，最大可达 3000 g，属于大果类型（图 4-20）。果实倒卵圆形，果形变化大，萼片脱落。果皮浅黄褐色，果皮薄，果皮擦伤易变黑，果面较光滑，果点小、密而明显。果心小，果肉白色，肉质较细，微有余渣；汁多，微香，酸甜适度，风味甚浓；可溶性固形物含量 14 °Brix 左右。品质中等。原产地 9 月中旬成熟，果实较耐贮藏，贮后香味更浓。

图 4-20　'威宁大黄梨'结果状及果实形态

树势强，树冠高大开张。萌芽力强，成枝力弱。以短果枝结果为主，腋花芽容易形成。在冷凉、土壤疏松的条件下品质最好。抗寒、抗旱、抗涝、抗盐碱、抗病虫害能力弱，不抗黑星病。采前落果重。

7. 兴义海子梨（Xingyi Haizili）

原产贵州兴义，又名雪梨。因为在兴义的海子种植较多，远近闻名，而得名，有 200 多年的栽培历史，为贵州最有名的品种之一。兴义地区有多个名为海子梨的品种，如'黄皮大型海子梨''青皮大型海子梨''小海子梨'（中国农业科学院果树研究所，1963）。本书以'黄皮大型海子梨'作为性状描述对象。

单果重 400 g 左右，最大可达 1500 g，属于大果类型（图 4-21）。果实倒卵圆形或粗颈葫芦形，果形变化大，萼片脱落或残存。果皮绿黄色，充分成熟时呈黄色，果皮薄，果点中大。果心小，果肉白色，肉质脆、较粗；汁多，味甜；可溶性固形物含量 11.0 °Brix 左右。品质中上。原产地 8 月中下旬成熟，不耐贮藏。

图 4-21　'黄皮大型海子梨'结果状及果实形态

树势中等或强，枝条开张。萌芽力和成枝力强。以短果枝结果为主。在冷凉、土壤疏松的条件下品质最好。抗病虫害能力弱，不抗黑星病。

8. 云和雪梨（Yunhe Xueli）

原产浙江省云和县。云和雪梨在明景泰三年（1452 年）设置云和县以来，历代县志均有记载，至少有 550 年的栽培历史（梅显才等，1996）。在云和县至今仍有 100 年生以上古树 500 多株，个别古树的树龄在 200～300 年甚至以上（魏秀章，2013）。云和雪梨在花形、果形、单果重、香型、成熟期和抗性等方面都有丰富的遗传多样性（李梅和郑小艳，2015），当地果农根据果肉石细胞的多少将其分为两大类：'粗花雪梨'和'细花雪梨'（郑小艳等，2016）。因此严格来说，云和雪梨是一类品种的总称，而非单个品种。本书以'细花雪梨'作为性状描述对象（图 4-22）。

单果重在 300～400 g，最大单果重可达 1900 g。果实圆形、扁圆形或倒卵圆形。果皮淡绿色，贮藏后逐渐变黄，锈斑大而密，果面有凹凸感，皮薄，果点小。果心中，果肉乳白色，肉质脆、稍粗，石细胞少；汁多，风味浓甜；可溶性固形物含量 13 °Brix 左右。品质中上。云和雪梨在云和县当地 9 月上中旬成熟。耐贮藏，贮藏期间果实分泌油脂覆盖果皮。

树势强健，萌芽力和成枝力均强。易感染黑斑病、锈病等。

图 4-22　云和‘细花雪梨’结果状及果实形态

9. 早三花（Zaosanhua）

原产浙江义乌、浦江一带，又名‘三花’。

单果重 300 g 以上。果形有变化，圆形、长圆形、倒卵形或纺锤形，果梗长，萼片残存（图 4-23）。果皮底色绿，近梗洼附近或有些果实整个果面被黄色锈斑全覆盖，果面粗糙，果点大而密，灰褐色。果心小，果肉白色，肉质稍粗、较紧实、脆；汁多，味酸甜；可溶性固形物含量 12 °Brix 左右。品质中上。在义乌 8 月中

图 4-23　‘早三花’梨结果状及果实形态

下旬成熟。贮藏性好，自然条件下可贮藏一个月左右。

树势中健，枝条短而密，开张，幼树较直立，成年后圆头形。以短果枝群结果为主。果实抗风力强，易感病虫。

该品种用作亲本培育出的品种有浙江农业大学（现已并入浙江大学）的'黄花'['黄蜜'（'今村夏'）×'三花'）。

10. 政和大雪梨（Zhenghe Daxueli）

原产福建政和的坂头、天井洋一带，又名'天井洋梨''葫芦梨''扁沟梨'。

果实极大，单果重 450～1125 g。果实圆锥形或倒卵圆形，萼片脱落或残存（图 4-24）。果皮黄绿色，果皮薄而光滑，梗洼周边多有大片锈斑，果点大而明显。果心小，心室 5 及以上，果肉白色，肉质松脆，微有余渣；汁极多，微香，味甜带酸；可溶性固形物含量 13 °Brix 左右。品质中上。原产地 9 月下旬至 10 月下旬成熟，果实较耐贮藏。

图 4-24 '政和大雪梨'结果状及果实形态

树势强，树冠高大开张。萌芽力强，成枝力弱。以短果枝结果为主。花期长达一个月。

11. 棕包梨（Zongbaoli）

原产福建南北各县。福建一些地方的梨农为了防治果实成熟时的虫害和鸟害，常用棕片包裹保护果实，因此得名"棕包梨"。因此棕包梨不是一个品种，而是一类品种的总称。如闽北的'曾公梨'、漳浦的'通瓜梨'和平和的'雪梨'都有用棕叶包裹的习惯（中国农业科学院果树研究所，1963）。棕包梨已有 700 多年栽培历史。棕包梨分软枝型和硬枝型两种。硬枝品种枝条粗硬，树冠高耸却不够开张，产量低；而软枝品种正相反（林徽銮和阮孔中，1997）。福建省农业科学院收集保存了来自福建省建宁县、漳浦县和漳州市长泰区的棕包梨（图 4-25）。

果实大，单果重随不同来历而不同。果实圆形或扁圆形，萼片脱落。果皮为不完全锈斑覆盖或完全锈斑覆盖，呈黄褐色或棕黄色，果点小或大、灰色。果心极小到中大，果肉白色，肉质脆、较粗；味甜或微带酸涩；可溶性固形物含量 11～13 °Brix。品质中上。闽南地区 10 月下旬至 11 月上旬成熟，果实较耐贮藏。

　　萌芽力强，成枝力弱。以短果枝结果为主。适应性强。

图 4-25　三种棕包梨结果状及果实形态
上：建宁棕包梨；中：漳浦棕包梨；下：长泰棕包梨

（三）日本梨栽培群

1. 长十郎（Chojuro）

曾经为日本的第一大主栽梨品种。1893 年（明治二十六年）前后由神奈川县大师河原村（现川崎市）的当麻辰次郎在其梨园发现的偶然实生，以他们家的名号'长十郎'命名。由于糖度高、抗黑星病、栽培容易，很快在日本各地大面积栽培，日本大正时代（1912～1926年）一度占全国梨栽培面积的60%。

单果重250～300 g。果实圆形，形状整齐，萼片脱落。果皮黄褐色，果点明显（图4-26）。果心中大，果肉白色，肉质较硬；味甜，品质中上。果实贮藏性差，

图4-26 '长十郎'梨果实（田村文男博士惠赠）

肉质很容易粉质化（田邊賢二，2012）。在杭州成熟期在9月上旬。

抗黑斑病和黑星病，丰产性好。以短果枝结果为主，短果枝连续结果能力强。由于非常容易形成腋花芽，现在日本多用作人工授粉的花粉采集树。

该品种用作亲本培育出的日本品种有20个左右（梶浦一郎和佐藤義彦，1990），其中著名的品种有日本冈山县农事试验场的'新世纪'（'二十世纪'ד 长十郎'）、菊池秋雄的'爱宕'（'长十郎'和'天之川'为亲本育成）和'祇园'（'二十世纪'דヲ 长十郎'）等。

2. 二十世纪（Nijisseiki）

1888年（明治二十一年）日本千叶县松户市果树苗木商的儿子松户觉之助在亲戚家后院的垃圾场发现的实生苗，1898年结果后发现品质优外观美，遂委托东京的种苗商渡濑寅次郎和日本东京大学的助教授池田伴亲来命名。考虑到还有两年就进入到二十世纪，期望该品种成为二十世纪日本梨产业的担当品种，故命名为'二十世纪'（田邊賢二，2012）。这种命名方式也一改当时日本人多以育成者或其家人的名字、家族的名号命名品种的习惯。日本各地开始陆续引种栽培'二十世纪'，但由于该品种易感黑斑病，大多数地方均以失败而告终。但鸟取县通过套袋和精准使用农药攻克了黑斑病防治的难关，成了该品种栽培面积最大也是最成功的县，并成功将'二十世纪'梨出口到欧美。该品种以其漂亮的外观和独特

的内在品质享誉世界。因为出口'二十世纪'梨时以日语发音 Nashi（ナシ）标注梨，"Nashi"一词很快被欧美人接受，收入英语词典，现在多用于指代亚洲梨。在欧美国家也称'二十世纪'梨为"20th Century"。鉴于'二十世纪'梨在日本和亚洲梨产业中的贡献，2001 年 8 月国际园艺学会在日本鸟取县仓吉市召开了亚洲梨学术研讨会，以纪念'二十世纪'梨发现 100 周年。日本鸟取县政府也在同年建成了以梨为主题的博物馆"二十世纪梨纪念馆"，以纪念'二十世纪'梨对鸟取县梨产业的贡献。该品种至今仍为鸟取县的第一大主栽品种、日本全国的第四大主栽品种。'二十世纪'梨在美国、巴西和澳大利亚等地也有少量种植。

单果重 330 g 左右。果实近圆形，萼片脱落。果皮黄绿色，果点小而密（图 4-27）。套透光袋栽培后果面光滑美观。果心小，果肉白色，肉质细脆多汁，稍有酸味，可溶性固形物含量 11 °Brix 左右。品质上。日本鸟取县 9 月上中旬成熟。果实贮藏性好于'丰水'和'幸水'等，在日本梨品种中属较耐贮藏者。

图 4-27 '二十世纪'梨果实（田村文男博士惠赠）

树势中庸，树姿开张，以短果枝结果为主，连续结果能力强。易感黑斑病。通过对'二十世纪'梨枝条进行辐射诱变育成的'金二十世纪'（ゴールド二十世纪，Gold Nijisseiki）梨对黑斑病具有中等程度的抗性（真田哲朗等，1993）。

该品种及其后代对日本梨和中国梨的改良都做出了很大贡献（图 4-28）（Kajiura，2002；Shen et al.，2002）。据统计，'二十世纪'及其后代的栽培面积占日本现在梨栽培总面积的 85%左右（图 4-29）。用'二十世纪'作亲本培育出了 50 多个品种（梶浦一郎和佐藤義彦，1990），其中著名的有：菊池秋雄的'菊水'（'太白'ד'二十世纪'）、'八云'（'赤穂'ד二十世纪'）和'祇园'（'二十世纪'ד长十郎'），冈山县农事试验场的'新世纪'（'二十世纪'ד长十郎'），新潟县农事试验场的'新兴'（'二十世纪'ד天之川'），千叶县市川市石井兼吉氏的'石井早生'（'二十世纪'ד独逸'）等。在日本以外有中国浙江省农业科学院育成的'新玉'('二十世纪'ד翠冠'),韩国农村振兴厅园艺研究所育成的'黄金梨'('新高'ד二十世纪')。另外利用'二十世纪'的自交亲和性芽变'长二十世纪'(おさ二十世紀,Osanijisseiki)培育的品种有鸟取大学的'秋荣'('长二十世纪'ד幸水')(自交亲和)和鸟取县园艺试验场的'新甘泉'('筑水'ד长二十世纪')。

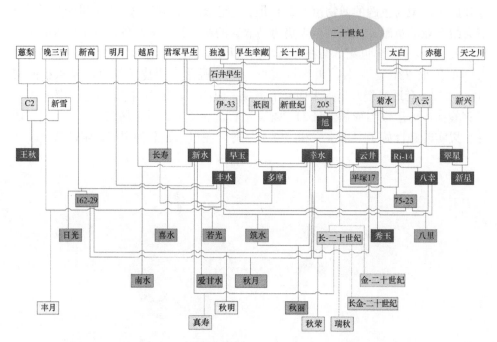

图 4-28 '二十世纪'梨对日本梨品种改良的贡献(田邉賢二,2012)

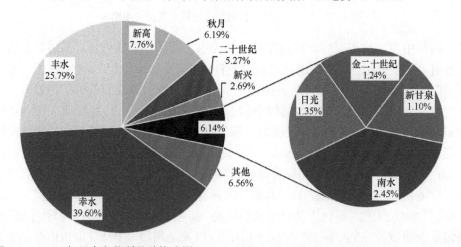

图 4-29 2021 年日本主栽梨品种构成图(https://www.maff.go.jp/j/tokei/kouhyou/tokusan_kazyu/)
除'新高'梨外,其他主栽品种都含有'二十世纪'梨的基因

3. 丰水（Hosui）

日本农林水产省果树试验场（现在的日本国立果树茶叶研究所）于 1954 年杂交，1972 年定名，登录名为"なし農林 8 号"（梶浦一郎和佐藤義彦，1990）。该品种公布当初的亲本为（'菊水'×'八云'）×'八云'（梶浦实他，1974）。由于父母本皆为绿皮果，但'丰水'是典型的褐皮果，所以怀疑当初可能搞错了亲本。通过调查 1953～1955 年日本农林水产省园艺试验场的梨育种杂交组合的果皮色泽和自交不亲和 S 基因型，并利用 SSR 标记进行鉴定，最终认为'幸水'×'イ-33'（'石井早生'×'二十世纪'）是'丰水'的亲本（Sawamura et al., 2004）。'丰水'现为日本第二大主栽品种，约占日本全国梨栽培面积的 26%（2021 年数据）。该品种也是中国一些地方的主栽品种。

单果重 360 g 左右。果实圆形，萼片脱落。果皮黄褐色，果点大而分布明显（图 4-30）。果心小，果肉白色，肉质细腻，柔软多汁，味道浓厚，稍有酸味，可溶性固形物含量 12 °Brix。品质上。日本关东地区 8 月底至 9 月上旬成熟。不耐贮藏。果皮易受伤变黑，在个别年份和不同地域容易发生水心病。

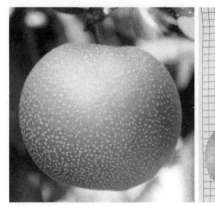

图 4-30　'丰水'梨结果状及果实形态

树姿开张，树势中庸，成枝力强。腋花芽容易形成，短果枝连续结果能力强。抗黑斑病。

该品种用作亲本培育出的著名品种有：日本千叶县农业试验场的'若光'（'幸水'×'丰水'），栃木县农业试验场的'日光'（'新高'×'丰水'），日本农林水产省果树试验场的'秋月'[（'新高'×'丰水'）×'幸水']和'筑水'（'丰水'×'八幸'），韩国农村振兴厅园艺研究所育成的'华山'（'丰水'×'晚三吉'）。

4. 菊水（Kikusui）

'菊水'与'新高''八云''爱宕''祇园'等都是时任日本东京府立园艺学

校教务主任的菊池秋雄（1926 年起任京都帝国大学农学部教授）于 1915～1916
年在该校农场进行杂交选育成的，是人为有意识地进行杂交育种而最早选出的亚
洲梨品种。菊池秋雄做完这些杂交之后不久就转任神奈川县县立农事试验场场长，
他赴任的同时也将这些杂交系统带到该试验场继续进行选育，所以这些品种的选
育单位就变成了神奈川县县立农事试验场。

　　菊池秋雄于 1915 年以'太白'为母本、'二十世纪'为父本进行杂交，1923
年结果，1927 年命名为'菊水'（梶浦一郎和佐藤義彦，1990）。品种名中有菊池
姓氏中的文字，可能蕴含了菊池秋雄对该品种很高的期望。虽然该品种没有在日
本大面积栽培，但其作为亲本之一培育的后代'幸水'现为日本的第一大主栽品
种。'菊水'引进中国后，曾在杭州周边成功栽培，并以"西湖蜜梨"的商品名销
往香港。

　　单果重 270 g 左右。果实扁圆，萼片脱落。果皮绿色，光滑，果点小而不明
显（图 4-31）。果肉白色，肉质稍粗、松脆；多汁，味甜，稍有酸味，品质上。在
杭州成熟期为 8 月下旬至 9 月上旬。

图 4-31 '菊水'梨果实形状（田村文男博士惠赠）

　　树势强，稍开张，成枝力强，短果枝多。抗黑斑病。成熟时容易落果，易得
心腐病。

　　该品种用作亲本培育出的日本著名品种有：日本农林水产省果树试验场的'幸
水'（'菊水'דᰧ生幸藏'）、'新水'（'菊水'×'君塚早生'）、'翠星'（'菊水'×
'八云'）、'秀玉'（'菊水'×'幸水'）。

5. 新高（Niitaka）

　　根据当初的记载，1915 年菊池秋雄在日本东京府立园艺学校以'天之川'为
母本、'今村秋'为父本进行杂交，1926 年取'天之川'和'今村秋'的原产地

新潟县和高知县名的第一个字，命名为'新高'（梶浦一郎和佐藤義彦，1990）。但基于S基因型鉴定和SSR标记分析表明，'新高'的父本最有可能是'长十郎'（Sawamura et al.，2008），而非'今村秋'。'新高'是韩国的第一大主栽梨品种，在日本是仅次于'幸水'和'丰水'的第三大主栽梨品种。中国不少地区也有引种栽培。

单果重600 g以上，大者可以达到1 kg。果实圆形，萼片脱落。果皮深黄褐色，果点中大、较多（图4-32）。果心小，果肉细、松脆、稍硬；风味浓，稍有酸味；可溶性固形物含量12.5 °Brix左右。品质上。在日本关东地区9月下旬成熟。耐贮藏。

树势强，成枝力弱。腋花芽容易形成，短果枝多，连续结果能力强。花期早，花粉近乎败育，不宜作授粉树。抗黑星病和黑斑病。

该品种用作亲本培育出的著名品种有：日本农林水产省果树试验场的'秋月'[（'新高'ד豊水'）ד幸水']，栃木县农业试验场的'日光'（'新高'ד丰水'），韩国农村振兴厅园艺研究所育成的'黄金梨'（'新高'ד二十世纪'）。

图4-32 '新高'梨果实形状（田村文男博士惠赠）

6. 新世纪（Shinseiki）

日本冈山县农事试验场的石川祯治在昭和（1926~1989年）初期用'二十世纪'作母本、'长十郎'作父本进行杂交（梶浦一郎和佐藤義彦，1990）。1937年同试验场的大崎守对杂交苗进行初选并做比较试验；1945年恰逢日本太平洋战争战败，以"新世纪终于来到了"的语意命名为'新世纪'（田邊賢二，2012）。

单果重200 g左右。果实圆形，萼片脱落。果皮黄绿色，表面光滑无锈斑，果点小（图4-33）。果心中大，心室5及以上，果肉白色，肉质和'长十郎'相似，较硬、稍粗；味甜，可溶性固形物含量13 °Brix。品质中上。在日本关西地区 8

月中旬成熟。

树势中庸，树姿半开张。以短果枝结果为主。抗性强，特别是对我国南方高温多雨地区引起早期落叶的多种病害具有抗性。

图 4-33　套不透光袋的'新世纪'梨果实形状

该品种用作亲本在中国梨的改良中发挥了重要作用，育成的品种有河北省农林科学院石家庄果树研究所的'黄冠'（'雪花梨'בּ'新世纪'），浙江省农业科学院园艺研究所的'翠冠'['幸水'×（'杭青'ב'新世纪'）]和'清香'（'新世纪'ב'三花'），浙江农业大学（现已并入浙江大学）的'雪青'和'雪峰'（'雪花梨'ב'新世纪'）、'西子绿'['新世纪'×（'八云'ב'杭青'）]，中国农业科学院郑州果树研究所的'中梨1号'（'新世纪'ב'早酥'）和'早美酥'（'新世纪'ב'早酥'）等。

7. 新水（Shinsui）

日本农林水产省果树试验场（现在的日本国立果树茶叶研究所）于1947年以'菊水'为母本、'君塚早生'为父本杂交，1965年定名，登录名为"なし農林4号"（梶浦一郎和佐藤義彦，1990）。'新水'一度和'幸水''丰水'并称为日本梨的"三水"。

单果重250 g左右。果实扁圆，萼片脱落。果皮黄褐色，果点中大，分布密集（图4-34）。果肉白色，硬度和'二十世纪'相似；风味浓，稍有酸味；可溶性固形物含量13 °Brix左右。品质上。果实不耐贮藏。成熟期早于'幸水'，在日本关东地区8月中旬成熟。

树势强，顶端优势明显，成枝力弱。腋花芽少，短果枝中多，但连续结果能力差，栽培性状和丰产性差。不抗黑斑病。

该品种用作亲本培育出的日本著名品种有：千叶县农业试验场的'若光'（'新水'×'丰水'）、长野县南信农业试验场的'南水'（'新高'×'新水'）。上海市农业科学院园艺研究所从'新水'的自然实生苗中选出了'早生新水'。

图 4-34　'新水'梨果实（田村文男博士惠赠）

8. 幸水（Kosui）

日本农林水产省果树试验场（现在的日本国立果树茶叶研究所）于 1941 年以'菊水'为母本、'早生幸藏'为父本杂交选育而成，1959 年从其父母本名字中各取一字命名为'幸水'。'幸水'现为日本第一大主栽梨品种，占日本全国梨栽培面积的 40% 左右（2021 年）。

单果重 250～300 g。果实扁圆形。果皮为褐色木栓层不均匀覆盖果面而形成的中间色，不甚美观（图 4-35）。果心小，心室 5 以上；果肉白色，肉质细腻；柔软多汁，几乎没有酸味；可溶性固形物含量 12.5 °Brix。品质极上。果实不耐贮藏。日本关东地区 8 月中下旬成熟。

图 4-35　'幸水'梨结果状及果实形态

树势较强，成枝力中等，短果枝较少，特别是幼树时更少，而且连续结果能力较差。腋花芽数量中等，但容易形成，所以修剪时多利用长果枝（腋花芽枝）结果。

在日本有多个梨品种是以'幸水'为亲本培育而成的，著名的有日本农林水产省果树试验场的'丰水'['幸水'×'イ-33'（'石井早生'×'二十世纪'）]和'秋月'[（'新高'×'丰水'）×'幸水']，东京都农业试验场的'多摩'['祇园'（'二十世纪'×'长十郎'）×'幸水']，鸟取大学杂交育成的世界上第一个自交亲和品种'秋荣'（'长二十世纪'×'幸水'）等。该品种用作亲本培育出的中国著名梨品种有：浙江省农业科学院的'翠冠'['幸水'×（'杭青'×'新世纪'）]和中国农业科学院郑州果树研究所的'七月酥'（'幸水'×'早酥'）等。

9. 秋月（Akizuki）

日本农林水产省果树试验场（现在的日本国立果树茶叶研究所）于1985年以'162-29'（'新高'×'丰水'）×'幸水'组合进行杂交选育而成（壽和夫他，2002）。1994年以'梨筑波47号'进行区域适应性试验。该品种因为成熟期在秋季，果实形状饱满圆润似满月，所以定名为'あきづき'，1998年以'梨农林19号'登记公开。2001年10月18日根据日本种苗法进行了品种登记，有效期到2026年10月18日。该品种在日本没有正式的汉语名，汉语的'秋月'是根据'あきづき'意译的名称。

单果重500 g左右，介于'丰水'和'新高'之间。果实扁圆形，萼片残存果的比例较高。果皮黄赤褐色，果点中大、分布密集而明显（图4-36）。果心小，心室5~6，果肉硬度和'丰水'相似，味甜，几乎没有酸味；可溶性固形物含量12.5 °Brix。品质上。贮藏性和'丰水'相似，25℃室温下可以贮藏10天左右。成熟期在日本关东地区为9月中下旬，介于'丰水'和'新高'之间。

图4-36 '秋月'梨结果状及果实形态

树势强，成枝力强，枝条密度高。腋花芽形成能力中等。短果枝中多，连续结果能力较差。抗黑斑病。个别年份和地域偶发果肉水浸状和木栓化等生理病害。

10. 爱宕（Atago）

根据当初的记载，'爱宕'是1915年菊池秋雄在日本东京府立园艺学校以'二十世纪'作亲本进行自交而育成的。但从果形和果色来看，可能是当初杂交时将别的品种的花粉混进去了。但基于S基因型鉴定和SSR分析表明，'爱宕'的父本可能是'天之川'（Sawamura et al., 2008）。'爱宕'果形大，引入中国后曾经在一些地方大面积种植。

单果重500 g，最大可达1.5 kg以上。果实卵圆形或扁圆形，果形不正，萼片脱落。果皮赤褐色，果点小、不明显（图4-37）。汁少，味甜，有酸味。耐贮藏。成熟期在日本鸟取县为11月中旬。

图4-37 '爱宕'梨结果状及果实形态

树势中等，成枝力弱。以短果枝结果为主，而且连续结果能力强。

11. 圆黄（Wonhwang）

韩国农村振兴厅园艺研究所用日本梨品种'早生赤'为母本、'晚三吉'为父本杂交，于1994年选育而成（Kim et al., 1995）。

单果重250 g左右。果实扁圆形或圆形，萼片脱落或残存。果皮鲜黄褐色，果点小而密（图4-38）。果心小，果肉淡黄白色，肉质松软，细；汁液中等，味甜；可溶性固形物含量13～14 °Brix。品质上。在韩国8月底至9月初成熟。不耐贮藏。

树势中庸，树姿半开张。萌芽力和成枝力中等。以短果枝结果为主。

图 4-38 '圆黄'梨结果状及果实形态

（四）中国新选育的品种

1. 翠冠（Cuiguan）

浙江省农业科学院园艺研究所 1979 年以'幸水'为母本、'6 号'（'杭青'×'新世纪'）为父本杂交，1980 年播种，1981 年取杂种单株 30 cm 左右在成龄梨园上进行多头高接，1984 年始果，1986 年初选为优良株系，1999 正式定名为'翠冠'（施泽彬和过鑫刚，1999）。现为我国南方地区第一大主栽梨品种，在北方一些地区也有种植。'翠冠'是中国砂梨栽培群中首个完成了基因组测序的品种（Gao et al.，2021）。

单果重 250 g 左右。果形圆，萼片脱落。果皮底色黄绿色，有褐色锈斑（图 4-39）。

图 4-39 '翠冠'梨结果状及果实形态

合适的套袋技术可以消除或减少锈斑（黄春辉等，2007）。果心小，果肉白色，不易褐变，肉质松脆，石细胞少；汁多，味甜；可溶性固形物含量 12～13 °Brix。品质上等。杭州地区 7 月中下旬成熟，贮藏性中等。

树势旺，树形开张。以短果枝结果为主，连续结果能力强。腋花芽容易形成。抗病性弱，特别是在高温多雨地区易感染炭疽病和黑斑病，引起早期落叶。

该品种用作亲本培育出的品种有浙江省农业科学院园艺研究所的'翠玉'和'初夏绿'（'西子绿'×'翠冠'），江苏省农业科学院园艺研究所的'苏翠 1 号'（'华酥'×'翠冠'）等。

2. 翠玉（Cuiyu）

浙江省农业科学院园艺研究所 1995 年以'西子绿'为母本、'翠冠'为父本进行杂交，2011 年通过了浙江省非主要农作物品种审定委员会的品种审定，并正式定名（戴美松等，2013）。

单果重 300 g 左右。果实圆形，端正，萼片脱落。果皮浅绿色，几无锈斑，果面光洁具蜡质，果点极小，外形美观（图 4-40）。果心小，果肉白色，不易褐变，肉质细嫩，松脆，石细胞少；汁多，味甜；可溶性固形物含量 11 °Brix。品质中上。杭州地区 7 月上中旬成熟，贮藏性优于'翠冠'。

图 4-40 '翠玉'梨结果状及果实形态

树势中庸，树形开张。萌芽力强，成枝力中等。腋花芽极易形成，短果枝连续结果能力较弱。抗病性强于'翠冠'。

3. 黄冠（Huangguan）

河北省农林科学院石家庄果树研究所 1977 年以'雪花梨'为母本、'新世纪'为父本杂交，1978 年播种，1990 年开始多点中间试验，1996 年定名为'黄冠'（孙荫槐等，1997）。现为我国北方梨产区主栽品种，也是北方地区杂交育成品种中推广面积最大的品种。另外，浙江农业大学（现已并入浙江大学）园艺系从'黄冠'同一个杂交组合中选育出了'雪青'（见'雪青'介绍）。

单果重 250 g 左右。果实椭圆形或圆形，萼片脱落。果皮绿黄色，果面光洁，无锈斑，果点小，中密，外观漂亮，完全成熟后酷似苹果'金冠'（图 4-41）。果心小，果肉白色，肉质细而松脆，石细胞少；汁多，酸甜适口；可溶性固形物含量 11～12 °Brix。品质上等。石家庄地区 8 月中旬成熟。冷藏条件下可贮藏至翌年 3～4 月。

图 4-41　'黄冠'梨结果状及果实形态

树势旺，幼树枝条直立。萌芽力强，成枝力中等。以短果枝结果为主，连续结果能力强。幼树腋花芽结果多。较'鸭梨'和'雪花梨'抗黑星病。

该品种用作亲本培育出的品种有河北省农林科学院石家庄果树研究所的'冀酥'（'黄冠'בّ金花'）。

4. 黄花（Huanghua）

浙江农业大学（现已并入浙江大学）园艺系 1962 年用'黄蜜'（日本梨品种'今村夏'的汉语别称）作母本、'三花'作父本进行杂交，1968 年结果，1970年分别取其父母本名的一个字而定名为'黄花'（林伯年和沈德绪，1983），是我国人工杂交育成的第一个砂梨品种。曾在全国各地，特别是长江流域及以南地区推广 150 万亩*以上。

单果重 250 g 左右。果实圆形至圆锥形，萼端常凸起，萼片残存或脱落。果实黄褐色，套袋后淡黄褐色，果点小而密（图 4-42）。果心中大，果肉白色，肉质

＊ 1 亩≈666.7 m²。

稍紧、脆；汁多，味甜；可溶性固形物含量 12 °Brix 左右。品质上。杭州地区 8
月中旬成熟，贮藏性中等。

树势旺，树形开张。以短果枝结果为主，连续结果能力强。腋花芽极易形成，
所以现在浙江各地梨园作授粉枝用。抗病性强，特别是对南方高温多雨地区引起
早期落叶的多种病害具有抗性。

该品种用作亲本培育出的品种有河北省农林科学院石家庄果树研究所的'冀
蜜'（'雪花梨'×'黄花'）和'早魁'（'雪花梨'×'黄花'），浙江省农业科学
院园艺研究所的'玉冠'（'筑水'×'黄花'）等。

图 4-42 '黄花'梨结果状及果实形态

5. 金花梨（Jinhuali）

原产四川省金川县，是四川省农业科学院果树研究所于 1959 年在金川县发现
的'金川雪梨'的实生苗中选育而来的（李学优和甘霖，1988，1989）。

果实大，单果重 400～500 g。果实倒卵圆形，果柄较长，萼片脱落。果皮黄
绿色，果皮光滑，果点小而密（图 4-43）。果心小，肉质细脆；汁多；可溶性固形
物含量 12 °Brix 左右。品质上。原产地 9 月下旬成熟。在原产地高海拔地区，采
收期可以持续到 11 月初。耐贮藏，简易条件下可贮藏至翌年 4 月。

树势强健，高大，枝条直立。萌芽力强，成枝力中等。以短果枝结果为主，
丰产性好。适应性广。

6. 金水 2 号

'金水 2 号'和其姊妹系'金水 1 号'是湖北省农业科学院果树茶叶研究所
1958 年以'长十郎'作母本、'江岛'作父本杂交育成的（李先明，1999）。

单果重 225 g，最大可达 517 g。果实近圆形，果形指数 0.95，果形整齐一致，
近果柄处有瘤状凸起，萼片脱落。果皮黄绿色，果面极平滑洁净，有蜡质光泽，

图 4-43 '金花梨'结果状及果实形态

果点小（图 4-44）。果心小，果肉乳白色，肉质细嫩、酥脆，石细胞极少；汁液特多，味酸甜，微香，贮藏后香气更浓；可溶性固形物含量 12.1 °Brix。品质上。武汉地区果实 7 月下旬成熟。

图 4-44 '金水 2 号'梨结果状及果实形态

　　树姿较直立，树势强旺。萌芽力高，成枝力中等。以短果枝结果为主，连续结果能力高。有采前落果现象。对黑斑病、黑星病抗性强。对土壤条件要求较高，适于土层肥沃深厚、透气性良好的砂壤土及壤土。

7. 美人酥（Meirensu）

　　中国农业科学院郑州果树研究所 1989 年用'幸水'作母本、'火把梨'作父本选育而成，是中国和新西兰合作培育成的品种。杂交在中国进行，而杂交种子播种在新西兰 Riwaka 研究中心培育圃进行（王宇霖等，1997）。1997 年将该杂交组合的优株引回国内在河南、河北、云南和甘肃等多地进行引种区域试验（魏闻东，2010）。是我国人工杂交育成的第一代红皮砂梨。从同一个组合还选育出了另外两个红皮梨品种'满天红'和'红酥脆'，以及一个非着色系的'早白蜜'。

单果重 200 g 左右。果实倒卵圆形或近圆形，萼片残存或脱落。果皮绿黄色，阳面淡红色，但在云南等高海拔冷凉地区果皮全红，鲜红艳丽（图 4-45）。另外，套袋处理可以使果实着色更好（黄春辉等，2009）。果心小，心室数 5～8，果肉淡黄白色，肉质酥脆，石细胞少；汁液多，风味甜酸，微有涩感。可溶性固形物含量可达 13～15 °Brix。品质中等。滇中地区 8 月中旬成熟。较耐贮藏，冷藏后涩感退去，品质风味更佳。

图 4-45 '美人酥'梨结果状及果实形态

树势强旺，树姿直立，萌芽力、成枝力均强。对梨黑星病、干腐病、早期落叶病和梨木虱、蚜虫有较强抗性，抗晚霜，耐低温能力强。

8. 雪青（Xueqin）

浙江农业大学（现已并入浙江大学）园艺系从'黄冠'同一个杂交组合（'雪花梨'×'新世纪'）中选育出。2001 年通过重庆市农作物品种审定委员会审定（沈德绪等，2002）。

单果重 300～400 g，最大 750 g。果实近圆形或扁圆形，果形指数 0.84，萼片脱落。果皮绿色，果面光洁，无果锈，有光泽，果点小而稀、较明显（图 4-46）。果心小，果肉洁白，不易褐变，肉质细嫩而脆，石细胞少，无渣；汁多，味甜；可溶性固形物含量 12.5 °Brix。品质上。杭州地区 8 月上旬成熟。室温可贮藏 15～20 天；冷藏可达 4～5 个月。

树势中庸，树姿开张。萌芽力强，成枝力中等。以短果枝结果为主，连续结果性能好。果形整齐美观，高抗黑星病。

图 4-46 '雪青'梨结果状及果实形态

二、秋子梨系统

1. 安梨（Anli）

主产于东北及河北燕山山脉地区，曾经是东北地区栽培最普遍的梨品种之一，100 多年生的老树在 20 世纪 60 年代随处可见（中国农业科学院果树研究所，1963）。

单果重 120 g。果实扁圆形，萼片宿存。果皮黄绿色，贮后变黄，果皮厚、较粗糙，果点中大而密生（图 4-47）。果心中大，果肉后熟后黄白色，石细胞多，肉质较粗；味甜酸，汁中多；可溶性固形物含量 14 °Brix。品质中等。在辽宁兴城 9 月下旬至 10 月上旬成熟。适合做冻梨。耐贮藏。

图 4-47 '安梨'结果状及果实形态

树势强，树姿开张，萌芽力和成枝力均强。易形成腋花芽，短果枝连续结果能力强。抗寒性和抗病性强。

叶片特大，多呈近圆形、心脏形或阔卵圆形，先端突尖，边缘如波浪形；叶片较薄，深绿色，叶柄很长，叶片变红落叶，为秋子梨中落叶最晚的品种（中国农业科学院果树研究所，1963），具有观赏价值。

2. 八里香（Balixiang）

产于辽宁各梨区，以建昌县、绥中县等地分布最广（中国农业科学院果树研究所，1963）。

果实小，单果重40～70 g。果实圆形或扁圆形，萼片宿存。果皮黄色，阳面有红晕，果皮粗糙，果点小而密。果肉淡黄色，果心大，石细胞多，肉质粗；汁液中多，味酸涩，有香气；可溶性固形物含量15～16 °Brix。品质中等。8月下旬至9月上旬成熟。果实较耐贮藏。

树势强，半开张。萌芽力强，成枝力弱。以短果枝结果为主，腋花芽结果能力亦强。抗寒性强。

3. 大头黄（Datouhuang）

原产辽宁辽阳。又名'大香水'和'辽阳大香水'。

单果重90～100 g。果实长圆形，萼片宿存。果皮黄色，具蜡质，果点小而密、明显（图4-48）。果心大，果肉黄白色，肉质较粗；采后一周即可食用，汁多，味甜酸稍涩，香气浓；可溶性固形物含量 12～15 °Brix。品质中等。在辽宁兴城地区9月上旬成熟。果实不耐贮藏。

图4-48 '大头黄'梨结果状及果实形态

树势强健，枝条半开张。萌芽力强，成枝力强。以短果枝结果为主，连续结果能力强。抗寒性强，较抗黑星病。

4. 花盖（Huagai）

主产于辽宁各地，分布极广，曾经是东北地区栽培最普遍的梨品种之一（中国农业科学院果树研究所，1963）。'花盖'之名可能源于以梗洼为中心果面上形成的大型圆锈斑，形似盖子。

单果重 80 g。果实扁圆形，萼片宿存。果皮黄绿色，贮后变黄，果皮较厚，蜡质厚，果点小（图 4-49）。果心中大，果肉淡黄白色，石细胞多，肉质粗；味甜酸，汁多，有香气；可溶性固形物含量 15 °Brix。品质中等。在辽宁兴城 9 月下旬成熟。耐贮藏。多做冻梨食用。

图 4-49 '花盖'梨果实形态

树势中庸，萌芽力和成枝力弱。以短果枝结果为主。抗寒性和抗病性强。

5. 尖把（Jianba）

产于辽宁各地，在辽宁开原和吉林延边栽培较多。

单果重 50 g。果实近似葫芦形或倒卵圆形，萼片宿存。果皮底色黄绿色，基部有褐色锈斑，果皮粗糙，蜡质厚，果点小而密、显著（图 4-50）。果心大，果肉淡黄白色，石细胞多；刚采收时不宜食用，后熟后果肉变软，甜酸味浓，汁多，香气浓郁；可溶性固形物含量 15 °Brix。品质中下。在辽宁兴城 9 月中下旬成熟。耐贮藏。适宜做冻梨。

树势强，萌芽力强，成枝力弱。以短果枝结果为主。抗寒性和抗病性强，但不抗黑星病。

6. 京白梨（Jingbaili）

原产于北京的地方品种，又名'北京白梨'，是秋子梨中果实较大和品质最好的品种之一。

图 4-50　'尖把'梨结果状及果实形态

单果重 120 g。果实扁圆形，萼片宿存或脱落。果皮黄绿色，经后熟后变黄，果面平滑，果点小而明显（图 4-51）。果心中大，果肉黄白色，石细胞少；经 10 天左右后熟后，肉质变软，汁液特多，味甜，有香气；可溶性固形物含量 15 °Brix 左右。品质上。在北京地区 8 月下旬至 9 月上旬成熟。贮藏性中等。

图 4-51　'京白梨'结果状及果实形态

树势中庸，树冠半开张，萌芽力强，成枝力弱。以短果枝结果为主。适宜在冷凉地区栽培。不抗黑星病。

中国农业科学院果树研究所以'京白梨'作为亲本育成数个品种，但缺乏推广。

7. 南果（Nanguo）

原产辽宁鞍山一带，为自然杂交实生，是秋子梨中品质最好的品种之一。'南果'梨的栽培历史有100多年。其母树保存在鞍山市千山区东鞍山街道，但主体部分已死（中国农业科学院果树研究所，1963）。在鞍山的海城市有一株'南果'梨老树，至今仍然生长旺盛，硕果累累（图4-52）。

图4-52 辽宁鞍山的'南果'梨老树（王文辉研究员惠赠）

单果重60 g左右。果实圆形或扁圆形，萼片宿存或脱落。果皮底色绿黄，向阳面有红晕，果面平滑有光泽，外观漂亮，果点小，但红晕处果点大而明显（图4-53）。果心大，果肉黄白色，石细胞少，肉质细；和大多数秋子梨不同，该品种的果实采收后不需要后熟即可食用，质脆味甜，多汁；经15天左右后熟后，肉质变软，易溶于口，汁液特多，有香气；可溶性固形物含量15°Brix。品质上。在辽宁9月上旬成熟。贮藏性中等。

树势强健，树冠开张。萌芽力强，成枝力中等。以短果枝结果为主。抗黑星病，抗寒性强。

该品种用作亲本培育出的著名品种有中国农业科学院果树研究所的'锦香'（'南果'×'巴梨'）、吉林省农业科学院果树研究所培育出的'寒红'（'南果'×'晋酥'）、辽宁省果树科学研究所选育出的芽变'南红'（图4-53）等。

8. 延边小香水（Yanbian Xiaoxiangshui）

又名'小香水'，产于延边地区，栽培最为普遍。

果实小，单果重60 g。果实多圆形，萼片宿存。果皮深黄色，表面不平，果点小而密（图4-54）。果心大，果肉黄白色，肉质粗；刚采收时酸涩，后熟10天后变软，溶于口，涩味消失，甜酸，汁特多，有浓香。品质中下。延边地区9月中旬成熟。果实不耐贮藏。

图4-53 '南果'梨（上）和'南红'梨（下）结果状及果实形态

图4-54 '延边小香水'梨结果状及果实形态

生长势强，枝条开张，呈下垂状。萌芽力强，成枝力中等。植株寿命长，抗寒性强，抗病虫害能力强，具有很好的适应性。

9. 软儿（Ruan'er）

主产于黄河沿岸的兰州、白银等地。又名'化心'和'香水'，反映了该品种果实的软肉和具有香气的特点。甘肃其他地方以及青海和宁夏也有栽培。栽培历史在 350～400 年甚至以上，1956 年在甘肃敦煌县（现为敦煌市）三乡有 300 多年的'软儿'梨老树（孙云蔚等，1983）。敦煌市窦家墩村四组梨园现存的 13 棵老'软儿'梨树的平均树龄为（280±35）年（秦春等，2021）。在甘肃皋兰县什川镇古梨园至今有树龄 300～400 年甚至以上的大树仍在结果。在甘肃称作'软儿'和'化心'的品种还有'绿软儿''尖软儿''白皮化心''麻皮化心'和'红软儿'等（甘肃省农业科学院果树研究所，1995），它们是'软儿'的变异，还是区别于'软儿'的其他品种需要进一步研究确证。基于 DNA 标记的研究表明，该品种遗传组成复杂，可能是西洋梨和中国砂梨品种的杂交，并混有秋子梨的血统（Jiang et al.，2016；Yu et al.，2016）。

单果重 120 g 左右。果实扁圆形，宿萼。果皮黄绿色，贮后暗黄色，果皮较厚，蜡质厚，果点小而密生（图 4-55）。果心中大，果肉白色，石细胞多，肉质较粗；初采时质硬味酸，后熟一个月后变软，酸甜味浓，有香气；可溶性固形物含量 13～14 °Brix。品质中等。在兰州地区 9 月下旬成熟。在兰州地区常将果实冻藏至翌年 2 月，果皮由黄变黑褐（图 4-55），此时肉质软化，汁液特多。果实耐贮藏，在当地土窑窖中可贮藏至翌年 5～6 月。

图 4-55 '软儿'梨结果状（左）、果实形态（中）及冻藏的果实（右）

树势强，树姿开张，寿命长。萌芽力和成枝力均强，以短果枝结果为主。

三、其他类型的地方品种

1. 苹果梨（Pingguoli）

因外观似苹果而得名，主产吉林延边，曾经在我国北方一些地区大面积推广。据调查，'苹果梨'是吉林延边龙井县（现为龙井市）的崔范斗于 1921 年从朝鲜北青引入我国吉林延边的（荆子然，1989）。有人认为苹果梨可能是砂梨和秋子梨的杂种，其亲本之一是日本的'今村秋'（中国农业科学院果树研究所，1963）。在我国出版的有关'苹果梨'的论著中，'苹果梨'的归属问题很混乱，有时将其归为白梨，有时又将其归为砂梨。本书著者的研究表明，'苹果梨'等原产于朝鲜半岛的品种具有不同于白梨、砂梨（包括日本梨）和秋子梨等独特的 RAPD 谱带，在系统发育树中形成单独的类群（Teng et al.，2002）。另外'苹果梨'具有不同于其他梨的独特的花粉粒形状，并且可以稳定地遗传给后代（邹乐敏等，1986）。因此'苹果梨'的起源仍有待研究。

单果重 250 g 左右，最大可达 600 g。果形多不整齐，为不规则扁圆形，宿萼。果皮黄绿色，贮后转淡黄色，阳面呈暗红色，似石榴红色（图 4-56）；果面有棱沟，果点较大而明显，果皮碰伤后易变黑色，贮藏后果皮上有蜡质油腻物覆盖。果心极小，果肉白色，石细胞少，肉质细、松脆；汁多，味甜偏酸，但贮藏后酸味减弱，酸甜适口；可溶性固形物含量 13 °Brix。品质中上。在延边地区 9 月下旬至10 月上旬成熟。果实耐贮藏。

图 4-56　'苹果梨'结果状及果实形态

树势强健，树冠大而开张。萌芽力强，成枝力弱。以短果枝结果为主。抗寒性强。

在中国利用该品种作亲本培育出了很多新品种（田路明等，2019；张绍铃等，2018）。其中著名品种有中国农业科学院果树研究所的'早酥'（'苹果梨'×'身不知'）和'锦丰'（'苹果梨'×'慈梨'），吉林省农业科学院果树研究所的'苹香梨'（'苹果梨'×'延边谢花甜'）。

2. 库尔勒香梨（Ku'erle Xiangli、Korla Xiangli）

原产新疆，属新疆梨系统。当地维吾尔语称为"库尔勒乃西普特"。在新疆库尔勒地区栽培最多和最为著名，栽培历史悠久。新疆南部各地均普遍栽培。长期以来'库尔勒香梨'被划归为白梨品种。本书著者利用 DNA 标记，判明该品种有西洋梨血统，是中国砂梨品种和西洋梨品种的杂交后代（Teng et al., 2001），而且母本是中国砂梨品种，父本是西洋梨品种（Zheng et al., 2014）。

单果重 120 g 左右。果形富有变化，呈不规则倒卵圆形或纺锤形，萼片多宿存，有时候萼端凸起；果梗近果肉处肉质化（图 4-57）。果皮底色黄绿色，贮后转淡黄色，阳面呈暗红色，似石榴红色；果面有棱沟，果点明显，果皮碰伤后易变黑色，贮藏后果皮上有蜡质油腻物覆盖。果心大，果肉白色，肉质细嫩，但靠果心部分较粗；汁多爽口，味甜具清香，可溶性固形物含量 13 °Brix。品质上。新疆库尔勒地区 9 月下旬成熟。果实耐贮藏。

图 4-57 '库尔勒香梨'果实（左、中）和果形变化（右）

树势强，树冠开张。以短果枝结果为主，腋花芽易形成。抗寒性较弱，在库尔勒地区常有冻害。

在中国，该品种用作亲本培育出了不少优良的新品种：中国农业科学院郑州果树研究所的'红香酥'（'库尔勒香梨'בß鹅梨'），山西农业大学（山西省农业科学院）果树研究所的'玉露香'（'库尔勒香梨'×'雪花梨'），新疆生产建设兵团农二师的'新梨 1 号'（'库尔勒香梨'×'砀山酥梨'），新疆塔里木大学的'新梨 7 号'（'库尔勒香梨'×'早酥'）。

3. 吊蛋梨类（Diaodan type）

属于褐梨（*P. ×phaeocarpa*）系统。分布在甘肃兰州、临夏等地。因为果梗长，果实倒卵圆形、长圆形或椭圆形，像鸡蛋吊在树上一样，所以在甘肃当地将这类梨形象地称为"吊蛋梨"。

果实小，单果重大多在 20 g 左右。果实倒卵圆形或椭圆形，脱萼；果梗长多在 3.5 cm 以上，大多长于果实纵径（图 4-58）。果皮全锈黄褐色或中间色被黄褐色锈斑覆盖，果点中大，多而明显。果心大，心室 4（5），果肉淡黄色、白色或浅绿色，肉质柔软；初采时味酸涩，后熟后涩味减轻，味酸甜。可溶性固形物含量多在 16 °Brix 左右。品质下。果实成熟期 9 月下旬至 10 月下旬。

多以短果枝结果为主。适应性强，抗寒性、抗旱性、抗病性均强。

图 4-58　吊蛋梨类果实（李红旭研究员惠赠）
上图：左：'临洮吊蛋'；中：'临夏汆吊蛋'；右：'张掖吊蛋'
下图：左：'张掖吊蛋'；右：'临夏汆吊蛋'

4. 霉梨类（Meili type）

分布于浙江南部及中部地区，有 20 多个品种，如'真水梨''鸭蛋梨''算盘子梨''松山野梨''小霉梨''白霉梨'和'菊花霉梨'等（吴耕民，1984）。

果实中等大小，单果重 100～150 g。果实圆形、倒卵圆形或椭圆形，萼片脱落或宿存。果皮深褐色，果皮粗糙，果点大而明显（图 4-59）。果心大，心室大多为 5，果肉黄白色，切开后极易褐变，肉质粗；采收时果肉坚硬、酸涩，不堪食用，后熟后果肉变软绵，犹如煮熟的马铃薯，涩味消失或减少，汁液中等。品质下。

以短果枝结果为主。

四、人工育成的种间杂交品种

1. 寒红（Hanhong）

由吉林省农业科学院果树研究所以'南果'为母本、'晋酥'为父本育成，2003

年3月通过吉林省农作物品种审定委员会审定（张茂君等，2004）。

单果重200g左右，最大450g。果实圆形，萼片多脱落。果实底色鲜黄，阳面艳红，成熟时果皮多蜡质，果点小而密（图4-60）。果心中大，心室5（4），果肉乳白色，石细胞少，肉质细、酥脆；多汁，甜酸，味浓，有微香；可溶性固形

图4-59 霉梨的果实

图 4-60　'寒红'梨结果状及果实形态

物含量 15 °Brix。品质上。吉林中部果实 9 月下旬成熟。常温下可贮藏 60 天左右，冷藏可达 6 个月以上。

树势中等，树姿半开张。抗寒性、抗病性强，高抗黑星病。

2. 苏翠 1 号（Sucui No.1）

由江苏省农业科学院园艺研究所于 2003 年以'华酥'为母本、'翠冠'为父本杂交育成。2007 年杂种实生苗开始结果。2011 年 11 月通过江苏省农作物品种审定委员会审定，定名为'苏翠 1 号'（蔺经等，2013）。

单果重 260 g，大者可达 380 g。果实倒卵圆形，萼片脱落。果皮黄绿色，果锈少或无，果面平滑，蜡质多，果点小、疏（图 4-61）。果心小，果肉白色，肉质细脆，石细胞极少，汁液多，味甜，可溶性固形物含量 12.5～13.0 °Brix。品质上。在南京果实于 7 月中旬成熟，比'翠冠'成熟期早 10～15 天。

图 4-61　'苏翠 1 号'梨结果状及果实形态

树体生长健壮,枝条较开张。成枝力中等,萌芽力高。花芽容易形成,以短果枝结果为主,但在一些地区容易出现花芽松动问题。

3. 新梨 7 号（Xinli No.7）

新疆塔里木大学以'库尔勒香梨'为母本、以'早酥'为父本杂交选育而来。2000 年通过新疆维吾尔自治区农作物品种审定委员会审定（刘建萍,2001）。

单果重 150～200 g,最大单果重 310 g。果实椭圆形,果形不端正,萼片宿存,果柄短粗。果皮底色黄绿色,阳面有红晕,呈条状,果皮薄,果点中大、明显（图 4-62）。果心小,果肉白色,肉质细嫩、酥脆,无石细胞感;汁多,风味甜爽,清香;可溶性固形物含量 12 °Brix 左右。品质上。新疆库尔勒地区 8 月上旬成熟。常温下可贮藏一个多月。

图 4-62 '新梨 7 号'梨结果状及果实形态

树势强旺,萌芽力和成枝力中等,以短果枝结果为主。适应性广,耐瘠薄。植株雄性不育。

4. 玉露香（Yuluxiang）

山西省农业科学院果树研究所于 1974 年以'库尔勒香梨'为母本、'雪花梨'为父本杂交,1975 年播种,1981 年开始结果,2001 年定名（郭黄萍等,2001）。

单果重 250 g,最大单果重 450 g。果实近圆形或卵圆形,萼片宿存或脱落。果皮绿黄色,果实贮藏后底色变黄,分泌油脂类覆盖果面;果面局部或全部具红晕及暗红色纵向条纹,果面有凹凸感,光洁具蜡质,果皮薄,果点细密不明显（图 4-63）。果心小,肉质细嫩,石细胞少;汁液极多,味甜,具清香;可溶性固形物含量 12～15 °Brix。品质上等或极上。晋中地区 8 月下旬至 9 月上旬成熟。耐贮性好,一般土窑洞可贮藏至次年 2～3 月。

树势中庸,萌芽力强,成枝力弱。以短果枝结果为主。花粉量少,不易作授粉树。在一些地域,'玉露香'花芽容易出现僵芽问题。

图 4-63　'玉露香'梨结果状及果实形态

5. 早酥（Zaosu）

中国农业科学院果树研究所于 1956 年以'苹果梨'为母本、'身不知'（*P. communis*）为父本杂交选育而成，1969 年命名（中国农林科学院果树试验站，1976），是我国果树科研工作者杂交育成的第一批优质梨新品种之一，曾经在北方大部分梨产区推广。该品种的着色系芽变'红早酥'于 2004 年被发现于陕西的一个梨园，最早称为'早酥红'（徐凌飞和张福民，2009）。'红早酥'的果实有两种着色模式（图 4-64），而且容易发生回复突变，是研究梨果实着色机制的重要材料（Qian et al.，2014；Bai et al.，2019；Ni et al.，2020；Tao et al.，2020）。

单果重 250 g 左右。果实不规则卵圆形，萼片宿存，萼端突起。果皮黄绿色，有蜡质光泽，西北高海拔地区果实阳面有红晕；果面有 5 个明显棱沟，果点小、不明显（图 4-64）。果心中大，果肉白色，肉质细、酥脆；汁特多，味甜爽口，贮藏后有香味，可溶性固形物含量 11 °Brix。品质上。辽宁兴城 8 月中旬成熟。室温下可贮藏 1 个月左右。

树势较强，枝条半开张。萌芽力强，成枝力弱。以短果枝结果为主，腋花芽少。抗黑星病。

'早酥'为中国梨品种的改良做出了重要贡献，利用该品种培育出的品种有陕西省果树研究所和中国农业科学院果树研究所合作育成的'八月红'（'早巴梨'ד早酥'），中国农业科学院郑州果树研究所的'中梨 1 号'（'新世纪'ד早酥'）、'早美酥'（'新世纪'ד早酥'）和'七月酥'（'幸水'ד早酥'），塔里木大学的'新梨 7 号'（'库尔勒香梨'ד早酥'），中国农业科学院果树研究所的'华酥'（'早酥'ד八云'），甘肃省农业科学院林果花卉研究所的'甘梨早六'和'甘梨早八'（'四百目'ד早酥'），辽宁省果树科学研究所的'早金酥'（'早酥'ד金水酥'）等。

图 4-64 '早酥'及其红色芽变'红早酥'

上行左：'早酥'梨结果状；上行中：'早酥'梨果实；上行右：第一列为'早酥'梨果实，第二列和第三列为'红早酥'梨的两种果实着色类型，第四列为'红早酥'梨回复芽变的果实。下行左：'早酥'梨新梢；下行中：'红早酥'梨新梢；下行右：'红早酥'梨回复突变的新梢

6. 中梨 1 号（Zhongli No.1）

中国农业科学院郑州果树研究所于 1982 年以'新世纪'为母本、'早酥'为父本杂交，1988 年开始结果，2003 年定名并获得植物新品种权（李秀根等，1999）。因为其外观漂亮、色泽翠绿，民间将其称为"绿宝石"。

单果重 250 g。果实近圆形或扁圆形，萼片脱落。果皮翠绿色，采后 15 天变鲜黄色，北方地区栽培无果锈，南方地区栽培有少量果锈；果面较光滑，果点中大（图 4-65）。果心中大，5～8 心室是其不同于一般品种 5 心室的特点；果肉乳白色，肉质细嫩，石细胞少；汁液多，味甘甜；可溶性固形物含量 12 °Brix 左右。品质上。郑州地区 7 月中旬成熟。不耐贮，货架期 20 天左右。

树势较强，萌芽力强，成枝力低。以短果枝结果为主，腋花芽易形成。有一定的自花结实能力。对土壤适应性强，但易感黑斑病，在南方多雨地区栽培时易发生裂果。

图 4-65 '中梨 1 号'梨结果状及果实形态

第二节 西洋梨品种

世界范围内西洋梨的主栽品种和有影响力的品种都是西欧品种及其衍生品种,也是本书选择介绍的对象。西洋梨的栽培范围远超亚洲梨,理论上应该有比亚洲梨更多的品种。除了西欧外,其他传统的西洋梨栽培国家应该都有一些优良的地方品种,但由于缺乏相关的一手资料,本书对此不做介绍。

1. 阿巴特(Abate Fetel 或 Abbé Fétel)

法国品种。由修道院院长(abate)Fetel 培育而成,因此得名,意思是"修道院院长 Fetel"。Fetel 是法国罗讷省谢西(Chessy)的牧师,他于 1865 年开始进行梨品种的杂交选育工作,几年后培育出了'Abate Fetel'。该品种长时间内是意大利的第一大主栽品种,于 20 世纪末引入中国。

单果重 250 g 左右,大者可达 500 g 以上。果实长颈葫芦形,萼片宿存(图 4-66)。果皮绿色,有黄褐色锈斑,果实阳面有红晕或粉红晕。果心小,果肉乳白色,肉质细,具有比'安茹'和'巴梨'更浓郁的甜味,后熟后具有浓郁香味;可溶性固形物含量 14 °Brix。品质上。最佳食用期为后熟即将变软之前,此时果肉质地略带脆、融化。果实也非常适合烘焙。山东烟台地区 9 月上旬成熟。冷藏条件下耐贮性好。

幼树生长势强,干性强,进入结果期后,树势中庸。萌芽力高,成枝力弱。以短果枝结果为主。抗黑斑病、黑星病和锈病。与榅桲具有一定的嫁接亲和性(Dondini and Sansavini,2012;Machado et al.,2017)。

图 4-66 '阿巴特'梨结果状及果实形态

2. 安茹 （d'Anjou、Beurré d'Anjou、Beurre d'Anjou 或 Anjou）

19 世纪中叶起源于法国或比利时。根据其名有人认为应该起源于法国昂热（Angers）附近。Beurré 在法语中意思为黄油（butter）或黄油样的（buttery），Anjou（安茹）前面的 d 表示"来自"，因此，Beurré d'Anjou 就是来自安茹（Anjou）的黄油样的梨（Hedrick，1921）。另外一种说法是该品种最初在欧洲被命名为 'Nec Plus Meuris'，而在引入美国和英国时，错误地将 'Anjou' 或 'd'Anjou' 的名称应用于该品种。该品种于 1842 年引入美国。该品种及其红色芽变现为美国的第二大栽培梨品种，也是阿根廷的主栽梨品种之一。该品种最早由美国传教士倪维思（Nevius）于 19 世纪六七十年代引进中国，取自己的姓氏 Nevius 的中文读音命名为 '倪梨'。长期以来该品种的中文名被译为 '安久'，可能是对法语 Anjou（安茹）的错误发音而造成的以讹传讹。

单果重 300 g 左右。果实形状均匀，短粗颈葫芦形或倒卵圆形，萼片宿存（图 4-67）。果皮绿色，散生锈斑，阳面偶有微红晕，果皮薄，光滑，果点小而密。

图 4-67 '安茹'和'红安茹'果实（左图和右图为 Jinhe Bai 博士惠赠）

果心小，果肉黄白色，肉质紧密而柔软，略带颗粒；非常多汁，甜，味浓，有浓郁的带有葡萄酒味的风味；可溶性固形物含量 14 °Brix。品质上。在烟台 9 月中下旬成熟。冷藏条件下耐贮性好。货架期寿命长。

树势旺盛，树姿开张。抗寒，几乎不感染火疫病。产量不稳定。

3. 巴梨（Bartlett）

原产于英国，原名为 'Williams' Bon Chrétien' 或 'Williams Bon Chrétien' 简称 'Williams' 或 'Bon Chrétien'，在美国和加拿大称为 'Bartlett'。该品种及其红色芽变是亚洲梨栽培区域以外最为广泛栽培的梨品种，是美国和阿根廷的第一大主栽梨品种、南非的第三大栽培梨品种。在中国主要栽培于胶东半岛一带和辽宁大连等地。

该品种是由英格兰伯克郡（Berkshire）的一所学校的校长 Stair 先生发现的自然实生种。发现的时间大约是 1765 年（Dondini and Sansavini，2012）。苗圃商威廉姆斯（Williams）先生从他那里购得后进行繁殖和销售，该梨随即以 "Williams" 闻名（Hedrick，1921）。1797 年或 1799 年引进美国后，由马萨诸塞州的 Thomas Brewer 以 "好基督徒威廉姆斯"（Williams' Bon Chrétien）之名在其庄园种植。该名称至今在欧洲和南非等地广为人知。1817 年，马萨诸塞州的 Enoch Bartlett 拥有了布鲁尔庄园，因为不知道这个梨的真名，对外就以他自己的姓氏 Bartlett 出产（Hedrick，1921）。从此以后，它在美国被称为 'Bartlett'。该品种最早由美国传教士倪维思于 19 世纪六七十年代引进中国，并由倪维思翻译为 '巴梨' 沿用至今。

单果重 250 g。果实粗颈葫芦形，萼片宿存或残存（图 4-68）。果皮采收时黄绿色，贮后变黄，有透明感，部分果实阳面有红晕；果皮薄，表面光滑，稍有凹凸感，果点小而多、明显。果肉白色，7~10 天后熟后变软，肉质融化，黄油状；多汁，味浓甜，具强烈香气；可溶性固形物含量 12~15 °Brix。品质极上。胶东半岛 8 月下旬成熟。不耐贮，但在冷藏条件下可贮藏 4 个月左右。货架期寿命短。果实除供鲜食外，还可以用于烘焙和制罐。

萌芽力和成枝力均强，幼树较直立。以短果枝结果为主。'巴梨' 与普通榅桲砧木的亲和性差（Dondini and Sansavini，2012），需要中间砧才能成苗。

在我国，以 '巴梨' 为亲本育成的品种主要有：中国农业科学院果树研究所的 '五九香'（'鸭梨' × '巴梨'）、'锦香'（'南果' × '巴梨'）以及从 '锦香' 实生变异中选出的梨矮化砧品种 '中矮 1 号'。武威市农业科学研究院从 '巴梨' 实生苗中选育出了晚熟、抗性强的 '武巴梨'。'巴梨' 的红色芽变品种有多个。最著名的为 '红巴梨'（'Max Red Bartlett'），是 1938 年在美国华盛顿州齐拉（Zillah）附近发现的深红色芽变（Reimer，1951）（图 4-68）。20 世纪 30 年代早期在澳大利亚维多利亚州发现的鲜红色芽变 'Mock's Red Williams'（也称作 'Sensation'

'Red Sensation')也在世界上很多地方种植。另外还有'Rosired'和'Homored'（Dondini and Sansavini，2012）以及在南非发现的'Bon Rouge'（Human，2005）。所有这些红色芽变中种植最广的是'Max Red Bartlett'（Dondini and Sansavini，2012）。

图 4-68 '巴梨'（上）及'红巴梨'（'Max Red Bartlett'）（下）结果状及果实形态

4. 博斯克或巴斯克（Beurre Bosc、Bosc 或 Beurré Bosc）

原产于 19 世纪早期的法国或比利时，具体的起源地不明。当时，欧洲为梨品种命名的惯例是使用双名系统，第一个名字表明水果的一个特征，第二个名字表示它的起源地或繁殖者。根据 Hedrick（1921）的记载，该品种是由比利时鲁汶（Leuven）的医生和药剂师、果树学家 Van Mons 博士于 1807 年从实生苗中选育出的，最初以 Calebasse Bosc 命名，以纪念杰出的法国博物学家 M. Bosc。1820 年，伦敦园艺学会所属植物园以 Beurré Bosc 的名字接受了该品种。该品种大约在 1832 年或 1833 年引入美国。在一些国家也将'巴斯克'称为'Kaiser'或'Kaiser Alexander'。

单果重 200 g 左右。果实长葫芦形，形状对称（图 4-69）。果皮底色为黄色，果面被肉桂色的果锈覆盖，果点小、暗淡。但中国产和美国产的果锈色泽有差异（图 4-69）。果心中大，果肉黄白色，稍有颗粒感，溶质，黄油状，多汁，味浓，具有令人愉悦的香气。品质上。冷藏条件下耐贮性好。货架期寿命长。

树势强，抗寒性强，易感火疫病。与温桲砧木不亲和。

图 4-69 '巴斯克'梨结果状及果实形态

左、中为中国大连产，右为美国产

5. 布兰基亚（Blanquilla）

'布兰基亚'的确切起源未知。它在意大利被称作'Spadona di Salermo'，简称'Spadona'，在希腊被叫作'Krystalli'。西班牙可能在 17 世纪之前就开始种植该品种，一直到 21 世纪初，是西班牙梨产业的第一大品种，现在已经降为第二大品种。

果实中等偏小，粗颈葫芦形，经常畸形，果柄短，萼片宿存（图 4-70）。果皮呈鲜亮绿色，向阳面有时着玫瑰红，果皮非常光滑细腻。果肉白色，果心很小，质地细至中细；果肉柔软，非常多汁，味道甜美宜人。品质上。和大多数西洋梨品种在采摘后需要后熟不同，该品种在树上即可成熟（Larrigaudière et al.，2004）。果实成熟期为 8～9 月。不耐贮藏。

以短果枝结果为主，寿命长。易感火疫病。与榅桲砧木的亲和性好（Dondini and Sansavini，2012）。

图 4-70 '布兰基亚'梨结果状（Luis Asin 博士惠赠）

6. 佛洛尔或福尔乐（Forelle）

'佛洛尔'是非常古老的德国品种，很大可能起源于 18 世纪初期的德国萨克森州北部（Hedrick，1921）。也有起源于 16 世纪末之说（Dondini and Sansavini，2012）。Forelle 在德语中是"鳟鱼"的意思。这种梨果面上美丽的红色斑点与鳟鱼相似，因此得名 'Forelle'。和大多数欧洲梨品种果实的软肉质不同，该品种的果肉为脆肉（Dondini and Sansavini，2012）。该品种于 19 世纪后期传入南非，现为南非的第二大主栽梨品种。

果实中等大小。根据颈的粗细、长度变化，果实的形状也随之变化，倒卵形或椭圆形，萼片小，宿存。果皮底色浅黄绿色，阳面鲜红色，果面光滑，特别漂亮和独特（图 4-71）。果心中等大小，果肉白色，肉质细腻，后熟后肉质融化，黄油状，中心略带颗粒；多汁，芳香，带有浓郁的葡萄酒风味。品质上。在南非 2 月下旬至 3 月下旬成熟。冷藏条件下耐贮性好。货架期寿命长。

树冠中等大小，树势强，枝条直立，成枝力弱，以短果枝结果为主。丰产，抗寒性强。

图 4-71 '佛洛尔'梨结果状及果实（Ian Crouch 博士惠赠）

7. 哈代（Beurré Hardy）

由法国滨海布洛涅（Boulogne-sur-Mer）的 Bonnet 大约在 1820 年育成。1830 年，巴黎近郊的苗木商 Jean-Laurent Jamin 收购了该品种，将其命名为 'Beurré Hardy'，以纪念卢森堡花园的树木栽培主任和教授 M. Hardy（Hedrick，1921）。

单果重 200～300 g。果实粗颈葫芦形，形状对称，萼片宿存（图 4-72）。果皮为暗淡的黄绿色，覆盖着薄薄的赤褐色锈斑，有颗粒感，果点褐色，小而明显。果心处稍有颗粒感，果肉较细，融化，黄油状；非常多汁，甜，有香气，稍许酒味；可溶性固形物含量 14～15 °Brix。成熟不充分时，有涩味。品质中上。在山东烟台地区 8 月中旬成熟。果实不耐贮藏。

图 4-72 '哈代'梨结果状及果实

树势旺盛，直立，树干粗壮，丰产。耐寒。易感火疫病。与榅桲、亚洲梨以及常见的其他砧木都具有良好的嫁接亲和性。在西洋梨栽培中，'哈代'常用作中间砧嫁接与榅桲砧木不亲和的西洋梨品种如'巴梨'等（详见后文图4-81）。

8. 贵妃（Kieffer）

美国品种。又名'秋福'。该品种由居住在费城附近的 Peter Kieffer 从中国砂梨和西洋梨'巴梨'自然杂交后代的偶然实生苗中选育。于 1863 年首次结果。1876年在费城百年纪念博览会上以'贵妃'之名展出（Hedrick，1921）。在美国'贵妃'梨曾经是仅次于'巴梨'的主栽品种，种植范围广，是美国南方栽培最多的品种。该品种也是最早引入中国的西洋梨与亚洲梨的种间杂种。

果实大，纺锤形，果形端正，萼片宿存。果皮绿黄色，有锈斑，果点小而密，完全成熟时，阳面有红晕。果肉微黄白色，脆，肉质粗；多汁，甘味不浓，有麝香香气。品质中等。适合制罐和烹饪。

树势健壮，直立，丰产，易栽培，耐高温，不容易感染火疫病。

9. 康弗伦斯（Conference）

'康弗伦斯'是英国在 1800 年开展的育种计划中选育的第一批梨品种之一。由果树专家 Thomas Francis Rivers 在位于赫特福德郡（Hertfordshire）的名为 Rivers Nursery 的家庭苗圃中，从比利时品种'Leon Leclerc de laval'的实生苗中选育出的（Hedrick，1921）。他于 1885 年在英国皇家园艺学会（The Royal Horticultural Society）举办的全国梨会议（National British Pear Conference）上向公众展示了该品种，该品种获得了一等奖，因此得名"会议梨"（https://www.theenglishgarden.co.uk/top-picks/history-conference-pear/）。英国 90% 的梨产量来自该品种。该品种现为欧洲第一大主栽梨品种，以西班牙、荷兰、比利时和法国栽培最多。欧洲出口到中国的'康弗伦斯'以"啤梨"（啤可能取自 Pear 的发音）的商品名出售。

单果重 250 g 左右。果实长细颈葫芦形，肩部均匀，萼片宿存（图 4-73）。果皮底色绿，常有不均匀锈斑，果面光滑，有光泽。果心极小，果肉浅黄色，溶质；汁特多，浓甜，有香味；可溶性固形物含量 14 °Brix 左右。品质上。冷藏条件下耐贮性好。货架期寿命长。

树势中庸，树冠紧凑，半开张，非常丰产。以短果枝结果为主。具有单性结实特性。适应性强，中抗火疫病和黑星病。与榅桲具有很好的亲和性（Dondini and Sansavini，2012）。

图 4-73 '康弗伦斯'梨结果状及果实形态

10. 考密斯（Doyenné du Comice 或 Comice）

法国品种。'考密斯'的母树来自法国昂热市 Comice Horticole 的果园。1849年 11 月结果后获得很高的评价，被命名为'Doyenné du Comice'（Hedrick，1921）。'Doyenné du Comice'的第一个红色芽变'Crimson Gem Comice'于 20 世纪 60年代在美国俄勒冈州的梅德福（Medford）附近被发现。中国于 1932 年前引进，曾在金陵大学农场繁殖推广，当时的名字叫'杜康'（吴耕民，1984）。

果实大，单果重一般在 250 g 以上。果实短葫芦形或倒卵圆形，形状不规则，萼片宿存或残存（图 4-74）。成熟时果皮呈淡黄色，阳面有鲜红晕，除了有褐色锈斑外，果实表面光滑，容易擦伤，果点明显。果心小，果肉白色至乳白色，肉质细嫩，溶质；非常多汁，甜，味浓，有香味。可溶性固形物含量 15 °Brix。品质上或极上。后熟后，果肉呈现甜而微妙的芳香，并带有香草和肉桂的味道。中国大连地区 9 月下旬成熟。冷藏条件下耐贮性好。货架期寿命长。

树势强健，幼树生长不佳，产量有时不稳定。易感火疫病，抗寒性不佳。与榅桲具有良好的亲和性。

图 4-74 '考密斯'梨结果状及果实形态

11. 罗恰（Rocha）

葡萄牙品种。该品种可能起源于偶然实生苗，其历史可以追溯到 19 世纪中叶。它是 1836 年在离葡萄牙里斯本不远的辛特拉（Ribeira de Sintra）的一个名叫 Pedro António Rocha 的马贩的花园中发现的实生（Silva et al.，2005）。现为葡萄牙的第一大主栽梨品种，该品种在西班牙、法国、巴西也有栽培。

果实小，直径为 60~65 mm，单果重 130 g。果实粗颈葫芦形，萼片宿存。果皮色泽黄绿色，果面有锈斑，特别是果肩部被赤褐色锈斑覆盖（图 4-75）。果心极小，果肉为白色至浅黄色，肉质紧实、脆；不如'考密斯'多汁，果实甜，风味好；可溶性固形物含量 12~13 °Brix，个别可达 16 °Brix。果实采后不用后熟即可

图 4-75 '罗恰'梨结果状及果实形态（右图为 Cristina Oliveira 博士惠赠）

食用。葡萄牙当地果实成熟期在 8 月中旬至 9 月初。耐运输。在 0~1℃的温度下可以保存到翌年 4 月。

树势中等，以短果枝和顶花芽结果为主。具有单性结实能力，可以达到 7%的坐果率。但授粉果实在形状、硬度和糖度方面优于单性结实的果实。该品种在 7℃以下的低温需求量为 550 h 左右。对梨黑星病（*Venturia pyrina*）和褐斑病（*Stemphylium* sp.）非常敏感。它对梨木虱（*Cacopsylla pyri*）中度敏感。与榅桲具有很好的（Dondini and Sansavini，2012）或部分的（Machado et al.，2017）亲和性。

12. 派克汉姆（Packham's Triumph）

'派克汉姆'是澳大利亚新南威尔士中西部小镇 Molong 的 Charles H. Packham 于 1896 年从 'Uvedale St. Germain' × '巴梨' 实生苗中选育出的，以培育者的姓氏命名。该品种现为南半球的第一大主栽梨品种，占近 35%的份额，是澳大利亚栽培最广的梨品种，也是南非的第一大主栽梨品种和阿根廷的第二大主栽梨品种。

果实中到大，形状不规则，大多为粗颈葫芦形（图 4-76），萼片宿存。果皮色泽随成熟由绿色变为浅黄色，果面有锈斑覆盖，果点明显，果面不平整，有光滑的小疙瘩。这种凹凸不平在北半球生产的果实上表现尤其明显，所以在国内有人将 '派克汉姆' 梨形象地称为"丑梨"。果心小，果肉白色到乳白色，石细胞颗粒小；后熟后汁多，口感柔滑，香甜；可溶性固形物含量 14 °Brix。品质上。冷藏条件下耐贮性极好。货架期寿命长。

树势弱至中庸。与温桲砧木不亲和（Dondini and Sansavini，2012）。

图 4-76　'派克汉姆' 梨结果状及果实形态

13. 茄梨（Clapp's Favorite 或 Clapp Favorite）

'茄梨'由美国马萨诸塞州多切斯特（Dorchester）的 Thaddeus Clapp 于 1860 年前后育成。'茄梨'的英文名 Clapp's Favorite 原意指 "Clapp 的最爱"。其亲本可能是 '日面红' 和 '巴梨'（Hedrick，1921）。该品种最早由美国传教士倪维思于 19 世纪六七十年代引进中国，并由倪维思翻译为'苛拉梨'。至于什么时候开始流行'茄梨'的叫法现在已很难考证。

单果重 200 g 左右。果实倒卵圆形，萼片宿存（图 4-77）。果皮色泽呈淡柠檬黄色，并点缀着鲜红色，果皮厚实，坚韧，光滑，有光泽，果点小，多而显眼。果心小到中大，周围有颗粒，果肉略带黄色，嫩而融化，黄油状；多汁，甜，风味浓郁，有酒味，具芳香；可溶性固形物含量 14 °Brix。品质上。'茄梨'比'巴梨'早 7～10 天上市。果实的主要缺点是成熟后不久会在中心变软，贮藏性差，所以最好在果实成熟前至少 10 天采摘。货架期寿命极短。

图 4-77 '茄梨'（上）和'红茄梨'（下）结果状及果实形态

树势强，树冠高大，寿命长，丰产，以短果枝结果为主。对土壤的适应范围广，抗寒性强，但易感火疫病。与温榅桲砧木不亲和。

'茄梨'的红色芽变'红茄梨'（Red Clapp's Favorite）（图 4-77）是 20 世纪

50 年代早期在美国密苏里的一个果园中发现的。辽宁省果树科学研究所利用'红茄梨'ב苹果梨'组合育成了'红月梨'。

14. 三季梨（Guyot 或 Docteur Jules Guyot）

法国品种。'三季梨'在西班牙被称为'Limonera'。该品种大约于 1870 年在法国特鲁瓦的 Baltet 兄弟的苗圃中培育。1872 年引入日本，因为一年可以开 3 次花，所以日本人将其取名'三季梨'繁殖推广（吴耕民，1984）。中国最早可能是 1916 年以前由日本人引种到辽宁熊岳进行试种的（南满州鉄道株式会社，1918）。现在东北大连一带栽培较多。一年虽然可开 3 次花，但第 2 次和第 3 次花少，在大连地区仅第 1 次和第 2 次花能结果，第 3 次花遇寒中途落果（吴耕民，1984）。

单果重 250 g 左右。'三季梨'的果实与'巴梨'的果实非常相似，粗颈葫芦形，萼片宿存，比'巴梨'更漂亮，也更早熟（图 4-78）。果皮黄绿色，阳面有红晕，果皮非常薄，柔软，有斑驳锈斑，稍粗糙，果点小而多、明显。果心小，果肉黄白色，肉质嫩，但较'巴梨'粗，果汁中等，味香甜，有香味；可溶性固形物含量 13 °Brix 左右。品质上。在果实色泽还未由绿变黄前采摘，否则在后熟过程中，果心周围会腐烂，很快变得粉质无味。在中国大连果实于 8 月上旬成熟。果实不耐贮藏。

图 4-78　'三季梨'结果状及果实形态

树冠中等大小，树势强，枝条直立，耐寒，丰产。有自花结实能力，幼树以腋花芽结果为主。

在中国，以该品种作亲本培育的品种有：中国农业科学院果树研究所的'早金香'（'矮香梨'ב三季梨'）。

第三节　砧　木　品　种

一、梨砧木现状

长期以来，梨的砧木多为实生砧，主要来源于梨属野生种的种子或栽培种的种子。实生砧木根系发达，固地性好，与接穗亲和力高。但实生砧木往往导致树势旺盛，树冠高大，进入丰产期缓慢，而且植株之间缺乏同质性，管理复杂。东方梨商业栽培中至今仍普遍用野生的杜梨、豆梨、川梨、木梨的种子实生苗作砧木。传统的西洋梨商业栽培中除了用西洋梨品种如'巴梨'和'冬香梨'（Winter Nelis）等品种的种子实生苗作本砧外（Webster，1998），也用东方梨的杜梨和豆梨作砧木。

由于梨属与同属蔷薇科苹果族的几个近缘属如唐棣属（*Amelanchier*）、花楸属（*Sorbus*）、栒子属（*Cotoneaster*）和榅桲属（*Cydonia*）等具有嫁接亲和性（表4-1）（Webster，1998；Elkins et al.，2012），所以人们试图从这些属中选出梨的砧木。但到目前为止只有从榅桲（*Cydonia oblonga*）中选出的营养系砧木被用作西洋梨的矮化砧木。欧洲的西洋梨栽培区域越来越多地采用从榅桲中选育出的无性系砧木。Elkins等（2012）以嫁接杜梨实生砧木上的树木大小为基础，总结了西洋梨、杜梨和豆梨实生砧、西洋梨无性系砧木，以及榅桲属、山楂属、花楸属、唐棣属等异属砧木的相对矮化程度（图4-79）。Musacchi等（2021）以嫁接榅桲A（'EMA'或'MA'）的梨树高为基础，总结了在意大利梨产业中榅桲砧和其他类型砧木的树势（图4-80）。两者的总结前后相差了9年，虽然在个别砧木的矮化效果上存在不一致，但在大多数砧木的矮化效果上两者的结论基本上是一致的。从中发现，和传统的实生砧木相比，榅桲无性系砧木和部分从西洋梨杂交选育的砧木具有良好的矮化效果。在西班牙加泰罗尼亚进行的长达9年的'康弗伦斯'梨田间对比试验表明，与梨属实生砧木和OHF无性系砧木相比，榅桲砧木不仅树体矮化效果好，而且果实更大，产量更高（Iglesias et al.，2004）。在比利时进行的长期田间比较试验也表明，与榅桲砧木相比，嫁接在梨属砧木'Pyrodwarf'上的'康弗伦斯'梨的生长势过强，结果晚，而且果实较小，因此不推荐'Pyrodwarf'作为'康弗伦斯'的砧木（Vercammen et al.，2018）。在意大利中部沿海地区的比萨，利用'康弗伦斯'进行的另一项长达12年的田间试验结果表明，榅桲砧木上的树干横截面积、树冠体积和修剪量均低于梨属实生砧木（'Kirschensaller'的实生苗）和梨无性系砧木[Fox系和OHF（Farold）系]（图4-81）（Massai et al.，2008）。几种砧木对树体的矮化性能从低到高依次为：'Kirschensaller'实生砧 ＞ 'Farold 282' ＝ 'Fox 11' ＞ 'Farold 87' ＝ 'Fox

16'＞'Farold 40'＞'Sydo'＝'EMA'＞'BA 29'＞'Adams'＞'EMC'，也就是说榅桲砧木的矮化程度普遍好于梨属无性系和实生砧木。除了'EMC'外，榅桲砧木上的果实大小普遍大于梨属砧木上的。生长势最旺盛的砧木（'Kirschensaller'和'Fox 11'）的累计产量低于榅桲砧木（'EMC'除外）。

表 4-1 梨属与近缘属之间的嫁接亲和性

属	亲和性	属	亲和性
唐棣属 *Amelanchier*	一般至良好	牛筋条属 *Dichotomanthus*	一般至良好
涩石楠属 *Aronia*	差	移柂属 *Docynia*	差
木瓜海棠属 *Chaenomeles*	差	苹果属 *Malus*	总体上较差
枸子属 *Cotoneaster*	资料不足	×梨榅桲属 ×*Pyronia*	良好?
山楂属 *Crataegus*	一般至良好	×花楸梨属 ×*Sorbopyrus*	资料不足
×榅桲苹果属 ×*Cydomalus*	资料不足	花楸属 *Sorbus*	一般至良好
榅桲属 *Cydonia*	一般至良好		

注：本表基于 Elkins 等（2012），补充了牛筋条属和移柂属。

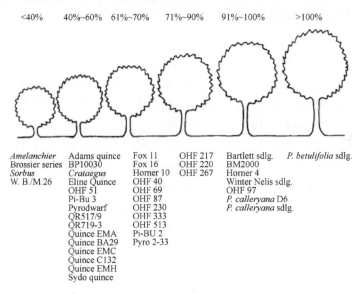

图 4-79 不同砧木对梨树大小的影响，以占 *Pyrus betulifolia* 实生砧上梨树大小的百分比表示（Elkins et al.，2012）

BM. 澳大利亚的西洋梨系列；Brossier. 法国昂热的 *P. × nivalis* 系列；Fox. 意大利博洛尼亚大学的 *P. communis* 系列；Horner. 美国俄勒冈 nurseryman 的 D. Horner 和俄勒冈州立大学-MCAREC 的 OH×F 无性系系列；OHF. 'Old Home' × 'Farmingdale' 系列；Pi-Bu. 德国的梨属系列；Pyro 和 Pyrodwarf. 德国的西洋梨优系；QR. 西洋梨优系；'Adams'、'Eline'、'EMA'、'BA29'、'EMC'、'C132'、'EMH' 和 'Sydo'. 榅桲矮化砧；W. B./M.26. 嫁接在 M.26 砧木上的 'Winter Banana' 苹果；sdlg.：实生砧

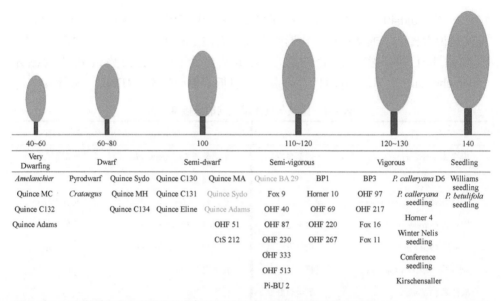

40~60	60~80	100	110~120	120~130	140
Very Dwarfing	Dwarf	Semi-dwarf	Semi-vigorous	Vigorous	Seedling
Amelanchier	Pyrodwarf	Quince Sydo	Quince C130	Quince MA	Quince BA 29	BP1	BP3	*P. calleryana* D6	Williams seedling

Amelanchier	Pyrodwarf	Quince Sydo	Quince C130	Quince MA	Quince BA 29 BP1 BP3 *P. calleryana* D6	Williams seedling
Quince MC	*Crataegus*	Quince MH	Quince C131	Fox 9	Horner 10 OHF 97 *P. calleryana* seedling	*P. betulifolia* seedling
Quince C132		Quince C134	Quince Eline	OHF 40	OHF 69 OHF 217	
Quince Adams			OHF 51	OHF 87	OHF 220 Fox 16 Horner 4	
			CtS 212	OHF 230	OHF 267 Fox 11 Winter Nelis seedling	
				OHF 333	Conference seedling	
				OHF 513	Kirschensaller	
				Pi-BU 2		

图 4-80　意大利梨生产中用到的砧木和以榅桲砧 'MA' 为基础比较的长势（Musacchi et al.，2021）
图中砧木的树势强弱：Very Dwarfing=非常矮化；Dwarf=矮化；Semi-dwarf=半矮化；Semi-vigorous=半乔化；Vigorous=乔化；Seedling=实生砧。主要的缩写对应的含义同图 4-79。蓝色标出的砧木表示在西班牙的埃布罗河流域的长势

　　但榅桲系砧木不仅与东方梨嫁接不亲和，而且和西洋梨的一些品种如 '巴梨''巴斯克''茄梨''三季梨''佛洛尔''派克汉姆''Seckel''冬香梨'等嫁接不亲和或亲和性差。在阿根廷栽培条件下 '安茹'和榅桲也不亲和（Rodríguez and Castro，2002）。克服不亲和的办法是利用中间砧，在西洋梨栽培区域，'哈代'被选择担当此任（图 4-82）（Webster，1998）。另外榅桲对火疫病高度敏感（Postman，2008）。

　　由于榅桲砧木不耐低温，限制了其在北美地区的使用（Webster，1998；Einhorn，2021）。榅桲和北美地区栽培的最大的主栽梨品种 '巴梨'存在不亲和问题，也是限制其广泛使用的原因。在北美，最受欢迎的砧木系列是基于两个梨品种 'OldHome'和 'Farmingdale'杂交而选育出的无性砧木。这些系列砧木有良好的耐寒性，抗火疫病，与梨品种嫁接亲和性好，但大多树势较旺，矮化性能差（图 4-79）。另外，这些砧木在北美以外的地方使用较少。

　　中国从 20 世纪 70 年代由中国农业科学院果树研究所开始尝试进行矮化砧木杂交育种，从不同种间杂交组合中发现以秋子梨和西洋梨种间杂交的后代矮化株率最高（贾敬贤等，1983；蒲富慎等，1985），在此基础上，陆续选育出了"中矮"系列砧木，但由于其生根难，并没有在我国梨产业中推广使用。

　　榅桲砧木相对容易生根，可以方便进行绿枝和硬枝扦插或压条繁殖，但从梨属植物中选出的无性系砧木由于生根困难，难以进行扦插特别是绿枝扦插繁殖，限制了其推广应用。但据 Webster（1995）介绍，Oydvin 和 Hansen 使用英国东茂

林试验站[East Mailing Research Station，现国家农业植物研究所（National Institute of Agricultural Botany，NIAB）]的方法（将插条切口基部 4~5 cm 放在 2500 mg/L IBA 中浸泡 5 s，然后将成捆的插条放在基部加热的生根箱中），可以成功扦插繁殖'OHF 333'砧木。

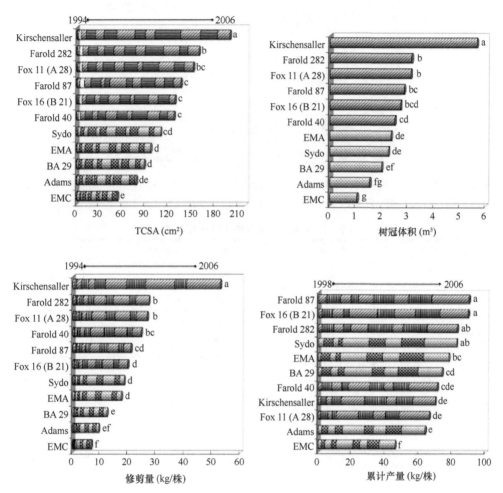

图 4-81　11 种砧木对'康弗伦斯'梨树干横截面积（TCSA）（左上）、树冠体积（右上）、修剪量（左下）和累计产量（右下）的影响（Massai et al.，2008）

图中右侧小写字母为显著性检验结果（P＜0.05）

　　与接穗品种育种相比，砧木品种的育种项目从全世界范围看相对较少，特别是针对亚洲梨的砧木选育更少。经过 100 多年的努力，已经选出了针对西洋梨的榅桲无性系砧木、以 OHF 为代表的西洋梨无性系砧木。这些砧木已经在西洋梨生产中发挥了重要作用，特别是榅桲砧木已经在欧洲梨产业中占据主导地位。相对来说，亚洲梨商业生产中至今还没有大面积使用的无性系砧木。Elkins 等（2012）

总结了世界范围内砧木育种项目及育成的砧木品种或优系，本书著者根据近年来的进展，补充完善了相关信息，总结于表 4-2。

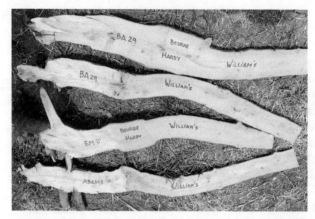

图 4-82 '巴梨'与榅桲砧木直接嫁接后相接处会出现坏死（从上往下第二和第四），而通过中间砧'哈代'就可以解决'巴梨'与榅桲砧木不亲和的问题（从上往下第一和第三）

表 4-2 世界各国砧木育种项目及育成的品种[①]

国家	机构/育种者	属和种	主要特征	砧木
澳大利亚	B. Morrison	西洋梨	产量效率[②]	BM2000
巴西	巴西农业研究机构（Empresa Brasileira de Pesquisa Agropecuária，EMBRAPA）	西洋梨	气候适应性	实生砧评估
		榅桲属	气候适应性	实生砧评估
白俄罗斯	白俄罗斯果树研究所（Belarusian Research Institute for Fruit Growing）	西洋梨	产量效率	实生砧木
		榅桲属	—	1/9、1/22、1/33
比利时	亚当斯苗圃（Adams Nursery）	榅桲属	产量效率	Adams332
波兰	华沙农业大学（Warsaw Agricultural University）	西洋梨		GK 实生砧系列
	波兰园艺研究所（Research Institute of Horticulture，Poland）	西洋梨		Elia、Belia 和 Doria
		榅桲属	抗寒性	Pigwa 系列：S-1、S-2、S-3
俄罗斯	米丘林全俄园艺研究所（I. V. Michurin All-Russian Research Institute for Horticulture）	西洋梨		No. 10, 3-21-32
		榅桲属	—	Anzherskaya、Peridskaya、Teplovskaya
		Pyronia		VA2
德国	盖森海姆研究所（Geisenheim Research Institute）	西洋梨	矮化	Pyrodwarf、Pyro 2-33
	德累斯顿-皮尔尼茨果树基因库（Fruit Genebank, Dresden-Pillnitz）	梨属种间杂种	产量效率	Pi-BU 系列
	巴伐利亚水果栽培与育种中心（Bavarian Center for Fruit Crops）	唐棣属	早果性，矮化	各种优系

续表

国家	机构/育种者	属和种	主要特征	砧木
法国	法国农业科学研究院（Institut Nationale de la Recherche Agronomigue，INRA）	西洋梨	产量效率	Pyriam
		梨属种	土壤高 pH 耐性	种间杂种优系
		榅桲属	矮化	BA 29、Sydo
荷兰	Fleuren 苗圃（Boomkwekerij Fleuren）	榅桲属	产量效率	Eline
立陶宛	LIH-Babtai	榅桲属	产量效率	K 系列
罗马尼亚	UASVM-Iasi	榅桲属	产量效率	BN-70
美国	卡尔顿苗圃（Calton Nursery）；俄勒冈州立大学（Oregon State University）	西洋梨	产量效率 矮化	OHF 系列
	戴夫·霍默（Dave Homer）；俄勒冈州立大学（Oregon State University）	西洋梨	—	Homer 系列（4、10）
	华盛顿州立大学（Washington State University）	梨属种	矮化 产量效率	获得种质
	美国农业部（USDA）	梨属种	矮化 产量效率	US 优系、OHF × US 优系
日本	岐阜大学（Gifu University）	豆梨、杜梨	矮化	SPRB 和 SPRC 系列
瑞典	瑞典农业科学大学（Sveriges lantbruksuniversite，SLU）Balsgard 校区	西洋梨	产量效率	BP 10030
土耳其	安卡拉大学（Ankara University）	榅桲属	产量效率	S. O.系列
乌克兰	乌克兰国家农业科学院（Ukrainian National Academy of Agrarian Sciences）	榅桲属	抗旱性 土壤高 pH 耐性	IS、SI 和 R 系列
西班牙	西班牙食品与农业研究机构（Institut de Recerca i Tecnologia Agroalimentaries，IRTA）	梨属种	土壤高 pH 耐性	种间杂种优系
希腊	希腊植物育种与遗传资源研究所落叶果树科（Department of Deciduous Fruit Trees, Institute of Plant Breeding and Genetic Resources）	榅桲属	土壤高 pH 耐性	PII PI5、PI27 Komorius 实生砧
叙利亚	大马士革大学（Damascus University）	叙利亚梨	土壤高 pH 耐性	实生砧评价
亚美尼亚	—	榅桲属	—	Arm 21
意大利	意大利苗圃联合会（CIV）	西洋梨	产量效率	多个优系
	博洛尼亚大学（University of Bologna）	西洋梨	土壤高 pH 耐性	Fox 9、Fox 11、Fox 16
	比萨大学（University of Pisa）	榅桲属	产量效率	Ct.S 系列
英国	英国国家农业植物研究所（National Institute of Agricultural Botany，NIAB）（原东茂林试验站）	西洋梨	产量效率	QR311/7、QR515/24、QR517/9、QR708 系列
		榅桲属	产量效率	C132、EMA、EMC、EMH
中国	青岛农业大学	梨属种间杂交	矮化	青砧系列

续表

国家	机构/育种者	属和种	主要特征	砧木
中国	浙江大学	梨属	矮化	多个优系
		牛筋条属	矮化	多个优系
	中国农业科学院果树研究所	梨属种间杂交	矮化	中矮系列

①本表以 Elkins 等（2012）为基础，参照了 Hummer（1998）、Webster（1998）、Johnson 等（2005）、Fischer（2007）、Massai 等（2008）和 Musacchi 等（2021），并补充了中国的资料制作而成。

②产量效率：为累计产量与树干横截面积或树冠体积之间的比率。

二、梨属无性系砧木

1. BP1

'BP1'以前称为 B.13（Webster，1998），是南非培育的半矮化的无性系砧木，嫁接在'BP1'上的树体大小与'BA 29'上的树体相似，并表现出良好的产量效率。阻碍'BP1'更广泛使用的主要原因是很难用扦插和压条等进行营养繁殖。另外，在欧洲的试验表明，它对引起梨衰退病的植原体非常敏感（Johnson et al.，2005）。

2. Fox 系

该系列由意大利博洛尼亚大学从艾米利亚-罗马涅（Emilia-Romagna）的古老西洋梨品种'Volpina'（沃尔皮娜）的开放授粉实生苗中选育而成，以'Fox 9'、'Fox 11'和'Fox 16'最为出名（Musacchi et al.，2021）。其中'Fox 9'在商业栽培上最为成功。需要体外组培繁殖，适应重黏土，耐钙质和亚碱性土壤。嫁接在'Fox 9'上的梨品种的生长势较'BA 29'上的强约 20%，早果性稍逊于'BA 29'。

3. OHF 系（Farold®）

1915年美国俄勒冈州立大学的 Frank C. Reimer 教授在访问伊利诺伊州法明代尔（Farmingdale）的 Benjamin Buckman 时发现了两个抗火疫病的西洋梨品种'Old Home'和'Farmingdale'，将其嫁接到俄勒冈州南部的试验基地，将两者进行了杂交，期望获得抗火疫病的砧木（Reimer，1925；Hummer，1998）。在听到 Reimer 教授的砧木研究工作后，位于俄勒冈州的卡尔顿苗圃（Calton Nursery）的 Lyle A. Brooks 到访了 Reimer 教授工作的隶属于俄勒冈州立大学的梅德福试验站（Medford Experiment Station），想从那里得到'Old Home'בFarmingdale'的杂交种子，但被告知试验站已经不再进行砧木方面的工作，Reimer 教授曾经将相关植物材料分发给了位于不列颠哥伦比亚的加拿大农业部试验站（Canada Department of Agriculture Research Station）。之后 Brooks 到访了加拿大的 Summerland 试验站，得到了一磅种子，于 1952 年春天播种，开始了 OHF 系列的选种，从数千实生苗中选出 516 株单独种植，评估扦插繁殖难易度和其他性状（Brooks，1984）。1960 年俄勒冈州立大学的 Melvin N. Westwood 教授参与并指导了 OHF 系列砧木繁殖和评估（Brooks，1984），将容易扦插繁殖的 13 个 OHF 系列，编号为 18、34、51、69、87、97、112、198、217、230、267、333 和 361，由俄勒冈州立大学在更大范围内进行了病虫抗性、环境胁迫耐性、固地性、矮化性和嫁接品种的生产性能等的评估（Postman et al.，2013），从中选出了抗火疫病和衰退病、抗寒性和亲和性好的系列砧木，但树势相差大，其中的一些具有矮化性能（图 4-79，图 4-80）。20 世纪 80 年代末，Brooks 注册了 "OHF" 系列的商标（Brooks 无性系）（Hummer，1998）。OHF 系列中的少部分如 'OHF 333' 等相对容易扦插繁殖，大部分很难用扦插或压条的方式进行繁殖，多用组织培养的方法进行营养繁殖。近期对保存在俄勒冈州科瓦利斯的美国农业部国家克隆种质资源库（NCGR）的 40 多份 OHF 系列进行 SSR 标记研究，结果表明，OHF 系列的父本不是 'Farmingdale'，而是 '巴梨'（Postman et al.，2013）。

早期选出的 OHF 优系如 'OHF 217' 'OHF 51' 'OHF 333' 和 'OHF 40' 由于田间试验中产量不稳定、小果和/或矮化性能不好而被最终丢弃，没有在美国的梨产业中大规模应用（Einhorn，2021）。在美国使用最广泛的是 'OHF 87' 和 'OHF 97'，适合低密度或中低密度的栽培条件（Elkins et al.，2012；Musacchi et al.，2021）。普遍认为 'OHF 87' 是最理想的梨属砧木，具有早果性和丰产性，生长势约为实生砧的 70%。'OHF 97' 的生长势比 'OHF 87' 强 20%～30%（Musacchi et al.，2021）。但对 '巴梨' 和 '巴斯克' 的中央领导干树形的并排比较研究发现，16 年后 'OHF 97' 和 'OHF 87' 在树体大小和果实大小上的差异不大，但 'OHF 87' 的产量略高（Einhorn，2021）。'OHF 87' 近年来在法国南部和西班牙有一定规模的商业应用，嫁接的品种主要是 '巴梨' 和 '三季梨'（Musacchi et al.，2021）。目前在美国正在使用或正在评估的还有 'OHF 69'，初步认为 'OHF 69' 在各方面的表现与 'OHF 87' 相似，嫁接在 'OHF 69' 上的树比嫁接在 'OHF 87' 上的树的生长势略强（Einhorn，2021）。在意大利石灰质土壤上由于榅桲难以适应，'OHF 69' 和 'OHF 40' 得到了广泛使用；'OHF 40' 主要用于嫁接 '巴梨'，'OHF 69' 的长势更强，与榅桲相比，产量效率低（Musacchi et al.，2021）。

4. Pyriam

'Pyriam'（Pyrus résistant à Erwinia amylovora）是法国农业科学研究院（INRA）1997 年从 Retuzière 系列中选出的抗火疫病的梨属砧木。该砧木来自于两个砧木品种'Kirchensaller-Mostbirne'和'Fieudière 3',两个接穗品种'Old Home'(抗火疫病)和'哈代'(具有一定的营养繁殖能力)的开放授粉实生苗(Simard et al.,2004)。在对丰产性和树势进行评估的基础上,再根据嫁接亲和力和火疫病抗性进行了选择。'Pyriam'显示出良好的扦插繁殖能力(生根率为28%~84%)和半硬枝扦插繁殖能力(生根率为27%~70%)(Simard et al.,2004)。抗火疫病。与主要的接穗品种有很好的嫁接亲和力。嫁接在'Pyriam'上的树的长势强于'BA 29',产量与'BA 29'相似;果实比'OHF 333'上的大。

5. Pyrodwarf

德国盖森海姆研究所于1980年以抗火疫病的美国西洋梨品种'Old Home'为母本,以德国西洋梨地方品种'Bonne Louise d'Avranche'为父本进行杂交,之后从820株杂交后代中先选出了10株树势弱到中庸的优系,其中的BU 5/18被命名为'Pyrodwarf',于1993年在德国发布,1995年获得欧洲植物专利权保护,专利名称为"Rhenus 1"(Jacob,1998)。它的一个姊妹系BU 2/33被命名为'Pyro 2-33',矮化效果不好。从早期的试验证据来看,它非常有前途(Webster,1998)。嫁接'巴梨'的矮化效果和榅桲'EMC'的相似,但生产效率更高(Jacob,1998),比榅桲对钙质土壤的适应性更好,结果早。但后期的研究结果表明'Pyrodwarf'的矮化效果较'EMC'和'EMA'差(Robinson,2011;Vercammen et al.,2018)。借助于促进生根的激素,'Pyrodwarf'容易通过绿枝或硬枝扦插进行繁殖,也可以进行压条繁殖。虽然根系分支少,但固地性良好。'Pyrodwarf'的一个缺点是在果园中容易产生大量的根蘖。

6. 中矮系列

中国农业科学院果树研究所于1980年开始进行矮化砧的选育,通过嫁接试验选育出多个具有矮化倾向的矮化砧(贾敬贤等,1991)。'中矮1号'是从'锦香'('南果梨'בּ巴梨')梨的实生后代选出的,最初代号为S2(姜淑苓等,2000)。1985~1990年对其进行了中间砧矮化潜力鉴定,以秋子梨为基砧,S2为中间砧嫁接'砀山酥梨',树高为乔化砧对照的76%,为半矮化砧木。1999年通过辽宁省农作物品种审定委员会审定并命名为'中矮1号'。作为中间砧嫁接接穗品种,结果早,丰产,抗寒性强,高抗枝干轮纹病和腐烂病。'中矮1号'的姊妹系有'中矮3号''中矮4号''中矮5号'。但'中矮2号'是从'香水梨'×'巴梨'杂交后代中选育出的。

7. 青砧D1

'青砧D1'是青岛农业大学于2000年自欧洲矮生梨品种'Le Nain Vert'自

然授粉实生后代与'慈梨'杂交选育出的一个梨矮化砧优系（王传森等，2017）。该优系与杜梨、豆梨和栽培品种嫁接亲和性好，中间砧试验表明，树体为乔化砧对照树的 70%。

三、榅桲属无性系砧木

榅桲（*Cydonia oblonga* Mill.）是榅桲属的单种植物（图 4-83）。历史文献显示，在公元前 5000～前 4000 年的美索不达米亚地区驯化了榅桲。公元前 600～前 300 年被古希腊人带到了克里特岛。*Cydonia* 这个名字来源于克里特岛上的 Cydon 镇，也就是现在的干尼亚（Canea）（Sykes，1972）。公元前 200 年左右从古希腊传到了古罗马，古罗马壁画上的榅桲图像间接证实了那个时代榅桲在古罗马的栽培（图 4-83）。老普林尼在公元 77 年的《自然史》（*Historia Naturalis*）中描述了几个栽培品种，说明古罗马时代榅桲已经被普遍栽培（Webster，2008；Bell and

图 4-83　榅桲

作为果树种植的榅桲（左）；古罗马（公元前 39 年）利维亚别墅壁画上的榅桲（Cartwright，2013）（右）

Leitão，2011）。之后通过古罗马传到了欧洲其他地区，9 世纪左右传到了中欧，13 世纪到达了欧洲的西北部，16 世纪传到了英国（Abdollahi，2019）。和其他蔷薇科的大宗果树相比，榅桲种质资源的收集保存较少。位于美国俄勒冈州科瓦利斯市的美国农业部国家克隆种质资源库（NCGR）保存了收集自 15 个国家的 160 多份榅桲种质资源，其中约有一半是作为水果生产用的品种，另一半是梨砧木优系、野生型和实生苗（Postman，2008）。另外，位于克里米亚半岛雅尔塔（Yalta）的尼基塔植物园（Nikita Botanical Gardens）保存了 219 份；土耳其在亚洛瓦（Yalova）的阿塔图尔克园艺研究所、爱琴海农业研究所等多个机构保存了 100 份以上；希腊在位于纳乌萨（Naousa）的国家农业研究基金会保存了 49 份；伊朗在伊斯兰阿扎德大学农业与自然资源学院保存了 40 份（Kafkas et al.，2018）。

欧洲人用榅桲作砧木嫁接梨有悠久的传统，至少从 17 世纪开始，英国和法国就用榅桲砧木进行西洋梨的矮化栽植（Hedrick，1921）。1600～1667 年，法国发布了两个重要的栽培品种，即‘Angers’（昂热）和‘Orleans’（奥尔良）（Abdollahi，2019）。著名的现代遗传学之父孟德尔曾经将西洋梨品种‘Herzogin von Angouleme’嫁接到榅桲上，发现该品种果实阳面着粉色（Vavra and Orel，1971）。20 世纪初，英国东茂林试验站的 R.G. Harton 和他的助手从欧洲各国的一些苗圃收集了榅桲砧木，包括那些来自法国昂热地区的砧木，那里的榅桲被用作梨的砧木已有几个世纪，按拉丁字母顺序编号（Postman，2009）。20 世纪 20 年代，东茂林试验站发布了榅桲系列砧木‘EMA（MA）’、‘EMB（MB）’和‘EMC（MC）’。2001 年，东茂林试验站发布了 East Malling 系列的最新榅桲砧木‘EMH’。另外一个被广泛使用的砧木是法国普罗旺斯榅桲‘BA 29’。嫁接到‘EMA’上的梨树的大小为嫁接到梨实生苗砧木上的梨树的一半左右，早果性好，果实也更大。嫁接到‘EMC’上的果实较嫁接到‘EMA’上的小，但早果性更好。而嫁接到‘BA 29’上的梨树树冠略大于嫁接到‘EMA’或‘EMC’上的。用榅桲嫁接西洋梨具有良好的矮化性能，但在碱性土壤上容易出现缺铁黄化现象，而且不耐低温。一些国家针对这些问题进行了榅桲砧木的选育和比较试验。与昂热榅桲相比，普罗旺斯榅桲对钙质土壤的适应性更好（Iglesias et al.，2004）。荷兰选育的‘Eline’具有较强的抗寒性（Maas，2015）。据报道，波兰的 S 系列和立陶宛的 K 系列也具有一定的抗寒性（Elkins et al.，2012）。

1. 埃利纳（Eline）

‘埃利纳’是荷兰 Boomkwekerij Fleuren 苗圃从罗马尼亚的耐寒榅桲中选育出的，于 20 世纪 90 年代开始推广。‘Eline’之名取自苗圃主人 Han Fleuren 之女 Eline 的名字，分别于 2008 年、2009 年和 2011 年获得了美国、欧盟和乌克兰的植物育种者权利（https://www.q-eline.net/about-q-eline/）。耐寒性强于广泛使用的榅桲砧木'EMC'和'亚当斯'，其对梨生长势和产量的影响与'EMC'和'亚当斯'相似（Maas，2015）。但也有研究表明，在'Eline'上嫁接的'康弗伦斯'梨产量较在'EMC'上嫁接的低，但果实较大（Johnson et al.，2005）。嫁接到'Eline'上的梨树比嫁接到'EMC'或'EMA'上的更直立。和其他砧木相比，'Eline'能明显减少'康弗伦斯'梨果实的锈斑（Maas，2008，2015；Vercammen et al.，2018）。

2. BA 29

'BA 29'（Bois l'Abbé 29）是法国农业科学研究院从普罗旺斯温榅桲选出的矮化砧木，1967年育成登记，容易压条繁殖（Simard et al.，2004）。生长势和'EMA'相当或稍强，是欧洲最大梨生产国意大利的主要砧木，被认为是最不容易受到缺铁失绿症影响的榅桲砧木之一，相对适合在黏重和钙质土壤中生长（Musacchi et al.，2021）。它对植原体病害（如梨树衰退病）敏感，得病后的梨叶片从8月底到9月初开始变色。

3. C132

'C132'是东茂林试验站从俄罗斯高加索地区进口的榅桲种子中选育出的矮化砧木。其对梨树生长势的控制和'EMC'相似或比'EMC'稍强（Johnson et al.，2005；Vercammen et al.，2018）。在产量和果实大小的表现方面好于'EMC'（Maas，2008；Vercammen et al.，2018）。抗寒性优于'EMC'（Vercammen et al.，2018）。

4. Sydo

'Sydo'是由法国农业科学研究院和勒帕热苗圃（Lepage Nursery）共同从昂热榅桲中选出的，于1975年发布，易于压条繁殖（Simard et al.，2004）。嫁接在'Sydo'上的梨树与嫁接在'EMA'上的树长势相当。据报道，'Sydo'在苗圃和果园中的表现比'EMA'好，特别是与'考密斯'的嫁接亲和性更好（Brossier et al.，1980）。与'BA 29'相比，'Sydo'对植原体病害较不敏感。在钙质较少的土壤中，'Sydo'可以替代'BA 29'。'Sydo'在意大利和中欧非常受欢迎。

5. 榅桲A（EMA）

'EMA'是东茂林试验站从昂热榅桲中选出的，易于压条繁殖，但容易在果园中产生大量的根蘖苗。在欧洲很多国家，它基本上被'Sydo'和'BA 29'替代，但在西班牙，它仍然是最重要的梨矮化砧（Musacchi et al.，2021）。

6. 榅桲C（EMC）

东茂林试验站选育。嫁接到'EMC'的梨树比梨属实生砧木矮化40%~50%，比'EMA'矮化 10%～20%，'EMC'是矮化效果最好的温梣砧木之一，适合于4000～5000 株/hm² 高密度和 10 000～12 000 株/hm² 超高密度种植。但它与一些品种存在嫁接不亲和，而且有大幅降低果实大小的倾向。另外，由于其根系很浅，对土壤水分供应敏感，也容易发生缺铁失绿症。'EMC'是荷兰和比利时等欧洲北部地区使用最多的砧木，而在欧洲南部的意大利和西班牙的使用数量越来越少。

7. 榲桲 H（EMH）

东茂林试验站选育。树势介于'EMC'和'EMA'之间，和'Adams'相似。与'EMC'相比，结果较晚，但能增加'康弗伦斯''Concorde'和'考密斯'果实的大小（Johnson et al.，2005）。在荷兰的多年追踪试验表明'EMH'的产量效率低于'EMC'（Maas，2015）。抗寒性好于'EMC'和'Adams'（Vercammen et al.，2018；Einhorn，2021）。

8. 亚当斯（Adams）

别名 Adams 332。20 世纪 70 年代由位于比利时莱斯布鲁克（Ruysbroek）的亚当斯苗圃（Adams Nursery）育成。属于昂热榲桲类型。嫁接在'Adams'上的梨树的生长势介于'EMC'和'EMA'之间，产量高于'EMC'和'EMH'，但果实的锈斑较多（Vercammen et al.，2018）。'Adams'的早果性好，但其根系浅，对低温很敏感。它在荷兰和比利时被广泛使用。在意大利，它正在成为替代'EMC'的砧木。

四、唐棣属无性系砧木

唐棣属（*Amelanchier*）属于蔷薇科苹果族，与山楂属（*Crataegus*）和欧楂属（*Mespilus*）等的亲缘关系较近。英文俗名有 Serviceberry、Juneberry、Saskatoon 等，多作观赏植物，浆果可以食用（图 4-84）。根据 Einhorn（2021）的介绍，1999 年，位于德国哈尔伯格姆斯（Hallbergmoos）的巴伐利亚果树栽培和育种中心（Bavarian Centre of Pomology and Fruit Breeding，BCPFB）的 Neumüller 等通过唐棣属种内和种间杂交选育了一些无性系砧木优系，选育的目标是矮化、丰产、抗梨衰退病和耐碱性土壤。这些优系似乎与'考密斯'和'哈代'具有嫁接亲和性，但与其他一些品种的嫁接亲和性欠佳，可能需要中间砧。在德国的田间试验表明，嫁接在唐棣上的 5 年生梨树相当于嫁接在'Pyrodwarf'上的 1/3 大小，略小于嫁接在'EMA'上的，而和嫁接在'EMC'上的树冠大小类似。嫁接在唐棣砧木上的'考密斯'和'哈代'的产量效率是'Pyrodwarf'上的两倍。美国俄勒冈州立大学对嫁接在唐棣属砧木和'OHF 87'砧木上的'安茹'梨进行了对比试验，发现唐棣属砧木具有明显的矮化效果（图 4-85），能使'安茹'梨更早进入结果期（图 4-86），而且果实更大；虽然嫁接在'OHF 87'上的'安茹'单株产量在后期超过了唐棣属砧木上的'安茹'，但产量效率和'OHF 87'相同。唐棣属砧木耐寒，矮化，早果，产量高，果实大。然而，唐棣属砧木苗的过度矮化可能需要更加注重施肥、修剪、负载量管理等维持树势的园艺技术，以保持树冠大小和过度结果之间的平衡。

图 4-84　*Amelanchier ovalis* 的叶片和干在树上的果实

图 4-85　唐棣属砧木（后方）和'OHF 87'（前方）对'安茹'树冠大小的影响（美国密执安州立大学的 Einhorn 博士惠赠）

图 4-86 唐棣属 10 号砧木上的 4 年生'安茹'梨结果状（左边），而在'OHF 87'砧木上的 4 年生'安茹'梨几乎没有果实（右边）（两个砧木的株行距均为 0.9 m×3.7 m）（美国密执安州立大学的 Einhorn 博士惠赠）

第四节 观 赏 品 种

一、概述

梨属植物的观赏品种主要是从豆梨（*P. calleryana*）和柳叶梨（*P. salicifolia*）中选出的。豆梨是 1858 年由法籍意大利汉学家、传教士、植物猎人 Joseph Callery 在中国发现的，为了纪念他，豆梨学名的种加名 *calleryana* 和俗名 Callery pear 都以他的姓氏命名。1908 年，豆梨种子被 E. H. Wilson 带到美国阿诺德植物园（Santamour and McArdle，1983）。1917 年美国农业部的 Frank N. Meyer 为了寻找抗梨火疫病的种质，在中国收集了大量的豆梨种子。可能正是从这些种子中选育出了观赏用的豆梨类品种。20 世纪 50 年代起，豆梨在美国作为新型观赏树开始大规模种植（图 4-87），在美国商业化栽植的豆梨观赏品种至少有 10 个（Santamour and McArdle，1983）。中国一些地方于 21 世纪初引进了'贵族'、'新布拉德福'、'首都'、'克利夫兰'、'红塔'、'雄鸡'（原文为'蒂克利尔'）等品种（邱玉宾等，2014）。到了 20 世纪 80 年代，人们对过度种植豆梨以及豆梨树体本身的结构缺陷（风、冰和雪导致的枝条劈裂）的担忧开始浮出水面。豆梨如今在美国一些地区出现逃逸野化现象，豆梨的入侵性问题正在受到越来越多的关注（Vincent，2005）。

图 4-87 在美国豆梨用作行道树（摄于美国俄勒冈州科瓦利斯市）

豆梨之所以具有观赏性，不仅在于春天其开满枝头的乳白色花朵，其叶片也富有变化。叶片有光泽，深绿色，为窄卵形，边缘有明显的波浪；由于叶柄长，树叶在微风中似在起舞。到了秋天叶片变为非常诱人的红紫色至古铜红色。豆梨比较耐受城市的各种不良条件包括干旱、空气污染和高温等。

柳叶梨原产于欧洲东南部和中东的林地、岩石平原和山坡上。披针形的叶子呈细长形，似柳叶，故名柳叶梨（图 1-27）。叶子在春天呈现银灰色，但随着季节推移逐渐变成银绿色。作为观赏树在美国被广泛种植，其品种以枝条下垂而独具特色。树冠圆形，枝叶下垂，看上去类似于垂柳，故又称垂枝梨。花小、纯白色，黑色花药特别显眼。果实不具观赏价值，也不堪食用。在美国比较著名的柳叶梨品种‘Pendula’是引自德国的品种，19 世纪 50 年代开始在德国种植，1880~1900年引入美国，但直到 20 世纪 80 年代才流行开来。树形为椭圆形-圆形，枝条自然下垂，树高 4.5 m（很少见到 7.5 m 以上的）。

其他梨属种也具有潜在的观赏价值。从位于辽宁省兴城市的国家梨种质资源圃秋天的景色看，一些梨品种在秋天的叶色极具观赏价值（图 4-88）。我国在一些公共场所也有栽植野生梨属植物作为观赏植物的习惯（图 4-89），只是没有进行系统的选育。我国西南地区的川梨的叶、花和果实变异非常丰富（图 1-13，图 1-14），是最有希望选育出观赏品种的梨属植物。近年来，各地兴起的梨花节和对传统老梨园作为文化遗产的保护，都属于将梨树作为观赏植物的很好的例子。

二、豆梨观赏品种

1. 布拉福德（Bradford）

该品种是位于美国马里兰州格伦代尔（Glenn Dale）的美国农业部植物引种站

图 4-88 辽宁省兴城市国家梨种质资源圃在秋天（10 月中旬）的景色（刘刚惠赠）
上图：全景；下图：部分品种的叶片色泽

图 4-89 黑龙江省哈尔滨市街头 120 年生以上野生秋子梨

选育的，1963 年以引种站的前园艺师 F.C. Bradford（布拉福德）的名字命名，是第一个定名的豆梨品种（Santamour and McArdle，1983）。

枝条无刺。树冠呈金字塔形。随着树龄的增长冠幅会越来越宽。先花后叶，所以看上去比其他几个豆梨品种更艳丽。在秋天，叶片的颜色呈现出从红色、橙色到深褐红色的多种变化。自 20 世纪 50 年代以来，'布拉福德'已在美国许多地方的住宅和商业区域广泛种植。尽管其外形美观，但随着时间推移，该品种就会显现固有的和明显的树体结构缺陷，树干上长出的枝条分枝角度小，而且很多枝条紧挨在一起，特别容易折断或因强风、大雪或冰冻而劈裂。

2. 贵族（Aristocrat）

该品种 1969 年由肯塔基州的 William T. Straw 选出，1972 年 5 月 23 日获得植物专利权保护，编号 3193（Santamour and McArdle，1983）。

枝条无刺。树冠呈长金字塔形。树冠较'布拉福德'宽，但枝条较稀。树高可达 8～11 m，宽 6～7.5 m。先花后叶。新叶露出时为红色/紫色，长大后变成有光泽的绿色，有蜡质，边缘波浪状，有红晕。叶片在秋天脱落之前再次变红。豌豆大小的深褐色果实对鸟类和其他野生动物颇具吸引力，干瘪的果实可在树上留存几个月到一年。与其他豆梨品种相比具有更多的水平分枝，加上强壮的主干，使得它比'布拉福德'相对耐受强风、雪或冰的为害而不易发生枝条折断或劈裂。

3. 怀特豪斯（Whitehouse）

该品种 1969 年从位于美国马里兰州格伦代尔的美国农业部植物引种站生长的'布拉福德'开放授粉的幼苗中选出（Ackerman，1977）。以美国农业部退休的园艺师怀特豪斯的名字命名。

有较强的中央领导干，树冠呈狭窄的金字塔形。叶片在秋初即变色，而且保留在树上的时间长。

4. 秋辉（Autumn Blaze）

该品种最初叫作'俄勒冈梨砧木（OPR）250'。1969 年由位于俄勒冈州科瓦利斯市的俄勒冈州立大学园艺系选育（Westwood，1980）。1980 年 9 月 9 日获得植物专利权保护（编号 4591）。

树冠为直立金字塔形，侧枝与主干成直角，叶片在早秋变色。树冠呈圆头形，树高可达 9 m，冠幅 7.6 m。

5. 首都（Capital）

树形为狭窄的柱状，无刺。可能有中央领导干，树高达 8～11 m，而冠幅只有 2.5～3.5 m，因此可以种植在空间狭小的地方。从主干上分出的枝条角度小，易受强风、雪或冰折断或劈裂，但比'布拉福德'具有更好的结构强度。但'首都'对火疫病表现出极大的敏感性，尤其是在美国的南方腹地。

6. 雄鸡（Chanticleer）

该品种与'Cleveland Select''Select''Stone Hill''Glen's Form'为同物异名，被认为是目前市面上最好的豆梨观赏品种之一（Muir，1973）。由美国俄亥俄州 Scanlon 苗圃在 1959 年选育，原树生长在俄亥俄州克利夫兰（Cleveland）的公用地上，大概是其品种名'Cleveland Select'的来历。1965 年 3 月 23 日获得美国植物专利授权（编号 2489）。

枝条无刺。树高 8～11 m，冠幅 4～5 m。直立，树冠呈紧实、狭窄的金字塔形或柱状。花白色，花期较'布拉福德'晚。叶有光泽，深绿色，在秋天变为紫色到红橙色。

参 考 文 献

柏斌. 2013. 云南·昆明市挂牌保护宝珠梨古树. 中国果业信息, 30: 54.

曹玉芬, 张绍铃. 2020. 中国梨遗传资源. 北京: 中国农业出版社.

戴美松, 孙田林, 王月志, 等. 2013. 早熟砂梨新品种——'翠玉'的选育. 果树学报, 30: 175-176.

董恩省. 2002. 威宁大黄梨生产现状、发展思路与对策. 贵州农业科学, 30(2): 48-49.

甘肃省农业科学院果树研究所. 1995. 甘肃果树志. 北京: 中国农业出版社.

郭黄萍, 李晓梅, 张建功. 2001. 优质中熟红梨新品种"玉露香"（暂定名）. 山西果树, (1): 3-4.

胡昌炽. 1937a. 中国栽培梨之品种与分布. 金陵大学农学院丛刊, (49): 1-91.

黄春辉, 柴明良, 潘芝梅, 等. 2007. 套袋对翠冠梨果皮特征及品质的影响. 果树学报, 24: 747-751.

黄春辉, 俞波, 苏俊, 等. 2009. 红色砂梨 2 个品种着色过程中的外观变化及其解剖学结构观察. 果树学报, 26(1): 19-24.

贾敬贤, 陈长兰, 龚欣. 1991. 梨属矮化中间砧选择初报. 北方果树, (3): 13-15.

贾敬贤, 姜敏, 纪宝生. 1983. 梨砧木育种矮化潜力鉴定研究初报. 中国果树, (2): 40-43.

贾晓辉, 裴玉卓, 杜艳民, 等. 2018. 采收期对'高平大黄梨'果实生理特性及组织褐变的影响. 中国果树, (5): 23-26.

姜淑苓, 贾敬贤, 纪宝生, 等. 2000. 梨矮化砧木——中矮 1 号. 中国果树, (3): 1-3.

荆子然. 1989. 苹果梨的来源与发展. 北方园艺, (1): 21-22.

李梅, 郑小艳. 2015. 云和雪梨种质资源和栽培技术. 中国南方果树, 44(4): 122-124.

李先明. 1999. 早熟梨新品种金水 2 号. 中国土特产, (4): 29.

李秀根, 阎志红, 杨健. 1999. 南方适栽优良早熟梨新品种——中梨 1 号. 中国南方果树, (5): 47-48.

李秀根, 张绍铃. 2020. 中国梨树志. 北京: 中国农业出版社.

李学优, 甘霖. 1988. 四川优良梨品种——金花梨的选育. 四川果树科技, (2): 20-22.

李学优, 甘霖. 1989. 四川梨优良品种——金花梨的选育(续). 四川果树科技, (1): 15, 22-24.

林伯年, 沈德绪. 1983. 品质优良的黄花梨. 今日科技, (11): 4.

林徽銮, 阮孔中. 1997. 闽南佳果——棕包梨简介. 中国南方果树, (5): 39.

蔺经, 盛宝龙, 李晓刚, 等. 2013. 早熟砂梨新品种'苏翠1号'. 园艺学报, 40: 1849-1850.

刘建萍. 2001. 早熟、优质、耐贮梨新品种——新梨7号. 烟台果树, (3): 55.

罗红伟. 2009. 巍山红雪梨栽培管理技术. 中国园艺文摘, (5): 110-111.

梅显才, 杜如松, 程泽敏. 1996. 云和雪梨优良单株介绍. 果树科学, (3): 201.

蒲富慎, 贾敬贤, 陈欣业, 等. 1985. 梨杂种后代矮化性状的差异. 中国果树, (4): 30-32.

秦春, 夏生福, 秦占义, 等. 2021. 基于树木年轮学的古树树龄估算——以敦煌市香水梨为例. 应用生态学报, 32: 3699-3706.

邱玉宾, 赵庆柱, 杨志莹, 等. 2014. 北美豆梨引种试验. 林业科技开发, 28(1): 91-94.

沈德绪, 林伯年, 严根洪, 等. 2002. 梨新品种——雪青. 园艺学报, 29: 187.

施泽彬, 过鑫刚. 1999. 早熟砂梨新品种翠冠的选育及其应用. 浙江农业学报, 11: 212-214.

宋俊, 吴伯乐. 1984. 苍溪雪梨来源及历史的初步调查. 四川果树科技, (3): 32-34.

孙荫槐, 王迎涛, 李勇, 等. 1997. 中熟抗黑星病梨新品种——黄冠. 中国果树, (1): 6-7.

孙云蔚, 杜澍, 姚昆德. 1983. 中国果树史与果树资源. 上海: 上海科学技术出版社.

田路明, 曹玉芬, 董星光, 等. 2019. 我国梨品种改良研究进展. 中国果树, (2): 14-19.

王传森, 薛明超, 杨英杰, 等. 2017. 梨矮化砧优系'青砧D1'叶片离体培养再生体系的建立. 青岛农业大学学报(自然科学版), 34(2): 116-120.

王彦敏, 申连长, 张喜焕, 等. 1998. 鸭梨新优系选育初报. 河北果树, (S1): 56-58.

王宇霖, Whtie A, Brewer L, 等. 1997. 红皮梨育种研究报告. 果树学报, 14: 71-76.

魏闻东, 李桂荣, 田鹏, 等. 2010. 红梨新品种'美人酥'. 园艺学报, 37: 1187-1188.

魏秀章. 2013. 浙江云和雪梨古树资源现状调查及其保护对策. 果树实用技术与信息, (4): 40-41.

吴耕民. 1984. 中国落叶果树分类学. 北京: 中国农业出版社.

吴耕民. 1993. 中国温带落叶果树栽培学. 杭州: 浙江科学技术出版社.

徐凌飞, 张福民. 2009. 早熟红色梨优良品系——早酥红. 山西果树, (4): 44.

许心芸. 1930. 种梨法. 上海: 商务印书馆.

张东, 舒群, 滕元文, 等. 2007. 中国红皮砂梨品种的SSR标记分析. 园艺学报, 34: 47-52.

张宏平, 张晋元, 裴玉卓, 等. 2016. 高平大黄梨发展"瓶颈"及发展建议. 山西果树, (5): 37-39.

张茂君, 丁丽华, 王强, 等. 2004. 梨抗寒新品种——寒红梨. 园艺学报, 31: 274.

张绍铃, 钱铭, 殷豪, 等. 2018. 中国育成的梨品种（系）系谱分析. 园艺学报, 45: 2291-2307.

张文炳, 桑林. 1994. 呈贡宝珠梨和大理雪梨是否同一品种——过氧化物同工酶分析. 云南农业科技, (5): 16-17.

张文炳, 张俊如, 李学林, 等. 2007. 果树篇//黄兴奇. 云南作物种质资源. 昆明: 云南科技出版社: 1-235.

张兴旺. 2010. 昆明"宝珠梨"重创辉煌之我见. 中国果业信息, 27(8): 15-17.

郑小艳, 杨舒贻, 周晓音, 等. 2016. 基于LFY2int2和SSR的浙江云和梨种质鉴定. 果树学报, 33: 641-648.

中国农林科学院果树试验站. 1976. 梨树新品种介绍 (上). 新农业, (15): 28-29.

中国农业科学院果树研究所. 1963. 中国果树志·第三卷（梨）. 上海: 上海科学技术出版社.

邹乐敏, 张西民, 张志德, 等. 1986. 根据花粉形态探讨梨属植物的亲缘关系. 园艺学报, 13: 119-223.

田邊賢二. 2012. 日本ナシの品種: 来歴特性よもやま話. 鳥取: 鳥取二十世紀梨記念館/今井書

店鳥取出版企画室.

谷川利善. 1917. 満洲之果樹. 大连: 株式會社満洲日日新聞社.

胡昌炽. 1933. 中国莱陽往梨の栽培に関する調査. 園芸学会雑誌, 4: 144-153.

胡昌炽. 1937b. 中華民国に於ける栽培梨の品種及其の分布. 園芸学会雑誌, 8: 235-251.

南満州鉄道株式会社. 1918. 農事試験場要覧. 大連.

真田哲朗, 壽和夫, 西田光夫, 他. 1993. ニホンナシ黒斑病耐病性突然変異新品種「ゴールド二十世紀」の育成. 育種学雑誌, 43: 455-461.

恩田鉄弥, 草野計起. 1914. 実験和洋梨栽培法. 東京: 博文館.

梶浦実, 金戸橘夫, 町田裕, 他. 1974. ニホンナシの新品種'八幸'と'豊水'について. 果樹試験場報告, A-1: 1-12.

梶浦一郎, 佐藤義彦. 1990. ニホンナシの育種及びその基礎研究と栽培品種の来歴及び特性. 果樹試験場報告特別報告, (1): 1-36.

農林省園芸試験場, 1926. 莱陽慈梨附鴨梨. 園芸試験場報告, (5): 1-18.

壽和夫, 齋藤寿広, 町田裕, 他. 2002. ニホンナシ新品種'あきづき'. 果樹研究所研究報告, (1): 11-21.

Abdollahi H. 2019. A review on history, domestication and germplasm collections of quince (*Cydonia oblonga* Mill.) in the world. Genetic Resources and Crop Evolution, 66: 1041-1058.

Ackerman WL. 1977. 'Whitehouse' ornamental pear. HortScience, 12: 591-592.

Bai S, Tao, R, Tang Y, et al. 2019. BBX16, a B-box protein, positively regulates light-induced anthocyanin accumulation by activating MYB10 in red pear. Plant Biotechnology Journal, 17: 1985-1997.

Bell RL, Leitão JM. 2011. Cydonia//Kole C. Wild Crop Relatives: Genomic and Breeding Resources. Berlin: Springer: 1-16.

Brooks LA. 1984. History of the Old Home × Farmingdale pear rootstocks. Fruit Varieties Journal, 38(3): 126-128.

Brossier J, Lemoine J, Michelesi JC. 1980. SYDO: un nouveau porte-greffe cognassier pour le Poirier. Pepinieristes Horticulteurs Maraichers, (206): 49-53.

Cartwright M. 2013. "Fresco, Livia's Villa, Rome." World History Encyclopedia. https://www.worldhistory.org/image/1161/fresco-livias-villa-rome/[2021-06-14].

Dondini L, Sansavini S. 2012. European pear//Badenes M, Byrne D. Fruit Breeding. Handbook of Plant Breeding. Vol. 8. Berlin: Springer: 369-413.

Einhorn TC. 2021. A review of recent *Pyrus*, *Cydonia* and *Amelanchier* rootstock selections for high-density pear plantings. Acta Horticulturae, 1303: 185-196.

Elkins R, Bell R, Einhorn T. 2012. Needs assessment for future US pear rootstock research directions based on the current state of pear production and rootstock research. Journal of the American Pomological Society, 66(3): 153-163.

Fischer M. 2007. New pear rootstocks from Dresden-Pillnitz. Acta Horticulturae, 732: 239-245.

Gao Y, Yang Q, Yan X, et al. 2021. High-quality genome assembly of 'Cuiguan' pear (*Pyrus pyrifolia*) as a reference genome for identifying regulatory genes and epigenetic modifications responsible for bud dormancy. Horticulture Research, 8: 197.

Human JP. 2005. Progress and challenges of the South African pear breeding program. Acta Horticulturae, 671: 185-190.

Hummer KE. 1998. 'Old Home' and 'Farmingdale', the Romeo and Juliet of pear rootstocks: an historical perspective. Fruit Varieties Journal, 52: 38-40.

Hedrick UP. 1921. The pears of New York// 29th Annual Report, New York Department of Agriculture. New York: JB Lyon Co.

Iglesias I, Asín L, Montserrat R, et al. 2004. Performance of some pear rootstocks in Lleida and Girona (Catalonia, NE-Spain). Acta Horticulturae, 658: 159-165.

Jacob HB. 1998. Pyrodwarf, a new clonal rootstock for high density pear orchards. Acta Horticulturae, 475: 169-177.

Jiang S, Zheng X, Yu P, et al. 2016. Primitive genepools of Asian pears and their complex hybrid origins inferred from fluorescent sequence-specific amplification polymorphism (SSAP) markers based on LTR retrotransposons. PLoS One, 11(2): e0149192.

Johnson D, Evans K, Spencer J, et al. 2005. Orchard comparisons of new quince and *Pyrus* rootstock clones. Acta Horticulturae, 671: 201-207.

Kafkas S, Imrak B, Kafkas NE, et al. 2018. Chapter 7 Quince (*Cydonia oblonga* Mill.) breeding//Al-Khayri J, Jain S, Johnson D. Advances in Plant Breeding Strategies: Fruits. Cham: Springer: 277-304.

Kajiura I. 2002. Studies on the recent advances and future trends of Asian pear in Japan. Acta Horticulturae, 587: 113-124.

Kim WC, Hwang HS, Shin YU, et al. 1995. Breeding of a near early large sized high-quality pear cultivar 'Wonwhang'. RDA Journal of Agricultural Science, 37: 471-477.

Kobayashi. 1937. About a few factors associated with the growth of fruit in selecting the pollinizer for the Chinese pear. Journal of the Horticultural Association of Japan, 8: 169-177.

Larrigaudière C, Vilaplana R, Soria Y, et al. 2004. Oxidative behaviour of Blanquilla pears treated with 1-methylcyclopropene during cold storage. Journal of the Science of Food and Agriculture, 84: 1871-1877.

Maas F. 2008. Evaluation of *Pyrus* and quince rootstocks for high density pear orchards. Acta Horticulturae, 800: 599-609.

Maas F. 2015. Evaluation of yield efficiency and winter hardiness of quince rootstocks for 'conference' pear. Acta Horticulturae, 1094: 93-101.

Machado BD, Magro M, Rufato L, et al. 2017. Graft compatibility between European pear cultivars and East Malling "C" rootstock. Revista Brasileira de Fruticultura, 39(3): e-063.

Massai R, Loreti F, Fei C. 2008. Growth and yield of 'Conference' pears grafted on quince and pear rootstocks. Acta Horticulturae, 800: 617-624.

Muir N. 1973. *Pyrus calleryana* 'Chanticleer'. Arboricultural Association Journal, 2: 114-116.

Musacchi S, Iglesias I, Neri D. 2021. Training systems and sustainable orchard management for European pear (*Pyrus communis* L.) in the Mediterranean area: a review. Agronomy, 11:1765.

Ni J, Zhao Y, Tao R, et al. 2020. Ethylene mediates the branching of the jasmonate-induced flavonoid biosynthesis pathway by suppressing anthocyanin biosynthesis in red Chinese pear fruits. Plant Biotechnology Journal, 18(5): 1223-1240.

Postman J. 2008. The USDA quince and pear genebank in Oregon, a world source of fire blight resistance. Acta Horticulturae, 793: 357-362.

Postman J. 2009. *Cydonia oblonga*: the unappreciated quince. Arnoldia, 67(1): 2-9.

Postman J, Kim D, Bassil N. 2013. OH × F paternity perplexes pear producers. Journal of the American Pomological Society, 67: 157-167.

Qian M, Sun Y, Allan A, et al. 2014. The red sport of 'Zaosu' pear and its red-striped pigmentation pattern are associated with demethylation of the PyMYB10 promoter. Phytochemistry, 107: 16-23.

Reimer FC. 1925. Blight resistance in pears and characteristics of pear species and stocks. Bulletin of Oregon Agricultural College Experiment Station, No. 214.

Reimer FC. 1951. A genetic bud mutation in the pear. Journal of Heredity, 42(2): 93-94.

Robinson TL. 2011. High density pear production with *Pyrus* communis rootstocks. Acta Horticulturae, 909: 259-269.

Rodríguez RO, Castro HR. 2002. The behaviour of 'Old Home' × 'Farmingdale' selections as interstocks in pear/quince combinations, in Rio Negro Valley, Argentina. Acta Horticulturae, 596: 373-378.

Santamour FS, McArdle AJ. 1983. Checklist of the cultivars of Callery pear (*Pyrus calleryana*). Journal of Arboriculture, 9: 114-116.

Sawamura Y, Saito T, Takada N, et al. 2004. Identification of parentage of Japanese pear 'Housui'. Journal of the Japanese Society for Horticultural Science, 73: 511-518.

Sawamura Y, Takada N, Yamamoto T, et al. 2008. Identification of parent-offspring relationships in 55 Japanese pear cultivars using S-RNase allele and SSR markers. Journal of the Japanese Society for Horticultural Science, 77: 364-373.

Shen D, Chai M, Fang J. 2002. Influence of 'Twentieth Century' (Nijisseiki) pear and its progenies on pear breeding in China. Acta Horticulturae, 587: 151-155.

Silva JM, Barba NG, Barros MT, et al. 2005. 'Rocha', the pear from Portugal. Acta Horticulturae, 671: 219-222.

Simard MH, Michelesi JC, Masseron A. 2004. Pear rootstock breeding in France. Acta Horticulturae, 658: 535-540.

Sykes JT. 1972. A description of some quince cultivars from Western Turkey. Economic Botany, 26: 21-31.

Tao R, Yu W, Gao Y, et al. 2020. Light-induced PpbHLH64 enhances anthocyanin biosynthesis and undergoes PpCOP1-mediated degradation in pear. Plant Physiology, 184: 1684-1701.

Teng Y, Tanabe K, Tamura F, et al. 2001. Genetic relationships of pear cultivars in Xinjiang, China as measured by RAPD markers. Journal of Horticultural Science & Biotechnology, 76: 771-779.

Teng Y, Tanabe K, Tamura F, et al. 2002. Genetic relationships of *Pyrus* species and cultivars native to East Asia revealed by randomly amplified polymorphic DNA markers. Journal of the American Society for Horticultural Science, 127: 262-270.

Vavra M, Orel V. 1971. Hybridization of pear varieties by Gregor Mendel. Euphytica, 20: 60-67.

Vercammen J, Gomand A, Siongers V, et al. 2018. Search for a more dwarfing rootstock for 'Conference'. Acta Horticulturae, 1228: 215-222.

Vincent MA. 2005. On the spread and current distribution of *Pyrus calleryana* in the United States. Castanea, 70: 20-31.

Webster AD. 1995. Temperate fruit tree rootstock propagation. New Zealand Journal of Crop and Horticultural Science, 23: 355-372.

Webster AD. 1998. A brief review of pear rootstock development. Acta Horticulturae, 475: 135-141.

Webster AD. 2008. *Cydonia oblonga* quince//Janick J, Paull RE. Encyclopedia of Fruit and Nuts. Wallingford: CABI: 634-642.

Westwood MN. 1980. 'Autumn Blaze' ornamental pear. HortScience, 15: 830-831.

Wu J, Shi ZB, Wang ZW, et al. 2013. The genome of pear (*Pyrus bretschneideri* Rehd.). Genome Research, 23: 396-408.

Yu P, Jiang S, Wang X, et al. 2016. Retrotransposon-based sequence-specific amplification polymorphism markers reveal that cultivated *Pyrus ussuriensis* originated from an interspecific hybridization. European Journal of Horticultural Science, 81(5): 264-272.

Zheng X, Cai D, Potter D, et al. 2014. Phylogeny and evolutionary histories of *Pyrus* L. revealed by phylogenetic trees and networks based on data from multiple DNA sequences. Molecular Phylogenetics and Evolution, 80: 54-65.

索引一[*]
（种中文名、品种名、砧木名）

---

* 仅列出描述该种、品种、砧木的页码。

索引二[*]
（拉丁学名）

---

[*] 加粗页码中有该学名的描述；括号内的名称表示该种现在被认为是杂种起源，或者该种被处理为种下分类单元。